应用型本科规划教材

线 性 代 数

主　编　刘玉军　陆宜清

上海科学技术出版社

图书在版编目(CIP)数据

线性代数/ 刘玉军,陆宜清主编. —上海:上海科学技术出版社,
2017.7(2022.6 重印)
应用型本科规划教材
ISBN 978-7-5478-3564-7

Ⅰ.①线… Ⅱ.①刘…②陆… Ⅲ.①线性代数-高等学校-
教材 Ⅳ.①O151.2

中国版本图书馆 CIP 数据核字(2017)第 104056 号

线性代数
主编 刘玉军 陆宜清

上海世纪出版(集团)有限公司
上 海 科 学 技 术 出 版 社 出版、发行
(上海市闵行区号景路 159 弄 A 座 9F-10F)
邮政编码 201101 www.sstp.cn
常熟市华顺印刷有限公司印刷
开本 787×1092 1/16 印张 11
字数:240 千字
2017 年 7 月第 1 版 2022 年 6 月第 5 次印刷
ISBN 978-7-5478-3564-7/O·56
定价:33.00 元

内容提要 Synopsis

本书是应用型本科规划教材，由具有多年教学经验的教师团队编写而成.全书共六章，主要内容包括行列式、矩阵、n 维向量、线性方程组、矩阵的特征值及相似矩阵、二次型.每章末增加 MATLAB 数学实验内容，书后附有习题答案与提示.附录部分收录了近年来硕士研究生入学考试线性代数部分真题及参考答案.

本书可供应用型本科院校非数学类各专业线性代数课程教学使用或参考，也可供有兴趣的读者参阅.

作者名单 Authors

主　编　刘玉军　陆宜清

副主编　谢振宇　郑凤彩　林大志　徐香勤

参　编　刘　宇　张思胜　薛春明　王　茜

前言 Preface

线性代数是高等数学的一个分支，是一门研究线性问题的数学基础课. 其内容主要包括行列式、矩阵、n维向量、线性方程组、矩阵的特征值及相似矩阵、二次型等. 随着计算机技术的不断发展，线性代数在现实世界中的应用价值愈加巨大，可以通过矩阵在计算机中的定义完成很多工作，如小至配平化学方程式、计算体积，大至交通网络流、联合收入、电学方程、动力系统、经济均衡等问题. 因此，线性代数已经成为各高等院校理工、经管类等专业的学生必修课之一，并成为考研的科目之一.

为了适应"十三五"应用型本科教育的转型需求，针对各专业特点，编者在借鉴同类教材特色的基础上，结合多年实践教学、科研的体会，以"注重基础训练，降低理论深度，突出计算应用"为目标，编写了这本应用型本科教材.

本教材主要特点如下：

1. 整书的框架保持了线性代数的基本内容，以矩阵为主线，贯穿全书.

2. 适当调整了部分知识的顺序，省略部分理论的推导和证明，使知识结构更趋于合理.

3. 将数学、应用和计算软件相结合，培养学生借助计算机工具处理实际问题的能力.

4. 在章节练习中，适当增加填空题和选择题的分量，让学生更好地了解概念的内涵和外延.

5. 为适应部分学生的考研需求，在附录部分增加了近5年来研究生入学考试线性代数部分的真题及参考答案.

参加本书编写工作的有：河北师范大学刘玉军、谢振宇、郑凤彩、刘宇，河南牧业经济学院陆宜清、林大志、徐香勤、张思胜、薛春明、王茜. 全书由刘玉军、陆宜清担任主编，并负责统稿和定稿工作.

在编写过程中，河北师范大学的各级领导和同事给予了很大的指导和支持，在此表示由衷的感谢.

由于编者水平、经验有限，书中可能有不足之处，欢迎大家批评指正，使本教材在教学中不断趋于完善.

编 者

目录 Contents

第一章

行　列　式

【学习目标】

1. 掌握二阶、三阶行列式的定义和计算.
2. 掌握全排列、逆序数的相关定义.
3. 掌握 n 阶行列式的定义及三角形行列式.
4. 熟练掌握 n 阶行列式的定义及相关性质.
5. 掌握 n 阶行列式的展开方法.
6. 掌握克拉默法则解方程组.

行列式的概念最初是伴随方程组的求解而发展起来的，在线性代数、多项式理论、微积分中（比如换元积分法中），行列式作为基本的数学工具，都有着重要的应用.

本章主要在二阶、三阶行列式的基础上，建立起 n 阶行列式的理论，给出 n 阶行列式的定义、性质和计算方法，最后介绍 n 阶行列式的一个应用——克拉默(Cramer)法则，求解一类特殊的 n 元线性方程组.

第一节　二阶与三阶行列式

行列式是由解线性方程组产生的一种算式.

一、二元线性方程组与二阶行列式

考虑二元线性方程组

$$\begin{cases} a_{11}x_1 + a_{12}x_2 = b_1, & (1) \\ a_{21}x_1 + a_{22}x_2 = b_2. & (2) \end{cases} \tag{1.1}$$

用加减消元法解这个方程组：

$$a_{22} \times (1) - a_{12} \times (2), \quad 得 \quad (a_{11}a_{22} - a_{12}a_{21})x_1 = a_{22}b_1 - a_{12}b_2,$$
$$a_{11} \times (2) - a_{21} \times (1), \quad 得 \quad (a_{11}a_{22} - a_{12}a_{21})x_2 = a_{11}b_2 - a_{21}b_1.$$

当 $a_{11}a_{22} - a_{12}a_{21} \neq 0$ 时，求得方程组的解为

$$x_1 = \frac{a_{22}b_1 - a_{12}b_2}{a_{11}a_{22} - a_{12}a_{21}},\ x_2 = \frac{a_{11}b_2 - a_{21}b_1}{a_{11}a_{22} - a_{12}a_{21}}. \tag{1.2}$$

注意到式(1.2)中的分子、分母都是四个数分两对相乘再相减而得，其中分母 $a_{11}a_{22} - a_{12}a_{21}$ 是由方程组(1.1)的四个系数确定的. 为便于记忆，把这四个数按它们在方程组(1.1)中的位置，排成二行二列（横排称行、竖排称列）的数表 $\begin{matrix} a_{11} & a_{12} \\ a_{21} & a_{22} \end{matrix}$，并把表达式 $a_{11}a_{22} - a_{12}a_{21}$ 称为该数表所确定的**二阶行列式**，记作 $\begin{vmatrix} a_{11} & a_{12} \\ a_{21} & a_{22} \end{vmatrix}$，即

$$\begin{vmatrix} a_{11} & a_{12} \\ a_{21} & a_{22} \end{vmatrix} = a_{11}a_{22} - a_{12}a_{21},$$

其中，数 a_{ij} 称为行列式的元素，元素 a_{ij} 的第一个下标 i 表示这个元素所在的行数，称为**行标**；第二个下标 j 表示这个元素所在的列数，称为**列标**.

上述二阶行列式的定义，可用对角线法则来记忆. 把 a_{11} 到 a_{22} 的实连线称为**主对角线**，a_{12} 到 a_{21} 的虚连线称为**副对角线**，有

$$\begin{vmatrix} a_{11} & a_{12} \\ a_{21} & a_{22} \end{vmatrix} = a_{11}a_{22} - a_{12}a_{21}.$$

副对角线　主对角线

于是二阶行列式便是主对角线上的两元素乘积减去副对角线上的两元素乘积.

根据定义,容易得知式(1.2)中的两个分子可分别写成

$$a_{22}b_1 - a_{12}b_2 = \begin{vmatrix} b_1 & a_{12} \\ b_2 & a_{22} \end{vmatrix},\ a_{11}b_2 - a_{21}b_1 = \begin{vmatrix} a_{11} & b_1 \\ a_{21} & b_2 \end{vmatrix}.$$

如果记 $D = \begin{vmatrix} a_{11} & a_{12} \\ a_{21} & a_{22} \end{vmatrix}$, $D_1 = \begin{vmatrix} b_1 & a_{12} \\ b_2 & a_{22} \end{vmatrix}$, $D_2 = \begin{vmatrix} a_{11} & b_1 \\ a_{21} & b_2 \end{vmatrix}$,

则当 $D \neq 0$ 时,方程组(1.1) 的解可以表示成

$$x_1 = \frac{D_1}{D} = \frac{\begin{vmatrix} b_1 & a_{12} \\ b_2 & a_{22} \end{vmatrix}}{\begin{vmatrix} a_{11} & a_{12} \\ a_{21} & a_{22} \end{vmatrix}},\ x_2 = \frac{D_2}{D} = \frac{\begin{vmatrix} a_{11} & b_1 \\ a_{21} & b_2 \end{vmatrix}}{\begin{vmatrix} a_{11} & a_{12} \\ a_{21} & a_{22} \end{vmatrix}}.$$

注意这里的分母 D 是由方程组(1.1)中的系数按其原有的相对位置而排成的二阶行列式(称**系数行列式**). 分子中的 D_1, D_2 是把系数行列式 D 中的第 1, 2 列换成常数项得到的.

例 1.1 解线性方程组:

$$\begin{cases} 2x_1 + 4x_2 = 1, \\ x_1 + 3x_2 = 2. \end{cases}$$

解 利用上式,有

$$D = \begin{vmatrix} 2 & 4 \\ 1 & 3 \end{vmatrix} = 2 \times 3 - 4 \times 1 = 2 \neq 0,$$

$$D_1 = \begin{vmatrix} 1 & 4 \\ 2 & 3 \end{vmatrix} = 1 \times 3 - 4 \times 2 = -5,\ D_2 = \begin{vmatrix} 2 & 1 \\ 1 & 2 \end{vmatrix} = 2 \times 2 - 1 \times 1 = 3.$$

因此,方程组的解是

$$x_1 = \frac{D_1}{D} = -\frac{5}{2},\ x_2 = \frac{D_2}{D} = \frac{3}{2}.$$

二、三元线性方程组与三阶行列式

对三元线性方程组

$$\begin{cases} a_{11}x_1 + a_{12}x_2 + a_{13}x_3 = b_1, \\ a_{21}x_1 + a_{22}x_2 + a_{23}x_3 = b_2, \\ a_{31}x_1 + a_{32}x_2 + a_{33}x_3 = b_3, \end{cases} \tag{1.3}$$

做类似二阶行列式的讨论,便引入了三阶行列式的概念.

定义 1.1 称符号

$$\begin{vmatrix} a_{11} & a_{12} & a_{13} \\ a_{21} & a_{22} & a_{23} \\ a_{31} & a_{32} & a_{33} \end{vmatrix} = a_{11}a_{22}a_{33} + a_{12}a_{23}a_{31} + a_{13}a_{21}a_{32} - a_{11}a_{23}a_{32} - a_{12}a_{21}a_{33} - a_{13}a_{22}a_{31}$$

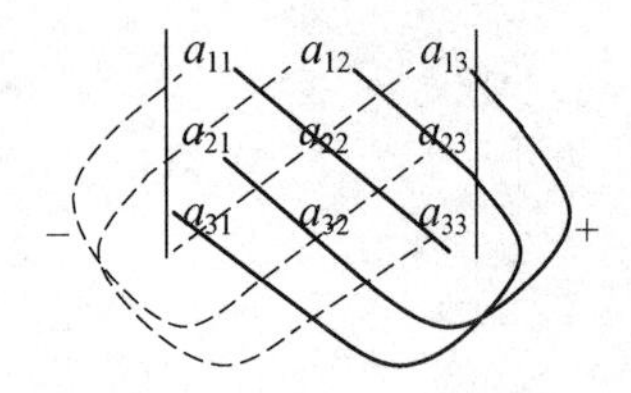

为**三阶行列式**. 三阶行列式是六项的代数和,其中每一项均为不同行、不同列的三个元素的乘积再冠以正负号,其规律遵循对角线法则:每一条实线上三个元素的乘积带正号,每一条虚线上三个元素的乘积带负号.

例 1.2 计算三阶行列式:

$$D = \begin{vmatrix} 2 & 1 & 2 \\ -4 & 3 & 1 \\ 2 & 3 & 5 \end{vmatrix}.$$

解 按对角线法则,有

$$\begin{aligned} D &= 2\times3\times5+1\times1\times2+2\times(-4)\times3-2\times1\times3-1\times(-4)\times5-2\times3\times2 \\ &= 30+2-24-6+20-12=10. \end{aligned}$$

例 1.3 已知 $D = \begin{vmatrix} a & b & 0 \\ -b & a & 0 \\ 1 & 0 & 1 \end{vmatrix} = 0$,问 a, b 应满足什么条件?(其中 a, b 均为实数)

解 由于

$$D = \begin{vmatrix} a & b & 0 \\ -b & a & 0 \\ 1 & 0 & 1 \end{vmatrix} = a^2 + b^2,$$

若要 $a^2+b^2=0$,则 a, b 须同时等于零. 因此,当 $a=0$ 且 $b=0$ 时,给定行列式等于零.

第二节 n 阶行列式

上一节学习了二阶、三阶行列式,要想定义更高阶的行列式,需要用到排列的相关知识,为此先介绍全排列.

一、全排列及其逆序数

定义 1.2 把 n 个不同的元素排成一列,称为这 n 个元素的**全排列**(简称 n 级排列). 例如,1234 是一个 4 级排列,3412 也是一个 4 级排列,而 52341 是一个 5 级排列.

数字由小到大的 n 级排列 $1234\cdots n$ 称为**标准排列**. 标准排列的元素之间的顺序称为标准顺序或自然序.

定义 1.3 在任一排列中,若某两个元素的顺序与标准顺序不同,就称这两个元素构成了一个**逆序**. 在一个排列中,逆序的总和称为这个排列的**逆序数**,记作 τ.

如在 3 级排列 213 中,2 与 1 就构成了一个逆序;321 中 2 与 3, 1 与 2, 1 与 3 都构成逆序. 因此 213 的逆序数为 1，321 的逆序数为 3.

一般地，从第二个元素起开始数，该元素前有几个数比它大，这个元素的逆序就是几，将一个排列所有元素的逆序相加，即得到这个排列的逆序数.

例 1.4 求排列 53241 逆序数.

解 在 53241 排列中，

5 排在首位，逆序数为 0；

3 的前面比 3 大的数有 1 个(5)，故逆序数为 1；

2 的前面比 2 大的数有 2 个(5，3)，故逆序数为 2；

4 的前面比 4 大的数有 1 个(5)，故逆序数为 1；

1 的前面比 1 大的数有 4 个(5，3，2，4)，故逆序数为 4.

于是这个排列的逆序数为

$$\tau(53241)=1+2+1+4=8.$$

如果排列的逆序数是奇数，则称此排列为**奇排列**；逆序数是偶数的排列则称为**偶排列**.

容易看出，标准排列的逆序数为 0，是偶排列.

在 6 个 3 级排列中，123，231，312 为偶排列，而 132，213，321 为奇排列，即奇偶排列各占一半. 这并非偶然现象.

事实上，在 $n!$ 个 n 级排列中，奇偶排列各占一半. 为证明这个规律，将对排列的奇偶性做进一步的讨论.

二、对换

定义 1.4 在一个 n 级排列 $i_1\cdots i_s\cdots i_t\cdots i_n$ 中，如果把其中两个元素 i_s 与 i_t 对调位置，其余元素位置不变，就得到一个新的 n 级排列 $i_1\cdots i_t\cdots i_s\cdots i_n$，这样的变换称为一个**对换**，记作 $(i_s,\ i_t)$.

例如，对排列 3214 做对换(3，1)后便得 1234.

定理 1.1 任一排列经过一次对换后，其奇偶性改变.

证 首先讨论对换相邻两个数的情况.

设排列为 $a_1a_2\cdots a_nijb_1b_2\cdots b_n$，对换 i 与 j，则排列变为 $a_1a_2\cdots a_njib_1b_2\cdots b_n$，显然对 $a_1a_2\cdots a_nb_1b_2\cdots b_n$ 来说，本次对换并不改变它们的逆序数. 而当 $i<j$ 时，经过 i 与 j 的对换后，排列的逆序数增加 1；当 $i>j$ 时，经过 i 与 j 的对换后，排列的逆序数减少 1. 所以对换相邻两数后，排列的奇偶性改变.

再讨论一般情况. 设排列为 $a_1a_2\cdots a_lib_1b_2\cdots b_mjc_1c_2\cdots c_n$，将 i 与 j 做一次对换，则排列变为 $a_1a_2\cdots a_ljb_1b_2\cdots b_mic_1c_2\cdots c_n$. 这就是对换不相邻的两个数的情况. 但它可以看成是先将 i 与 b_1 对换，再与 b_2 对换，…，最后与 b_m 对换，即 i 与它后面的数做 m 次相邻两数的对换变成排列 $a_1a_2\cdots a_lb_1b_2\cdots b_mijc_1c_2\cdots c_n$；然后将数 j 与它前面的数 i，b_m，…，b_1 做 $m+1$ 次相邻两数的对换而成 $a_1a_2\cdots a_ljb_1b_2\cdots b_mic_1c_2\cdots c_n$. 所以对换不相邻的数 i 与 j(中间有 m 个数)，相当于做 $2m+1$ 次相邻两数的对换. 由前面的证明知，排列的奇偶性改变了 $2m+1$ 次，而 $2m+1$ 为奇数，因此，不相邻的两数 i，j 经过对换后的排列与原排列的奇偶性不同.

定理 1.2 在所有的 n 级排列中($n\geqslant 2$)，奇排列与偶排列的个数相等(各占一半)，各为

$\frac{n!}{2}$个.

证 设在 $n!$ 个 n 级排列中,奇排列共有 p 个,偶排列共有 q 个.对这 p 个奇排列施以同一个对换,则由定理 1.1 知 p 个奇排列全部变为偶排列,由于偶排列一共只有 q 个,所以 $p \leqslant q$;同理,将全部的偶排列施以同一对换,则 q 个偶排列全部变为奇排列,于是又有 $q \leqslant p$,所以 $p=q$,即奇排列与偶排列的个数相等.

又由于 n 级排列共有 $n!$ 个,所以 $p+q=n!$, $p=q=\frac{n!}{2}$.

三、n 阶行列式

对于二阶、三阶行列式:

$$\begin{vmatrix} a_{11} & a_{12} \\ a_{21} & a_{22} \end{vmatrix} = a_{11}a_{22}-a_{12}a_{21},$$

$$\begin{vmatrix} a_{11} & a_{12} & a_{13} \\ a_{21} & a_{22} & a_{23} \\ a_{31} & a_{32} & a_{33} \end{vmatrix} = a_{11}a_{22}a_{33}+a_{12}a_{23}a_{31}+a_{13}a_{21}a_{32}-a_{11}a_{23}a_{32}-a_{12}a_{21}a_{33}-a_{13}a_{22}a_{31}.$$

从中易分析得:

(1) 二阶行列式是 2! 项的代数和,三阶行列式是 3! 项的代数和,一半的项取正号,一半的项取负号.

(2) 二阶行列式中每一项是两个元素的乘积,它们分别取自不同的行和不同的列;三阶行列式中的每一项是三个元素的乘积,它们也是取自不同的行和不同的列.

(3) 每一项的符号是:当这一项中元素的行标是按自然序排列时,如果元素的列标构成的排列为偶排列,则取正号;列标构成的排列为奇排列,则取负号.

作为二阶、三阶行列式的推广,可以给出 n 阶行列式的定义.

定义 1.5 由排成 n 行 n 列的 n^2 个元素 $a_{ij}(i, j=1, 2, \cdots, n)$ 组成的符号 $\begin{vmatrix} a_{11} & a_{12} & \cdots & a_{1n} \\ a_{21} & a_{22} & \cdots & a_{2n} \\ \vdots & \vdots & & \vdots \\ a_{n1} & a_{n2} & \cdots & a_{nn} \end{vmatrix}$ 称为**n 阶行列式**. 它是 $n!$ 项的代数和;每一项是取自不同行和不同列的 n 个元素的乘积;各项的符号是:每一项中各元素的行标按自然序排列时,如果列标的排列为偶排列时,则取正号;排列为奇排列时,则取负号.于是得:

$$\begin{vmatrix} a_{11} & a_{12} & \cdots & a_{1n} \\ a_{21} & a_{22} & \cdots & a_{2n} \\ \cdots & \cdots & & \cdots \\ a_{n1} & a_{n2} & \cdots & a_{nn} \end{vmatrix} = \sum_{j_1 j_2 \cdots j_n} (-1)^{\tau(j_1 j_2 \cdots j_n)} a_{1j_1} a_{2j_2} \cdots a_{nj_n}.$$

其中, $\sum\limits_{j_1 j_2 \cdots j_n}$ 表示对所有的 n 级排列 $j_1 j_2 \cdots j_n$ 求和,也可简记为 $|a_{ij}|$. 此式称为 **n 阶行列式按行标自然序排列的展开式**, $(-1)^{\tau(j_1 j_2 \cdots j_n)} a_{1j_1} a_{2j_2} \cdots a_{nj_n}$ 称为行列式的一般项.

当 $n=2, 3$ 时，这样定义的二阶、三阶行列式与第一节中用对角线法则定义的是一致的. 当 $n=1$ 时，一阶行列式为 $|a|=a$，但注意不要将其与绝对值混淆.

上述定义中，把 n 个元素的行标按自然序排列，即 $a_{1j_1}a_{2j_2}\cdots a_{nj_n}$. 事实上，数的乘法是满足交换律的，因而这 n 个元素的次序是可以任意交换的. 一般地，n 阶行列式的项可以写成 $a_{i_1j_1}a_{i_2j_2}\cdots a_{i_nj_n}$，其中 $i_1i_2\cdots i_n$，$j_1j_2\cdots j_n$ 是两个 n 级排列，也就是说行列式也可定义为

$$D=\sum_{i_1i_2\cdots i_n\text{或}j_1j_2\cdots j_n}(-1)^{\tau(i_1i_2\cdots i_n)+\tau(j_1j_2\cdots j_n)}a_{i_1j_1}a_{i_2j_2}\cdots a_{i_nj_n}.$$

其中，$\sum\limits_{i_1i_2\cdots i_n\text{或}j_1j_2\cdots j_n}$ 表示对行标构成的所有 n 级排列或列标构成的所有 n 级排列求和.

这是因为，若根据 n 阶行列式的定义来决定 $a_{i_1j_1}a_{i_2j_2}\cdots a_{i_nj_n}$ 的符号，就要把这 n 个元素重新排一下，使它们的行标排成自然序，也就是排成 $a_{1j_1'}a_{2j_2'}\cdots a_{nj_n'}$，于是它的符号是 $(-1)^{\tau(j_1'j_2'\cdots j_n')}$.

现在来说明 $(-1)^{\tau(j_1'j_2'\cdots j_n')}a_{1j_1'}a_{2j_2'}\cdots a_{nj_n'}$ 与 $(-1)^{\tau(i_1i_2\cdots i_n)+\tau(j_1j_2\cdots j_n)}a_{i_1j_1}a_{i_2j_2}\cdots a_{i_nj_n}$ 是一致的. 由前可知，从 $a_{i_1j_1}a_{i_2j_2}\cdots a_{i_nj_n}$ 变到 $a_{1j_1'}a_{2j_2'}\cdots a_{nj_n'}$ 可经过一系列元素的对换来实现. 每做一次对换，元素的行标与列标所组成的排列 $i_1i_2\cdots i_n$，$j_1j_2\cdots j_n$ 就同时做一次对换，由定理 1.1 知，就是 $\tau(i_1i_2\cdots i_n)$ 与 $\tau(j_1j_2\cdots j_n)$ 同时改变奇偶性，因而它的和 $\tau(i_1i_2\cdots i_n)+\tau(j_1j_2\cdots j_n)$ 的奇偶性不改变. 也就是说，对 $a_{i_1j_1}a_{i_2j_2}\cdots a_{i_nj_n}$ 做一次元素的对换不改变 $(-1)^{\tau(i_1i_2\cdots i_n)+\tau(j_1j_2\cdots j_n)}a_{i_1j_1}a_{i_2j_2}\cdots a_{i_nj_n}$ 的"符号"，因此在一系列对换之后有 $(-1)^{\tau(i_1i_2\cdots i_n)+\tau(j_1j_2\cdots j_n)}=(-1)^{\tau(i_1i_2\cdots i_n)+\tau(j_1'j_2'\cdots j_n')}=(-1)^{\tau(j_1'j_2'\cdots j_n')}$. 这就证明了 $(-1)^{\tau(j_1'j_2'\cdots j_n')}a_{1j_1'}a_{2j_2'}\cdots a_{nj_n'}$ 与 $(-1)^{\tau(i_1i_2\cdots i_n)+\tau(j_1j_2\cdots j_n)}a_{i_1j_1}a_{i_2j_2}\cdots a_{i_nj_n}$ 是一致的.

同样，由数的乘法的交换律，也可以把行列式的一般项 $a_{1j_1}a_{2j_2}\cdots a_{nj_n}$ 中元素的列标排成自然序 $123\cdots n$，而此时相应的行标的 n 级排列为 $i_1i_2\cdots i_n$，则行列式定义又可叙述为

$$D=\sum_{i_1i_2\cdots i_n}(-1)^{\tau(i_1i_2\cdots i_n)}a_{i_11}a_{i_22}\cdots a_{i_nn},$$

称为 n 阶行列式按列标自然序排列的展开式.

例 1.5 计算 n 阶行列式 $D=\begin{vmatrix}a_{11}&a_{12}&\cdots&a_{1n}\\0&a_{22}&\cdots&a_{2n}\\\vdots&\vdots&&\vdots\\0&0&\cdots&a_{nn}\end{vmatrix}$，其中 $a_{ii}\neq0(i=1, 2, \cdots, n)$.

解 由 n 阶行列式的定义，应有 $n!$ 项，其一般项为 $(-1)^{\tau(j_1, j_2, \cdots, j_n)}a_{1j_1}a_{2j_2}\cdots a_{nj_n}$. 但由于 D 中有许多元素为 0，只需求出上述一切项中不为 0 的项即可. 在 D 中，第 n 行元素除 a_{nn} 外，其余均为 0. 所以 $j_n=n$；在第 $n-1$ 行中，除 a_{n-1n-1} 和 a_{n-1n} 外，其余元素都是 0，因而 j_{n-1} 只取 $n-1$，n 这两个可能，又由于 a_{nn}，a_{n-1n} 位于同一列，而 $j_n=n$，所以只有 $j_{n-1}=n-1$. 这样逐步往上推，不难看出，在展开式中只有 $a_{11}a_{22}\cdots a_{nn}$ 一项不等于 0. 而这项的列标所组成的排列的逆序数是 $\tau(12\cdots n)=0$，故取正号. 因此，由行列式的定义有

$$D=\begin{vmatrix}a_{11}&a_{12}&\cdots&a_{1n}\\0&a_{22}&\cdots&a_{2n}\\\vdots&\vdots&&\vdots\\0&0&\cdots&a_{nn}\end{vmatrix}=a_{11}a_{22}\cdots a_{nn}.$$

称该形式的行列式为**上三角形行列式**,上三角形行列式的值等于主对角线上各元素的乘积.

类似可得下三角形行列式

$$D=\begin{vmatrix} a_{11} & 0 & \cdots & 0 \\ a_{21} & a_{22} & \cdots & 0 \\ \vdots & \vdots & & \vdots \\ a_{n1} & a_{n2} & \cdots & a_{nn} \end{vmatrix}=a_{11}a_{22}\cdots a_{nn}.$$

特别地,对角行列式

$$D=\begin{vmatrix} a_{11} & 0 & \cdots & 0 \\ 0 & a_{22} & \cdots & 0 \\ \vdots & \vdots & & \vdots \\ 0 & 0 & \cdots & a_{nn} \end{vmatrix}=a_{11}a_{22}\cdots a_{nn}.$$

第三节 行列式的性质

当行列式的阶数较高时,直接根据定义计算 n 阶行列式的值是困难的,本节将介绍行列式的性质,以便用这些性质把复杂的行列式转化为较简单的行列式(如三角形行列式等)来计算.

一、行列式的性质

定义 1.6 将行列式 D 的行列互换后得到的行列式称为行列式 D 的**转置行列式**,记 D^T,

即若 $D=\begin{vmatrix} a_{11} & a_{12} & \cdots & a_{1n} \\ a_{21} & a_{22} & \cdots & a_{2n} \\ \vdots & \vdots & & \vdots \\ a_{n1} & a_{n2} & \cdots & a_{nn} \end{vmatrix}$,则 $D^T=\begin{vmatrix} a_{11} & a_{21} & \cdots & a_{n1} \\ a_{12} & a_{22} & \cdots & a_{n2} \\ \vdots & \vdots & & \vdots \\ a_{1n} & a_{2n} & \cdots & a_{nn} \end{vmatrix}$.

性质 1.1 行列式 D 与它的转置行列式 D^T 相等,即 $D=D^T$.

证 行列式 D 中的元素 $a_{ij}(i, j=1, 2, \cdots, n)$ 在 D^T 中位于第 j 行第 i 列上,也就是说它的行标是 j,列标是 i,因此,将行列式 D 按行标自然序排列展开,得

$$D=\sum_{j_1j_2\cdots j_n\in P_n}(-1)^{\tau(j_1j_2\cdots j_n)}a_{1j_1}a_{2j_2}\cdots a_{nj_n}=\sum_{j_1j_2\cdots j_n\in P_n}(-1)^{\tau(j_1j_2\cdots j_n)}a_{j_11}a_{j_22}\cdots a_{j_nn},$$

这正是行列式 D^T 按列标自然序排列的展开式,所以 $D=D^T$.

这一性质表明,行列式中行、列的地位是同等的,即对于"行"成立的性质,对"列"也成立,反之亦然.

性质 1.2 交换行列式的两行(列),行列式的值变号.

证 设有行列式

$$D=\begin{vmatrix} a_{11} & a_{12} & \cdots & a_{1n} \\ \vdots & \vdots & & \vdots \\ a_{i1} & a_{i2} & \cdots & a_{in} \\ \vdots & \vdots & & \vdots \\ a_{s1} & a_{s2} & \cdots & a_{sn} \\ \vdots & \vdots & & \vdots \\ a_{n1} & a_{n2} & \cdots & a_{nn} \end{vmatrix}\begin{matrix} \\ \\ (i\text{ 行}) \\ \\ (s\text{ 行}) \\ \\ \\ \end{matrix},$$

将第 i 行与第 s 行($1\leqslant i<s\leqslant n$) 互换后,得到行列式

$$D_1=\begin{vmatrix} a_{11} & a_{12} & \cdots & a_{1n} \\ \vdots & \vdots & & \vdots \\ a_{s1} & a_{s2} & \cdots & a_{sn} \\ \vdots & \vdots & & \vdots \\ a_{i1} & a_{i2} & \cdots & a_{in} \\ \vdots & \vdots & & \vdots \\ a_{n1} & a_{n2} & \cdots & a_{nn} \end{vmatrix}\begin{matrix} \\ \\ (i\text{ 行}) \\ \\ (s\text{ 行}) \\ \\ \\ \end{matrix}.$$

显然,乘积 $a_{1j_1}\cdots a_{ij_i}\cdots a_{sj_s}\cdots a_{nj_n}$ 在行列式 D 和 D_1 中,都是取自不同行、不同列的 n 个元素的乘积,根据定理 1.1,

对于行列式 D,这一项的符号由$(-1)^{\tau(1\cdots i\cdots s\cdots n)+\tau(j_1\cdots j_i\cdots j_s\cdots j_n)}$ 决定;

对于行列式 D_1,这一项的符号由$(-1)^{\tau(1\cdots s\cdots i\cdots n)+\tau(j_1\cdots j_i\cdots j_s\cdots j_n)}$ 决定.

而排列 $1\cdots i\cdots s\cdots n$ 与排列 $1\cdots s\cdots i\cdots n$ 的奇偶性相反,所以

$$(-1)^{\tau(1\cdots i\cdots s\cdots n)+\tau(j_1\cdots j_i\cdots j_s\cdots j_n)}=-(-1)^{\tau(1\cdots s\cdots i\cdots n)+\tau(j_1\cdots j_i\cdots j_s\cdots j_n)},$$

即 D_1 中的每一项都是 D 中的对应项的相反数,所以 $D=-D_1$.

推论 1.1 若行列式有两行(列)的对应元素相同,则此行列式的值等于零.

证 将行列式 D 中对应元素相同的两行互换,结果仍是 D,但由性质 1.2 有 $D=-D$,所以 $D=0$.

性质 1.3 行列式的某一行(列)中所有的元素都乘同一数 k,等于用数 k 乘此行列式,即

$$\begin{vmatrix} a_{11} & a_{12} & \cdots & a_{1n} \\ \vdots & \vdots & & \vdots \\ ka_{i1} & ka_{i2} & \cdots & ka_{in} \\ \vdots & \vdots & & \vdots \\ a_{n1} & a_{n2} & \cdots & a_{nn} \end{vmatrix}=k\begin{vmatrix} a_{11} & a_{12} & \cdots & a_{1n} \\ \vdots & \vdots & & \vdots \\ a_{i1} & a_{i2} & \cdots & a_{in} \\ \vdots & \vdots & & \vdots \\ a_{n1} & a_{n2} & \cdots & a_{nn} \end{vmatrix}.$$

证 由行列式的定义,有

$$\text{左式}=\sum_{j_1j_2\cdots j_n}(-1)^{\tau(j_1j_2\cdots j_n)}a_{1j_1}\cdots(ka_{ij_i})\cdots a_{nj_n}=k\sum_{j_1j_2\cdots j_n}(-1)^{\tau(j_1j_2\cdots j_n)}a_{1j_1}\cdots a_{ij_i}\cdots a_{nj_n}=$$

右式.

推论 1.2 行列式某一行(列)所有元素的公因子可以提到行列式外面.

推论 1.3 如果行列式中有一行(列)的元素全为零,则行列式的值等于零.

推论 1.4 如果行列式中有两行(列)的对应元素成比例,则行列式的值等于零.

性质 1.4 如果行列式的某一行(列)的各元素都是两个数的和,则行列式等于两个相应的行列式的和,即

$$\begin{vmatrix} a_{11} & a_{12} & \cdots & a_{1n} \\ \vdots & \vdots & & \vdots \\ b_{i1}+c_{i1} & b_{i2}+c_{i2} & \cdots & b_{in}+c_{in} \\ \vdots & \vdots & & \vdots \\ a_{n1} & a_{n2} & \cdots & a_{nn} \end{vmatrix} = \begin{vmatrix} a_{11} & a_{12} & \cdots & a_{1n} \\ \vdots & \vdots & & \vdots \\ b_{i1} & b_{i2} & \cdots & b_{in} \\ \vdots & \vdots & & \vdots \\ a_{n1} & a_{n2} & \cdots & a_{nn} \end{vmatrix} + \begin{vmatrix} a_{11} & a_{12} & \cdots & a_{1n} \\ \vdots & \vdots & & \vdots \\ c_{i1} & c_{i2} & \cdots & c_{in} \\ \vdots & \vdots & & \vdots \\ a_{n1} & a_{n2} & \cdots & a_{nn} \end{vmatrix}.$$

例 1.6 计算行列式 $D=\begin{vmatrix} -1 & 2 & 1 \\ 403 & 201 & 298 \\ 4 & 2 & 3 \end{vmatrix}$.

解

$$D=\begin{vmatrix} -1 & 2 & 1 \\ 400+3 & 200+1 & 300-2 \\ 4 & 2 & 3 \end{vmatrix} = \begin{vmatrix} -1 & 2 & 1 \\ 400 & 200 & 300 \\ 4 & 2 & 3 \end{vmatrix} + \begin{vmatrix} -1 & 2 & 1 \\ 3 & 1 & -2 \\ 4 & 2 & 3 \end{vmatrix}$$
$$=0+(-39)=-39.$$

性质 1.5 把行列式的某一行(列)的所有元素乘以数 k 加到另一行(列)的相应元素上,行列式的值不变,即

$$D=\begin{vmatrix} a_{11} & a_{12} & \cdots & a_{1n} \\ \vdots & \vdots & & \vdots \\ a_{i1} & a_{i2} & \cdots & a_{in} \\ \vdots & \vdots & & \vdots \\ a_{s1} & a_{s2} & \cdots & a_{sn} \\ \vdots & \vdots & & \vdots \\ a_{n1} & a_{n2} & \cdots & a_{nn} \end{vmatrix} \xlongequal{r_s+kr_i} \begin{vmatrix} a_{11} & a_{12} & \cdots & a_{1n} \\ \vdots & \vdots & & \vdots \\ a_{i1} & a_{i2} & \cdots & a_{in} \\ \vdots & \vdots & & \vdots \\ ka_{i1}+a_{s1} & ka_{i2}+a_{s2} & \cdots & ka_{in}+a_{sn} \\ \vdots & \vdots & & \vdots \\ a_{n1} & a_{n2} & \cdots & a_{nn} \end{vmatrix}.$$

证 由性质 1.4,有

$$\text{右式}=\begin{vmatrix} a_{11} & a_{12} & \cdots & a_{1n} \\ \vdots & \vdots & & \vdots \\ a_{i1} & a_{i2} & \cdots & a_{in} \\ \vdots & \vdots & & \vdots \\ ka_{i1} & ka_{i2} & \cdots & ka_{in} \\ \vdots & \vdots & & \vdots \\ a_{n1} & a_{n2} & \cdots & a_{nn} \end{vmatrix} + \begin{vmatrix} a_{11} & a_{12} & \cdots & a_{1n} \\ \vdots & \vdots & & \vdots \\ a_{i1} & a_{i2} & \cdots & a_{in} \\ \vdots & \vdots & & \vdots \\ a_{s1} & a_{s2} & \cdots & a_{sn} \\ \vdots & \vdots & & \vdots \\ a_{n1} & a_{n2} & \cdots & a_{nn} \end{vmatrix}$$

$$
= k \times 0 + \begin{vmatrix} a_{11} & a_{12} & \cdots & a_{1n} \\ \vdots & \vdots & & \vdots \\ a_{i1} & a_{i2} & \cdots & a_{in} \\ \vdots & \vdots & & \vdots \\ a_{s1} & a_{s2} & \cdots & a_{sn} \\ \vdots & \vdots & & \vdots \\ a_{n1} & a_{n2} & \cdots & a_{nn} \end{vmatrix} = \text{左式}.
$$

二、行列式性质的应用

将上述性质所涉及的运算分别记为：

(1) 互换 i, j 两行(列)：$r_i \leftrightarrow r_j (c_i \leftrightarrow c_j)$；

(2) 第 i 行(列)提取公因数 k：$r_i \div k (c_i \div k)$；

(3) 将第 j 行(列)的 k 倍加到第 i 行(列)上去：$r_i + kr_j (c_i + kc_j)$.

接下来,就可以通过这些运算性质计算行列式.

例 1.7 计算行列式 $D = \begin{vmatrix} 3 & 1 & -1 & 2 \\ -5 & 1 & 3 & -4 \\ 2 & 0 & 1 & -1 \\ 1 & -5 & 3 & -3 \end{vmatrix}$.

解 为避免分数的四则运算,第一步先交换 1, 2 两列使得 $a_{11} = 1$.

$$
D = \begin{vmatrix} 3 & 1 & -1 & 2 \\ -5 & 1 & 3 & -4 \\ 2 & 0 & 1 & -1 \\ 1 & -5 & 3 & -3 \end{vmatrix} \xlongequal[\substack{r_2 - r_1 \\ r_4 + 5r_1}]{c_1 \leftrightarrow c_2} - \begin{vmatrix} 1 & 3 & -1 & 2 \\ 0 & -8 & 4 & -6 \\ 0 & 2 & 1 & -1 \\ 0 & 16 & -2 & 7 \end{vmatrix} \xlongequal{\substack{r_2 \div 2 \\ r_2 \leftrightarrow r_3}} 2 \begin{vmatrix} 1 & 3 & -1 & 2 \\ 0 & 2 & 1 & -1 \\ 0 & -4 & 2 & -3 \\ 0 & 16 & -2 & 7 \end{vmatrix}
$$

$$
\xlongequal[r_4 - 8r_2]{r_3 + 2r_2} 2 \begin{vmatrix} 1 & 3 & -1 & 2 \\ 0 & 2 & 1 & -1 \\ 0 & 0 & 4 & -5 \\ 0 & 0 & -10 & 15 \end{vmatrix} \xlongequal[r_4 + \frac{1}{2} r_3]{r_4 \div 5} 10 \begin{vmatrix} 1 & 3 & -1 & 2 \\ 0 & 2 & 1 & -1 \\ 0 & 0 & 4 & -5 \\ 0 & 0 & 0 & 1/2 \end{vmatrix} = 40.
$$

例 1.8 计算行列式 $D = \begin{vmatrix} 3 & 1 & 1 & 1 \\ 1 & 3 & 1 & 1 \\ 1 & 1 & 3 & 1 \\ 1 & 1 & 1 & 3 \end{vmatrix}$.

解 这个行列式的特点是各行 4 个数的和都是 6,把第 2, 3, 4 各列同时加到第 1 列,把公因子提出,然后各行减去第 1 行就成为三角形行列式.

$$
D = \begin{vmatrix} 6 & 1 & 1 & 1 \\ 6 & 3 & 1 & 1 \\ 6 & 1 & 3 & 1 \\ 6 & 1 & 1 & 3 \end{vmatrix} = 6 \begin{vmatrix} 1 & 1 & 1 & 1 \\ 1 & 3 & 1 & 1 \\ 1 & 1 & 3 & 1 \\ 1 & 1 & 1 & 3 \end{vmatrix} = 6 \begin{vmatrix} 1 & 1 & 1 & 1 \\ 0 & 2 & 0 & 0 \\ 0 & 0 & 2 & 0 \\ 0 & 0 & 0 & 2 \end{vmatrix} = 6 \times 2^3 = 48.
$$

例 1.9 计算 $D=\begin{vmatrix} a & b & c & d \\ a & a+b & a+b+c & a+b+c+d \\ a & 2a+b & 3a+2b+c & 4a+3b+2c+d \\ a & 3a+b & 6a+3b+c & 10a+6b+3c+d \end{vmatrix}$.

解 注意到,本题中相邻两行之间的元素更接近,于是通过相邻行的运算来计算该行列式.

$$D=\begin{vmatrix} a & b & c & d \\ a & a+b & a+b+c & a+b+c+d \\ a & 2a+b & 3a+2b+c & 4a+3b+2c+d \\ a & 3a+b & 6a+3b+c & 10a+6b+3c+d \end{vmatrix} \xlongequal[r_2-r_1]{\substack{r_4-r_3 \\ r_3-r_2}} \begin{vmatrix} a & b & c & d \\ 0 & a & a+b & a+b+c \\ 0 & a & 2a+b & 3a+2b+c \\ 0 & a & 3a+b & 6a+3b+c \end{vmatrix}$$

$$\xlongequal[r_3-r_2]{r_4-r_3} \begin{vmatrix} a & b & c & d \\ 0 & a & a+b & a+b+c \\ 0 & 0 & a & 2a+b \\ 0 & 0 & a & 3a+b \end{vmatrix} \xlongequal{r_4-r_3} \begin{vmatrix} a & b & c & d \\ 0 & a & a+b & a+b+c \\ 0 & 0 & a & 2a+b \\ 0 & 0 & 0 & a \end{vmatrix} = a^4.$$

例 1.10 设 $D=\begin{vmatrix} a_{11} & \cdots & a_{1k} & & & \\ \vdots & & \vdots & & 0 & \\ a_{k1} & \cdots & a_{kk} & & & \\ c_{11} & \cdots & c_{1k} & b_{11} & \cdots & b_{1n} \\ \vdots & & \vdots & \vdots & & \vdots \\ c_{n1} & \cdots & c_{nk} & b_{n1} & \cdots & b_{nn} \end{vmatrix}$, $D_1=\det(a_{ij})=\begin{vmatrix} a_{11} & \cdots & a_{1k} \\ \vdots & & \vdots \\ a_{k1} & \cdots & a_{kk} \end{vmatrix}$, $D_2=\det(b_{ij})=\begin{vmatrix} b_{11} & \cdots & b_{1n} \\ \vdots & & \vdots \\ b_{n1} & \cdots & b_{nn} \end{vmatrix}$,证明:$D=D_1D_2$.

证 对 D_1 做运算 r_i+kr_j,把 D_1 化为下三角形行列式,设为

$$D_1=\begin{vmatrix} p_{11} & & 0 \\ \vdots & \ddots & \\ p_{k1} & \cdots & p_{kk} \end{vmatrix}=p_{11}\cdots p_{kk};$$

对 D_2 做运算 c_i+kc_j,把 D_2 化为下三角形行列式,设为

$$D_2=\begin{vmatrix} q_{11} & & 0 \\ \vdots & \ddots & \\ q_{n1} & \cdots & q_{nn} \end{vmatrix}=q_{11}\cdots q_{nn}.$$

于是,对 D 的前 k 行做运算 r_i+kr_j,再对后 n 列做运算 c_i+kc_j,把 D 化为下三角形行列式

$$D=\begin{vmatrix} p_{11} & & & & & \\ \vdots & \ddots & & & 0 & \\ p_{k1} & \cdots & p_{kk} & & & \\ c_{11} & \cdots & c_{1k} & q_{11} & & \\ \vdots & & \vdots & \vdots & \ddots & \\ c_{n1} & \cdots & c_{nk} & q_{n1} & \cdots & q_{nn} \end{vmatrix},$$

故 $D = p_{11}\cdots p_{kk}\cdot q_{11}\cdots q_{nn} = D_1 D_2$.

第四节 行列式按行(列)展开

本节研究如何把较高阶的行列式转化为较低阶的行列式，即计算行列式的另一种基本方法——降阶法.为此，先介绍代数余子式的概念.

一、行列式按行(列)展开定理

定义 1.7 在 n 阶行列式中，把元素 a_{ij} 所在的第 i 行和第 j 列划去后，所得到的 $n-1$ 阶行列式称为元素 a_{ij} 的**余子式**，记作 M_{ij}，并称 $(-1)^{i+j}M_{ij}$ 为元素 a_{ij} 的**代数余子式**，记为 $A_{ij}=(-1)^{i+j}M_{ij}$.

例如，四阶行列式 $D=\det(a_{ij})$ 的元素 a_{32} 的余子式和代数余子式分别为

$$M_{32}=\begin{vmatrix} a_{11} & a_{13} & a_{14} \\ a_{21} & a_{23} & a_{24} \\ a_{41} & a_{43} & a_{44} \end{vmatrix},\ A_{32}=(-1)^{3+2}\begin{vmatrix} a_{11} & a_{13} & a_{14} \\ a_{21} & a_{23} & a_{24} \\ a_{41} & a_{43} & a_{44} \end{vmatrix}=-M_{32}.$$

利用代数余子式的概念，可以得到下面的展开定理：

定理 1.3[行列式按行(列)展开定理] n 阶行列式 D 等于它的任一行(列)各元素与其对应的代数余子式乘积之和，即

$$D=a_{i1}A_{i1}+a_{i2}A_{i2}+\cdots+a_{in}A_{in}\ (i=1,\ 2,\ \cdots,\ n),$$

或

$$D=a_{1j}A_{1j}+a_{2j}A_{2j}+\cdots+a_{nj}A_{nj}\ (j=1,\ 2,\ \cdots,\ n).$$

证 只需证明按行展开的情形，按列展开的情形同理可证.

首先证按第 1 行展开的情形.根据性质 1.4 有

$$D=\begin{vmatrix} a_{11} & a_{12} & \cdots & a_{1n} \\ a_{21} & a_{22} & \cdots & a_{2n} \\ \vdots & \vdots & & \vdots \\ a_{n1} & a_{n2} & \cdots & a_{nn} \end{vmatrix}=\begin{vmatrix} a_{11}+0+\cdots+0 & 0+a_{12}+0+\cdots+0 & \cdots & 0+\cdots+0+a_{1n} \\ a_{21} & a_{22} & \cdots & a_{2n} \\ \vdots & \vdots & & \vdots \\ a_{n1} & a_{n2} & \cdots & a_{nn} \end{vmatrix}$$

$$=\begin{vmatrix} a_{11} & 0 & \cdots & 0 \\ a_{21} & a_{22} & \cdots & a_{2n} \\ \vdots & \vdots & & \vdots \\ a_{n1} & a_{n2} & \cdots & a_{nn} \end{vmatrix}+\begin{vmatrix} 0 & a_{12} & \cdots & 0 \\ a_{21} & a_{22} & \cdots & a_{2n} \\ \vdots & \vdots & & \vdots \\ a_{n1} & a_{n2} & \cdots & a_{nn} \end{vmatrix}+\cdots+\begin{vmatrix} 0 & 0 & \cdots & a_{1n} \\ a_{21} & a_{22} & \cdots & a_{2n} \\ \vdots & \vdots & & \vdots \\ a_{n1} & a_{n2} & \cdots & a_{nn} \end{vmatrix}.$$

按行列式的定义，有

$$\begin{vmatrix} a_{11} & 0 & \cdots & 0 \\ a_{21} & a_{22} & \cdots & a_{2n} \\ \vdots & \vdots & & \vdots \\ a_{n1} & a_{n2} & \cdots & a_{nn} \end{vmatrix}=\sum_{1j_2\cdots j_n}(-1)^{\tau(1j_2\cdots j_n)}a_{11}a_{2j_2}\cdots a_{nj_n}$$

$$= a_{11}\sum_{j_2\cdots j_n}(-1)^{\tau(j_2\cdots j_n)}a_{2j_2}\cdots a_{nj_n} = a_{11}M_{11} = a_{11}A_{11}.$$

同理

$$\begin{vmatrix} 0 & a_{12} & \cdots & 0 \\ a_{21} & a_{22} & \cdots & a_{2n} \\ \vdots & \vdots & & \vdots \\ a_{n1} & a_{n2} & \cdots & a_{nn} \end{vmatrix} = (-1)\begin{vmatrix} a_{12} & 0 & \cdots & 0 \\ a_{22} & a_{21} & \cdots & a_{2n} \\ \vdots & \vdots & & \vdots \\ a_{n2} & a_{n1} & \cdots & a_{nn} \end{vmatrix} = (-1)a_{12}M_{12} = a_{12}A_{12},$$

$$\vdots$$

$$\begin{vmatrix} 0 & 0 & \cdots & a_{1n} \\ a_{21} & a_{22} & \cdots & a_{2n} \\ \vdots & \vdots & & \vdots \\ a_{n1} & a_{n2} & \cdots & a_{nn} \end{vmatrix} = (-1)^{n-1}\begin{vmatrix} a_{1n} & 0 & \cdots & 0 \\ a_{2n} & a_{21} & \cdots & a_{2n-1} \\ \vdots & \vdots & & \vdots \\ a_{nn} & a_{n1} & \cdots & a_{nn-1} \end{vmatrix} = (-1)^{n-1}a_{1n}M_{1n} = a_{1n}A_{1n}.$$

所以
$$D = a_{11}A_{11} + \cdots + a_{1k}A_{1k} + \cdots + a_{1n}A_{1n} = \sum_{j=1}^{n} a_{1j}A_{1j}.$$

再证按第 i 行展开的情形，将第 i 行分别与第 $i-1$ 行，第 $i-2$ 行，……，第 1 行进行交换，把第 i 行换到第 1 行，然后再按第一部分的结论，即有

$$\begin{aligned} D &= (-1)^{i-1}\begin{vmatrix} a_{i1} & a_{i2} & \cdots & a_{in} \\ a_{11} & a_{12} & \cdots & a_{1n} \\ \vdots & \vdots & & \vdots \\ a_{n1} & a_{n2} & \cdots & a_{nn} \end{vmatrix} \\ &= (-1)^{i-1}a_{i1}(-1)^{1+1}M_{i1} + (-1)^{i-1}a_{i2}(-1)^{1+2}M_{i2} + \cdots \\ &\quad + (-1)^{i-1}a_{in}(-1)^{1+n}M_{in} \\ &= a_{i1}A_{i1} + a_{i2}A_{i2} + \cdots + a_{in}A_{in}. \end{aligned}$$

二、行列式按行(列)展开定理的计算

定理 1.3 表明，利用它并结合行列式的性质，可以简化行列式的计算. 计算行列式时，一般利用性质将某一行(列)化简为仅有一个非零元素，再按定理 1.3 展开，变为低一阶行列式，如此继续下去，直到将行列式化为三阶或二阶行列式. 如例 1.7，有

$$D = \begin{vmatrix} 3 & 1 & -1 & 2 \\ -5 & 1 & 3 & -4 \\ 2 & 0 & 1 & -1 \\ 1 & -5 & 3 & -3 \end{vmatrix} \xlongequal[\substack{r_2 - r_1 \\ r_4 + 5r_1}]{c_1 \leftrightarrow c_2} -\begin{vmatrix} 1 & 3 & -1 & 2 \\ 0 & -8 & 4 & -6 \\ 0 & 2 & 1 & -1 \\ 0 & 16 & -2 & 7 \end{vmatrix}$$

$$\xlongequal{\substack{r_2 \div 2 \\ r_2 \leftrightarrow r_3}} 2\begin{vmatrix} 2 & 1 & -1 \\ -4 & 2 & -3 \\ 16 & -2 & 7 \end{vmatrix} \xlongequal[\substack{r_2 + 2r_1 \\ r_3 - 8r_1}]{c_1 \div 2} 4\begin{vmatrix} 1 & 1 & -1 \\ 0 & 4 & -5 \\ 0 & -10 & 15 \end{vmatrix} = 4\begin{vmatrix} 4 & -5 \\ -10 & 15 \end{vmatrix} = 40.$$

例 1.11 计算行列式 $D=\begin{vmatrix}-2 & 3 & 1\\ -4 & -1 & 4\\ 2 & 1 & 5\end{vmatrix}$.

解 利用性质 1.5 和定理 1.3,有

$$D=\begin{vmatrix}-2 & 3 & 1\\ -4 & -1 & 4\\ 2 & 1 & 5\end{vmatrix}=\begin{vmatrix}-2 & 3 & 1\\ 0 & -7 & 2\\ 0 & 4 & 6\end{vmatrix}$$

$$=(-2)\begin{vmatrix}-7 & 2\\ 4 & 6\end{vmatrix}=-2\times(-42-8)=100.$$

例 1.12 证明范德蒙德(Vandermonde)行列式:

$$D_n=\begin{vmatrix}1 & 1 & 1 & \cdots & 1\\ a_1 & a_2 & a_3 & \cdots & a_n\\ a_1^2 & a_2^2 & a_3^2 & \cdots & a_n^2\\ \vdots & \vdots & \vdots & & \vdots\\ a_1^{n-1} & a_2^{n-1} & a_3^{n-1} & \cdots & a_n^{n-1}\end{vmatrix}=\prod_{1\leqslant j<i\leqslant n}(a_i-a_j),\ n\geqslant 2.$$

证 对行列式的阶数 n 用数学归纳法.

当 $n=2$ 时,计算二阶范德蒙德行列式的值:

$$D_2=\begin{vmatrix}1 & 1\\ a_1 & a_2\end{vmatrix}=a_2-a_1.$$

可见 $n=2$ 时,结论成立.

假设对于 $n-1$ 阶范德蒙德行列式结论成立,来看 n 阶范德蒙德行列式:把第 $n-1$ 行的 $(-a_1)$ 倍加到第 n 行,再把第 $n-2$ 行的 $(-a_1)$ 倍加到第 $n-1$ 行,依此类推,最后把第 1 行的 $(-a_1)$ 倍加到第 2 行,得到

$$D_n=\begin{vmatrix}1 & 1 & 1 & \cdots & 1\\ a_1 & a_2 & a_3 & \cdots & a_n\\ a_1^2 & a_2^2 & a_3^2 & \cdots & a_n^2\\ \vdots & \vdots & \vdots & & \vdots\\ a_1^{n-2} & a_2^{n-2} & a_3^{n-2} & \cdots & a_n^{n-2}\\ a_1^{n-1} & a_2^{n-1} & a_3^{n-1} & \cdots & a_n^{n-1}\end{vmatrix}=\begin{vmatrix}1 & 1 & 1 & \cdots & 1\\ 0 & a_2-a_1 & a_3-a_1 & \cdots & a_n-a_1\\ 0 & a_2^2-a_1a_2 & a_3^2-a_1a_3 & \cdots & a_n^2-a_1a_n\\ \vdots & \vdots & \vdots & & \vdots\\ 0 & a_2^{n-1}-a_1a_2^{n-2} & a_3^{n-1}-a_1a_3^{n-2} & \cdots & a_n^{n-1}-a_1a_n^{n-2}\end{vmatrix}$$

$$=\begin{vmatrix}a_2-a_1 & a_3-a_1 & \cdots & a_n-a_1\\ a_2(a_2-a_1) & a_3(a_3-a_1) & \cdots & a_n(a_n-a_1)\\ \vdots & \vdots & & \vdots\\ a_2^{n-2}(a_2-a_1) & a_3^{n-2}(a_3-a_1) & \cdots & a_n^{n-2}(a_n-a_1)\end{vmatrix}$$

$$=(a_2-a_1)(a_3-a_1)\cdots(a_n-a_1)\begin{vmatrix}1 & 1 & \cdots & 1\\ a_2 & a_3 & \cdots & a_n\\ \vdots & \vdots & & \vdots\\ a_2^{n-2} & a_3^{n-2} & \cdots & a_n^{n-2}\end{vmatrix}.$$

后面这个行列式是 $n-1$ 阶范德蒙德行列式，由归纳假设得

$$D_{n-1}=\begin{vmatrix}1 & 1 & \cdots & 1\\ a_2 & a_3 & \cdots & a_n\\ \vdots & \vdots & & \vdots\\ a_2^{n-2} & a_3^{n-2} & \cdots & a_n^{n-2}\end{vmatrix}=\prod_{2\leqslant j<i\leqslant n}(a_i-a_j).$$

于是 $D_n=(a_2-a_1)(a_3-a_1)\cdots(a_n-a_1)\prod\limits_{2\leqslant j<i\leqslant n}(a_i-a_j)=\prod\limits_{1\leqslant j<i\leqslant n}(a_i-a_j).$

三、行列式按行(列)展开定理的推广

行列式按行(列)展开定理说明，n 阶行列式可表示为 n 个特殊的 $n-1$ 阶行列式的代数和的形式；反过来，逆向思维：这种代数和的形式也可构造一个 n 阶行列式.

例如，设有三阶行列式 $D=\begin{vmatrix}a & b & c\\ x & y & z\\ u & v & w\end{vmatrix}$，按第 2 行展开，有 $D=xA_{21}+yA_{22}+zA_{23}$，那么 $D_1=pA_{21}+qA_{22}+rA_{23}$ 所表示的行列式应为 $D_1=\begin{vmatrix}a & b & c\\ p & q & r\\ u & v & w\end{vmatrix}$.

进一步，对于 n 阶行列式 D，如果 $i\neq k$，那么 $D_1=a_{i1}A_{k1}+a_{i2}A_{k2}+\cdots+a_{in}A_{kn}$ 所表示的行列式应为

$$D_1=\begin{vmatrix}\cdots & \cdots & \cdots & \cdots\\ a_{i1} & a_{i2} & \cdots & a_{in}\\ \vdots & \vdots & & \vdots\\ a_{i1} & a_{i2} & \cdots & a_{in}\\ \cdots & \cdots & \cdots & \cdots\end{vmatrix}.$$

该展开式相当于把原来的行列式 D 的第 k 行的元素换成第 i 行的元素，得到 D_1，然后把 D_1 仍按第 k 行展开，发现 D_1 中有两行相同，则 $D_1=0$，即

$$a_{i1}A_{k1}+a_{i2}A_{k2}+\cdots+a_{in}A_{kn}=\sum_{j=1}^{n}a_{ij}A_{kj}=0\ (i\neq k).$$

这就是展开定理的一个重要推论：

推论 1.5 n 阶行列式 D 中某一行(列)的各元素与另一行(列)对应元素的代数余子式的乘积之和等于零，即

$$a_{i1}A_{k1}+a_{i2}A_{k2}+\cdots+a_{in}A_{kn}=\sum_{j=1}^{n}a_{ij}A_{kj}=0\ (i\neq k),$$

或
$$a_{1j}A_{1k}+a_{2j}A_{2k}+\cdots+a_{nj}A_{nk}=\sum_{i=1}^{n}a_{ij}A_{ik}=0\ (j\neq k).$$

综合定理 1.3 及其推论，有关于代数余子式的重要性质：

$$a_{i1}A_{k1}+a_{i2}A_{k2}+\cdots+a_{in}A_{kn}=\sum_{j=1}^{n}a_{ij}A_{kj}=\begin{cases}D & (i=k),\\ 0 & (i\neq k).\end{cases}$$

或
$$a_{1i}A_{1k}+a_{2i}A_{2k}+\cdots+a_{ni}A_{nk}=\sum_{i=1}^{n}a_{ij}A_{ik}=\begin{cases}D & (j=k),\\ 0 & (j\neq k).\end{cases}$$

例1.13 设$D=\begin{vmatrix}3 & -5 & 2 & 1\\ 1 & 1 & 0 & -5\\ -1 & 3 & 1 & 3\\ 2 & -4 & -1 & -3\end{vmatrix}$,求$A_{11}+A_{12}+A_{13}+A_{14}$, $M_{11}+M_{12}+M_{13}+M_{14}$.

解 由推论1.5可知,$A_{11}+A_{12}+A_{13}+A_{14}$等于用1, 1, 1, 1代替$D$的第1行所得的行列式,即

$$A_{11}+A_{12}+A_{13}+A_{14}=\begin{vmatrix}1 & 1 & 1 & 1\\ 1 & 1 & 0 & -5\\ -1 & 3 & 1 & 3\\ 2 & -4 & -1 & -3\end{vmatrix}=4.$$

同理,有
$$\begin{aligned}M_{11}+M_{12}+M_{13}+M_{14}&=A_{11}-A_{12}+A_{13}-A_{14}\\ &=\begin{vmatrix}1 & -1 & 1 & -1\\ 1 & 1 & 0 & -5\\ -1 & 3 & 1 & 3\\ 2 & -4 & -1 & -3\end{vmatrix}=18.\end{aligned}$$

第五节 克拉默法则

在本章第一节中已讨论了二元、三元线性方程组,在这一节中将讨论形如式(1.4),含有n个未知量n个方程的线性方程组解的情况.

$$\begin{cases}a_{11}x_1+a_{12}x_2+\cdots+a_{1n}x_n=b_1,\\ a_{21}x_1+a_{22}x_2+\cdots+a_{2n}x_n=b_2,\\ \qquad\vdots\\ a_{n1}x_1+a_{n2}x_2+\cdots+a_{nn}x_n=b_n.\end{cases}\tag{1.4}$$

定理1.4(克拉默法则) 若线性方程组(1.4)的系数行列式不等于零,即

$$D=\begin{vmatrix}a_{11} & a_{12} & \cdots & a_{1n}\\ a_{21} & a_{22} & \cdots & a_{2n}\\ \vdots & \vdots & & \vdots\\ a_{n1} & a_{n2} & \cdots & a_{nn}\end{vmatrix}\neq 0,$$

则方程组(1.4)有唯一解:

$$x_1=\frac{D_1}{D},\ x_2=\frac{D_2}{D},\ \cdots,\ x_n=\frac{D_n}{D}. \tag{1.5}$$

其中，$D_j(j=1,2,\cdots,n)$是把系数行列式中第j列的元素用方程组右端的常数项代替后所得的n阶行列式，即

$$D_j=\begin{vmatrix} a_{11} & \cdots & a_{1,j-1} & b_1 & a_{1,j+1} & \cdots & a_{1n} \\ \vdots & & \vdots & \vdots & \vdots & & \vdots \\ a_{n1} & \cdots & a_{n,j-1} & b_n & a_{n,j+1} & \cdots & a_{nn} \end{vmatrix}.$$

例 1.14 解线性方程组：

$$\begin{cases} x_1+3x_2-2x_3+x_4=1, \\ 2x_1+5x_2-3x_3+2x_4=3, \\ -3x_1+4x_2+8x_3-2x_4=4, \\ 6x_1-x_2-6x_3+4x_4=2. \end{cases}$$

解 因为

$$D=\begin{vmatrix} 1 & 3 & -2 & 1 \\ 2 & 5 & -3 & 2 \\ -3 & 4 & 8 & -2 \\ 6 & -1 & -6 & 4 \end{vmatrix}=\begin{vmatrix} 1 & 3 & -2 & 1 \\ 0 & -1 & 1 & 0 \\ 0 & 13 & 2 & 1 \\ 0 & -19 & 6 & -2 \end{vmatrix}=\begin{vmatrix} 1 & 3 & -2 & 1 \\ 0 & -1 & 1 & 0 \\ 0 & 0 & 15 & 1 \\ 0 & 0 & -13 & -2 \end{vmatrix}=17\neq 0,$$

所以方程组有唯一解. 又

$$D_1=\begin{vmatrix} 1 & 3 & -2 & 1 \\ 3 & 5 & -3 & 2 \\ 4 & 4 & 8 & -2 \\ 2 & -1 & -6 & 4 \end{vmatrix}=-34,\ D_2=\begin{vmatrix} 1 & 1 & -2 & 1 \\ 2 & 3 & -3 & 2 \\ -3 & 4 & 8 & -2 \\ 6 & 2 & -6 & 4 \end{vmatrix}=0,$$

$$D_3=\begin{vmatrix} 1 & 3 & 1 & 1 \\ 2 & 5 & 3 & 2 \\ -3 & 4 & 4 & -2 \\ 6 & -1 & 2 & 4 \end{vmatrix}=17,\ D_4=\begin{vmatrix} 1 & 3 & -2 & 1 \\ 2 & 5 & -3 & 3 \\ -3 & 4 & 8 & 4 \\ 6 & -1 & -6 & 2 \end{vmatrix}=85.$$

即得唯一解：$x_1=-\frac{34}{17}=-2,\ x_2=\frac{0}{17}=0,\ x_3=\frac{17}{17}=1,\ x_4=\frac{85}{17}=5.$

注 用克拉默法则解线性方程组时，必须满足两个条件：一是方程的个数与未知量的个数相等；二是系数行列式$D\neq 0$.

当方程组(1.4)右端的常数项$b_1,b_2,\cdots,b_n$不全为零时，称为**非齐次**线性方程组；当$b_1,b_2,\cdots,b_n$全为零时，称为**齐次**线性方程组.

对于齐次线性方程组：

$$\begin{cases} a_{11}x_1+a_{12}x_2+\cdots+a_{1n}x_n=0, \\ a_{21}x_1+a_{22}x_2+\cdots+a_{2n}x_n=0, \\ \qquad\qquad\vdots \\ a_{n1}x_1+a_{n2}x_2+\cdots+a_{nn}x_n=0. \end{cases} \tag{1.6}$$

容易看出：$x_1=0$，$x_2=0$，…，$x_n=0$ 一定是方程组(1.6)的解，称为方程组(1.6)的**零解**；若存在一组不全为零的数是方程组(1.6)的解，则称为方程组(1.6)的**非零解**. 由于方程组(1.6)必有零解但不一定有非零解，故对齐次线性方程组人们最感兴趣的是它何时才有非零解，由克拉默法则可得以下定理.

定理 1.5 若齐次线性方程组(1.6) 的系数行列式 $D\neq 0$，则方程组(1.6)只有零解.

推论 1.6 若齐次线性方程组(1.6)有非零解，则其系数行列式 $D=0$.

事实上，齐次线性方程组(1.6)有非零解⇔它的系数行列式为零.

例 1.15 问 λ 取何值时，齐次线性方程组 $\begin{cases}(5-\lambda)x+2y+2z=0,\\ 2x+(6-\lambda)y=0,\\ 2x+(4-\lambda)z=0\end{cases}$ 有非零解？

解 由推论 1.6 知，若齐次线性方程组有非零解，则其系数行列式 $D=0$，即

$$D=\begin{vmatrix}5-\lambda & 2 & 2\\ 2 & 6-\lambda & 0\\ 2 & 0 & 4-\lambda\end{vmatrix}=(5-\lambda)(2-\lambda)(8-\lambda)=0,$$

所以当 $\lambda=5$，$\lambda=2$，$\lambda=8$ 时，此方程组有非零解.

例 1.16 下表给出了函数 $f(t)$上 4 个点的值，试求三次插值多项式 $p(t)=a_0+a_1t+a_2t^2+a_3t^3$，并求 $f(2.5)$的近似值.

t_i	0	1	2	3
$f(t_i)$	3	0	−1	6

解 令三次插值多项式 $p(t)=a_0+a_1t+a_2t^2+a_3t^3$ 过表中已知的 4 点，可以得到四元线性方程组：

$$\begin{cases}a_0 & & & & =3,\\ a_0+a_1+a_2+a_3=0,\\ a_0+2a_1+4a_2+8a_3=-1,\\ a_0+3a_1+9a_2+27a_3=6.\end{cases}$$

其系数行列式为

$$D=\begin{vmatrix}1 & 0 & 0 & 0\\ 1 & 1 & 1 & 1\\ 1 & 2 & 4 & 8\\ 1 & 3 & 9 & 27\end{vmatrix}.$$

很明显，该系数行列式是一个四阶范德蒙德行列式的转置，由例 1.12 的结论，$D=12\neq 0$，所以方程组有唯一解. 又

$$D_1=\begin{vmatrix}3 & 0 & 0 & 0\\ 0 & 1 & 1 & 1\\ -1 & 2 & 4 & 8\\ 6 & 3 & 9 & 27\end{vmatrix}=36,\ D_2=\begin{vmatrix}1 & 3 & 0 & 0\\ 1 & 0 & 1 & 1\\ 1 & -1 & 4 & 8\\ 1 & 6 & 9 & 27\end{vmatrix}=-24,$$

$$D_3=\begin{vmatrix}1&0&3&0\\1&1&0&1\\1&2&-1&8\\1&3&6&27\end{vmatrix}=-24,\ D_4=\begin{vmatrix}1&0&0&3\\1&1&1&0\\1&2&4&-1\\1&3&9&6\end{vmatrix}=12.$$

即得唯一解：$a_1=\frac{36}{12}=3,\ a_2=\frac{-24}{12}=-2,\ a_3=\frac{-24}{12}=-2,\ a_4=\frac{12}{12}=1.$

则三阶插值多项式 $p(t)=3-2t-2t^2+t^3$，因此 $f(2.5)$ 的近似值等于 $p(2.5)=1.125$.

第六节　数学实验 1：MATLAB 简介及行列式计算

一、MATLAB 简介

MATLAB 是 Matrix Laboratory 的缩写，意为矩阵工厂（或矩阵实验室），是由美国 Mathworks 公司于 1984 年推出的一套科学计算软件，目前较新的版本为 R2016a（Windows 环境）等. 它是一种功能强、效率高，便于进行科学和工程计算的交互式软件包，主要应用于数学计算、数据分析与统计、信号处理与通信、图像处理与计算机视觉、控制系统设计、测试和测量、金融计算以及计算生物学等领域.

1. 命令窗口与编程窗口

MATLAB 软件主要有两个环境窗口：一个是命令窗口(Command Window)，也称工作空间；另一个是编程窗口(Editor/Debugger Window). 启动 MATLAB 后，便进入命令窗口. 在命令窗口中，有一个系统提示符>>，所有的命令只需直接在>>后输入即可. 清除命令显示的内容可以用命令 clc，它清除 Command Window 中的所有命令，而将“>>”显示在窗口的第一行，这使得命令的输入显得好看. 但是此命令并不清除工作空间.

2. 变量与运算符

MATLAB 变量名总以英文字母开头，由字符、数字和下划线组成，字母间不可留空格，且区分大小写.

注　MATLAB 规定变量名、标点符号必须以英文输入法输入，否则无法识别，会提示程序出错.

MATLAB 本身有一些默认的常用符号：

ans(输出结果)

NaN(无定义)

clc(清除命令窗口显示的内容，但并不清除工作空间)

clear;(清除工作区之前存的所有变量)

%(注释号——它后面的是非执行的注释语句)

,(逗号——用作输入量与输入量或数组的分隔符，显示结果指令，与其后指令的分隔)

;(分号——用作不显示运算结果的指令)

pi(圆周率 π)

3. 常用的数学运算符

+，－，*(乘)，/(左除)，\(右除)，^(幂)

在运算式中，MATLAB 通常不需要考虑空格；多条命令可以放在一行中，它们之间需要用分号隔开；逗号告诉 MATLAB 显示结果，而分号则禁止结果显示.

4. 常用的数学函数

exp(x)(自然指数)

asin(x)(反正弦函数)

log(x)(以 e 为底的对数，即自然对数)

log2(x)(以 2 为底的对数)

sqrt(x)(开平方)

round(x)(四舍五入至最近整数)

det( )(行列式的运算)

x=solve(D)(解方程"D=0"，得解 x)

二、行列式的计算

行列式输入时，数值元素直接按行方式输入，行内元素用逗号或空格分隔，各行之间用分号分隔或直接回车，所有元素处于一方括号内. 若有符号变量输入，则需 syms()指令.

例 1.17 计算行列式：

$$D=\begin{vmatrix}1 & -1 & 0\\ 2 & 2 & 3\\ -1 & 2 & 1\end{vmatrix}.$$

```
>>D=[1 -1 0;2 2 3;-1 2 1];
>>det(D)
ans =          %运行结果
   1
```

例 1.18 计算 $D=\begin{vmatrix}1+x & 1 & 1 & 1\\ 1 & 1+x & 1 & 1\\ 1 & 1 & 1+y & 1\\ 1 & 1 & 1 & 1+y\end{vmatrix}.$

```
>>syms x y
>>D=[1+x 1 1 1;1 1+x 1 1;1 1 1+y 1;1 1 1 1+y];
>> det(D)
ans =
   2xy^2+2x^2y+x^2y^2
```

例 1.19 解方程 $D=\begin{vmatrix}1 & 1 & 1\\ 2 & 3 & x\\ 4 & 9 & x^2\end{vmatrix}=0.$

```
>>syms x
```

```
>>D=[1 1 1;2 3 x;4 9 x^2 ];
>> x=solve(det(D))
ans x =
      3
      2
```

本章小结

一、思维导图

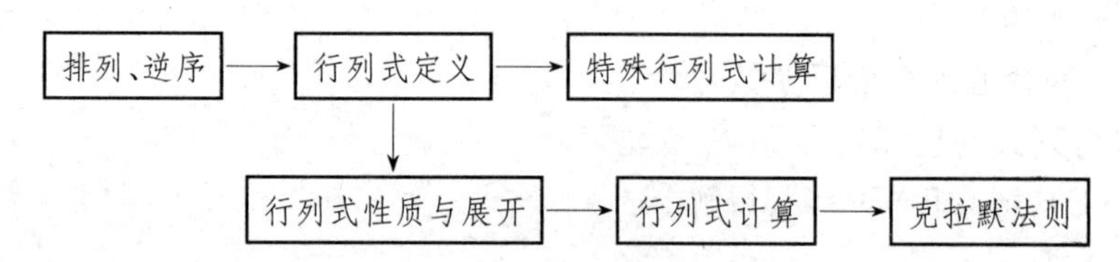

二、知识总结

1. 二阶与三阶行列式的定义

对角线法则只适用与二阶与三阶行列式的计算.

2. 排列、逆序相关定义

求排列 $p_1 p_2 \cdots p_n$ 的逆序数的方法:

$\tau(p_1 p_2 \cdots p_n)=$($p_1$ 前面比 p_1 大的数的个数)+(p_2 前面比 p_2 大的数的个数)+…+(p_n 前面比 p_n 大的数的个数).

3. n 阶行列式定义

(1) 行列式的实质是一种特定的算式,计算结果是一个数;

(2) n 阶行列式的展开式是 $n!$ 项的代数和,每项都是位于不同行不同列的 n 个元素的乘积;

(3) $a_{1p_1} a_{2p_2} \cdots a_{np_n}$ 项前面的符号为 $(-1)^{\tau(p_1 p_2 \cdots p_n)}$;

(4) 对角线法则不适用于四阶及四阶以上的行列式展开式;

(5) 常用行列式结果:

$$\begin{vmatrix} a_{11} & & & \\ a_{21} & a_{22} & & \\ \vdots & \vdots & \ddots & \\ a_{n1} & a_{n2} & \cdots & a_{nn} \end{vmatrix} = a_{11} a_{22} \cdots a_{nn}, \quad \begin{vmatrix} \lambda_1 & & & \\ & \lambda_2 & & \\ & & \ddots & \\ & & & \lambda_n \end{vmatrix} = \lambda_1 \lambda_2 \cdots \lambda_n.$$

4. 行列式的性质

(1) 经转置行列式的值不变;

(2) 某行有公因数 k,可把 k 提到行列式外;

(3) 某行所有元素都是两个数的和,则可写成两个行列式之和;

(4) 两行互换行列式变号;

(5) 某行的 k 倍加至另一行,行列式的值不变.

行列式的性质和推论是计算行列式的理论保证,要尽快熟练掌握它们.

5. 行列式按行(列)展开

(1) 在 n 阶行列式中,划去 a_{ij} 所在的第 i 行和第 j 列的元素,剩余的元素按原有次序构成的 $n-1$ 阶行列式,称为元素 a_{ij} 的余子式,记为 M_{ij},$A_{ij}=(-1)^{i+j}M_{ij}$ 称为 a_{ij} 的代数余子式;

(2) 综合定理及推论,有展开式

$$\sum_{k=1}^{n} a_{ik}A_{jk} = D\delta_{ij} = \begin{cases} D, & i=j, \\ 0, & i\neq j \end{cases} \quad 或 \quad \sum_{k=1}^{n} a_{ki}A_{kj} = D\delta_{ij} = \begin{cases} D, & i=j, \\ 0, & i\neq j. \end{cases}$$

其中

$$\delta_{ij} = \begin{cases} 1, & 当\ i=j, \\ 0, & 当\ i\neq j. \end{cases}$$

行列式的计算方法灵活多样,技巧性强,书中所举例子的解法只是众多方法中的几种.读者可以通过多多练习,熟悉性质和方法,逐步提高计算能力.

6. 克拉默法则

克拉默法则求解线性方程组必须满足如下两个条件:

(1) 方程组中方程的个数与未知量的个数相同;

(2) 方程组的系数行列式 $D\neq 0$.

克拉默法则是线性方程组理论的一个很重要结果,它不仅给出了方程组(1.4)有唯一解的条件,并且给出了方程组的解与方程组的系数和常数项的关系,在后面的讨论中,还会看到它在更一般的线性方程组的研究中也起着重要的作用.

习题一

一、选择题

1. 二阶行列式 $\begin{vmatrix} k-1 & 2 \\ 2 & k-1 \end{vmatrix} \neq 0$ 的充分必要条件是( ).

A. $k\neq -1$　　B. $k\neq 3$

C. $k\neq -1$ 且 $k\neq 3$　　D. $k\neq -1$ 或 $k\neq 3$

2. 排列 7624351 的逆序数为( ).

A. 10　　B. 14　　C. 15　　D. 16

3. n 阶行列式 $D=|a_{ij}|$,则展开式中项 $a_{12}a_{23}a_{34}\cdots a_{n-1n}a_{n1}$ 的符号为( ).

A. $-$　　B. $+$　　C. $(-1)^n$　　D. $(-1)^{n-1}$

4. 行列式 $\begin{vmatrix} 0 & 0 & 0 & 1 \\ 0 & 0 & 2 & 0 \\ 0 & 3 & 0 & 0 \\ 4 & 0 & 0 & 0 \end{vmatrix}$ 的值为( ).

A. 24　　B. -24　　C. 10　　D. -10

5. 下列行列式中的值一定为零的是( ).

A. $\begin{vmatrix} 0 & 0 & e & g \\ 0 & 0 & f & h \\ a & c & 0 & 0 \\ b & d & 0 & 0 \end{vmatrix}$　B. $\begin{vmatrix} a & c & 0 & 0 \\ b & 0 & 0 & 0 \\ 0 & 0 & 0 & e \\ 0 & 0 & d & f \end{vmatrix}$　C. $\begin{vmatrix} a & e & i & j \\ b & f & 0 & 0 \\ c & g & 0 & 0 \\ d & h & 0 & 0 \end{vmatrix}$　D. $\begin{vmatrix} 0 & 0 & c & 0 \\ 0 & 0 & 0 & d \\ a & 0 & 0 & 0 \\ 0 & b & 0 & 0 \end{vmatrix}$

6. 计算行列式$\begin{vmatrix} 3 & 0 & -2 & 0 \\ 2 & 10 & 5 & 0 \\ 0 & 0 & -2 & 0 \\ -2 & 3 & -2 & 3 \end{vmatrix}$=(　　).

A. −180　　B. −120　　C. 120　　D. 180

7. 已知$\begin{vmatrix} 0 & 0 & 0 & 1 \\ a & 0 & 0 & -1 \\ 0 & 2 & 0 & -1 \\ 0 & 0 & 1 & -1 \end{vmatrix}=1$,则$a$=(　　).

A. −0.5　　B. 0.5　　C. −2　　D. 2

8. 设行列式$\begin{vmatrix} a_{11} & a_{12} \\ a_{21} & a_{22} \end{vmatrix}=5$,$\begin{vmatrix} a_{13} & a_{11} \\ a_{23} & a_{21} \end{vmatrix}=3$,则行列式$\begin{vmatrix} a_{11} & a_{12}+a_{13} \\ a_{21} & a_{22}+a_{23} \end{vmatrix}$=(　　).

A. 8　　B. −8　　C. 2　　D. −2

9. 不改变行列式值的变换是(　　).

A. 互换两行　　B. 非零数乘某一行

C. 某行某列互换　　D. 非零数乘某一行加到另外一行

10. 设n阶行列式D_n,则$D_n=0$的必要条件是(　　).

A. D_n中有两行(或列)元素对应成比例

B. D_n中有一行(或列)元素全为零

C. D_n中各列元素之和为零

D. 以D_n为系数行列式的齐次线性方程组有非零解

11. 若$\begin{vmatrix} a_{11} & a_{12} \\ a_{21} & a_{22} \end{vmatrix}=a$,则$\begin{vmatrix} a_{12} & ka_{22} \\ a_{11} & ka_{21} \end{vmatrix}$=(　　).

A. ka　　B. $-ka$　　C. k^2a　　D. $-k^2a$

12. 设$\begin{vmatrix} a_{11} & a_{12} & a_{13} \\ a_{21} & a_{22} & a_{23} \\ a_{31} & a_{32} & a_{33} \end{vmatrix}=M$,则行列式$\begin{vmatrix} -2a_{11} & -2a_{12} & -2a_{13} \\ -2a_{31} & -2a_{32} & -2a_{33} \\ -2a_{21} & -2a_{22} & -2a_{23} \end{vmatrix}$=(　　).

A. $8M$　　B. $2M$　　B. $-2M$　　D. $-8M$

13. 已知$D=\begin{vmatrix} a_{11} & a_{12} & a_{13} \\ a_{21} & a_{22} & a_{23} \\ a_{31} & a_{32} & a_{33} \end{vmatrix}=3$,则$\begin{vmatrix} 2a_{11} & 2a_{12} & 2a_{13} \\ 2a_{21} & 2a_{22} & 2a_{23} \\ 2a_{31} & 2a_{32} & 2a_{33} \end{vmatrix}$=(　　).

A. 6　　B. −6　　C. 24　　D. −24

14. 如果$\begin{vmatrix} a_1 & a_2 & a_3 \\ b_1 & b_2 & b_3 \\ c_1 & c_2 & c_3 \end{vmatrix}=m$,则$\begin{vmatrix} a_1 & -a_2 & a_3 \\ 2b_1 & -2b_2 & 2b_3 \\ 3c_1 & -3c_2 & 3c_3 \end{vmatrix}$=(　　).

A. $6m$　　B. $-6m$　　C. $2^3 3^3 m$　　D. $-2^3 3^3 m$

15. 行列式$\begin{vmatrix} a & 0 & 0 & b \\ 0 & a & b & 0 \\ 0 & c & d & 0 \\ c & 0 & 0 & d \end{vmatrix}$=(　　).

A. $a^2d^2-b^2c^2$ B. $(ad-bc)^2$ C. $a^2d^2+b^2c^2$ D. $(ad+bc)^2$

二、填空题

1. 若$\begin{vmatrix} 1 & -3 & 1 \\ 0 & 5 & x \\ -1 & 2 & -2 \end{vmatrix}=0$,则 $x=$ ________.

2. 若排列 $1274i56k9$ 是偶排列,则 $i=$ ________,$k=$ ________.

3. 若 $a_{1i}a_{23}a_{35}a_{5j}a_{44}$ 是五阶行列式中带正号的一项,则 $i=$ ________,$j=$ ________.

4. 行列式$\begin{vmatrix} a_1b_1 & a_1b_2 & a_1b_3 \\ a_2b_1 & a_2b_2 & a_2b_3 \\ a_3b_1 & a_3b_2 & a_3b_3 \end{vmatrix}=$ ________.

5. 行列式$\begin{vmatrix} 4 & 0 & 1 \\ 5 & -1 & 3 \\ 1 & 2 & 3 \end{vmatrix}$中元素 2 的代数余子式的值为________.

6. 行列式$\begin{vmatrix} 2\,014 & 2\,015 \\ 2\,016 & 2\,017 \end{vmatrix}=$ ________.

7. 行列式$\begin{vmatrix} 0 & a & b \\ -a & 0 & c \\ -b & -c & 0 \end{vmatrix}=$ ________.

8. 若将 n 阶行列式 D 的每一个元素添上负号得到新行列式$\overline{D}$,则 $\overline{D}=$ ________.

9. 设 $A_{ij}(i,j=1,2)$ 为行列式 $D=\begin{vmatrix} 2 & 1 \\ 3 & 1 \end{vmatrix}$中元素 a_{ij} 的代数余子式,则$\begin{vmatrix} A_{11} & A_{12} \\ A_{21} & A_{22} \end{vmatrix}=$ ________.

10. 计算$\begin{vmatrix} 1 & 1 & 1 \\ 3 & 5 & 6 \\ 9 & 25 & 36 \end{vmatrix}=$ ________.

11. 已知 $D=\begin{vmatrix} 3 & -1 & 2 \\ -2 & -3 & 1 \\ 0 & 1 & -4 \end{vmatrix}$,用 A_{ij} 表示 D 的元素 a_{ij} 的代数余子式,则 $-2A_{21}-3A_{22}+A_{23}=$ ________,$-2A_{31}-3A_{32}+A_{33}=$ ________.

12. 设 $f(x)=\begin{vmatrix} x & 1 & 2 & 3 \\ 3 & x & 1 & 2 \\ 2 & 3 & x & 1 \\ 1 & 2 & 3 & x \end{vmatrix}$,则 $f(4)=$ ________.

13. 若齐次线性方程组$\begin{cases} \lambda x_1+x_2+x_3=0, \\ x_1+\lambda x_2+x_3=0, \\ x_1+x_2+x_3=0 \end{cases}$只有零解,则 λ 应满足________ 条件.

三、计算题

1. 利用对角线法则计算下列行列式:

(1) $\begin{vmatrix} 3 & 0 & -1 \\ -2 & 1 & 3 \\ 2 & 2 & 1 \end{vmatrix}$； (2) $\begin{vmatrix} 1 & 2 & -4 \\ -2 & 2 & 1 \\ -3 & 4 & -2 \end{vmatrix}$； (3) $\begin{vmatrix} 3 & 1 & -5 \\ 1 & -2 & 4 \\ -2 & 2 & 7 \end{vmatrix}$.

2. 按自然数从小到大为标准顺序，求下列各排列的逆序数：

(1) 1 2 3 4； (2) 4 1 3 2； (3) 3 4 2 1； (4) 2 4 1 3；

(5) $1\ 3 \cdots (2n-1)\ 2\ 4 \cdots (2n)$.

3. 计算下列行列式：

(1) $\begin{vmatrix} 3 & -1 & -1 & 0 \\ 1 & 2 & 3 & 4 \\ 1 & 2 & 0 & 5 \\ 1 & 0 & 1 & 2 \end{vmatrix}$； (2) $\begin{vmatrix} 3 & 1 & -1 & 2 \\ -5 & 1 & 3 & -4 \\ 2 & 0 & 1 & -1 \\ 1 & -5 & 3 & -3 \end{vmatrix}$； (3) $\begin{vmatrix} 1 & -1 & 2 & 3 \\ 0 & -1 & 0 & 1 \\ 3 & 0 & 2 & 3 \\ 1 & 2 & -1 & -1 \end{vmatrix}$；

(4) $\begin{vmatrix} 2 & 0 & 0 & 0 & 1 \\ 0 & 2 & 0 & 0 & 0 \\ 0 & 0 & 2 & 0 & 0 \\ 0 & 0 & 0 & 2 & 0 \\ 1 & 0 & 0 & 0 & 2 \end{vmatrix}$； (5) $\begin{vmatrix} 0 & 1 & 1 & 1 \\ 1 & 0 & 1 & 1 \\ 1 & 1 & 0 & 1 \\ 1 & 1 & 1 & 0 \end{vmatrix}$； (6) $\begin{vmatrix} 1\,991 & 1\,992 & 1\,993 \\ 1\,994 & 1\,995 & 1\,996 \\ 1\,997 & 1\,998 & 1\,999 \end{vmatrix}$.

4. 计算下列行列式：

(1) $\begin{vmatrix} 4 & 1 & 2 & 4 \\ 1 & 2 & 0 & 2 \\ 10 & 5 & 2 & 0 \\ 0 & 1 & 1 & 7 \end{vmatrix}$； (2) $\begin{vmatrix} 1+x & 1 & 1 & 1 \\ 1 & 1-x & 1 & 1 \\ 1 & 1 & 1+y & 1 \\ 1 & 1 & 1 & 1-y \end{vmatrix}$；

(3) $\begin{vmatrix} a_1 & 0 & 0 & b_1 \\ 0 & a_2 & b_2 & 0 \\ 0 & b_3 & a_3 & 0 \\ b_4 & 0 & 0 & a_4 \end{vmatrix}$； (4) $\begin{vmatrix} 1 & 1 & 1 & 1 \\ 4 & 3 & 7 & -5 \\ 16 & 9 & 49 & 25 \\ 64 & 27 & 343 & -125 \end{vmatrix}$.

5. 证明：

(1) $\begin{vmatrix} ax+by & ay+bz & az+bx \\ ay+bz & az+bx & ax+by \\ az+bx & ax+by & ay+bz \end{vmatrix} = (a^3+b^3)\begin{vmatrix} x & y & z \\ y & z & x \\ z & x & y \end{vmatrix}$；

(2) $\begin{vmatrix} a^2 & (a+1)^2 & (a+2)^2 & (a+3)^2 \\ b^2 & (b+1)^2 & (b+2)^2 & (b+3)^2 \\ c^2 & (c+1)^2 & (c+2)^2 & (c+3)^2 \\ d^2 & (d+1)^2 & (d+2)^2 & (d+3)^2 \end{vmatrix} = 0$；

(3) $\begin{vmatrix} a^2 & ab & b^2 \\ 2a & a+b & 2b \\ 1 & 1 & 1 \end{vmatrix} = (a-b)^3$.

6. 用克拉默法则解下列方程组：

$$\begin{cases} x_1 + x_2 + x_3 + x_4 = 5, \\ x_1 + 2x_2 - x_3 + 4x_4 = -2, \\ 2x_1 - 3x_2 - x_3 - 5x_4 = -2, \\ 3x_1 + x_2 + 2x_3 + 11x_4 = 0. \end{cases}$$

7. 问 λ 取何值时，齐次线性方程组 $\begin{cases} (1-\lambda)x_1 - 2x_2 + 4x_3 = 0, \\ 2x_1 + (3-\lambda)x_2 + x_3 = 0, \\ x_1 + x_2 + (1-\lambda)x_3 = 0 \end{cases}$ 有非零解？

8. 问 λ, μ 取何值时，齐次线性方程组 $\begin{cases} \lambda x_1 + x_2 + x_3 = 0, \\ x_1 + \mu x_2 + x_3 = 0, \\ x_1 + 2\mu x_2 + x_3 = 0 \end{cases}$ 有非零解？

9. 求解下列线性方程组：

$$\begin{cases} x_1 + a_1 x_2 + a_1^2 x_3 + \cdots + a_1^{n-1} x_n = 1, \\ x_1 + a_2 x_2 + a_2^2 x_3 + \cdots + a_2^{n-1} x_n = 1, \\ \qquad \vdots \\ x_1 + a_n x_2 + a_n^2 x_3 + \cdots + a_n^{n-1} x_n = 1, \end{cases}$$

其中 $a_i \neq a_j (i \neq j,\ i, j = 1, 2, \cdots, n)$.

第二章

矩　阵

【学习目标】

1. 掌握矩阵的基本概念及几种特殊矩阵形式.
2. 熟练掌握矩阵的加法、数乘、乘法运算;掌握矩阵的方幂、方阵的行列式及其性质;掌握矩阵转置的定义及其运算法则.
3. 熟练掌握矩阵的初等变换;理解初等矩阵定义及其性质.
4. 掌握逆矩阵的概念及其性质;掌握矩阵可逆的条件;会用伴随矩阵求逆矩阵;熟练使用初等变换求逆矩阵;能用初等变换法解矩阵方程.
5. 掌握分块矩阵的运算法则;掌握几种特殊的分块矩阵.
6. 掌握矩阵秩的定义;深刻理解秩的概念;掌握矩阵秩的性质和求法.

矩阵是线性代数中最基本的一个概念，也是数学最基本的一个工具. 矩阵的运算和初等变换是线性代数的基本内容. 矩阵用途广泛，线性代数中的很多问题都可以矩阵的形式表示. 有了这种表示，表面上看起来完全不同、没有联系的问题，归结成矩阵问题以后就可能是相同的.

本章首先引入矩阵概念，继而介绍矩阵的基本运算和初等变换，接着引入可逆矩阵的概念及相关求法，然后介绍矩阵分块法，最后给出反映矩阵本质的一个重要概念——矩阵的秩.

第一节 矩阵的概念

矩阵是从许多实际问题中抽象出来的一个数学概念. 除了人们所熟知的线性方程组的系数及常数项可用矩阵来表示外，在一些经济活动中，也常常用到矩阵.

一、矩阵的定义

定义 2.1 由 $m \times n$ 个数 $a_{ij}(i = 1, 2, \cdots, m;\ j = 1, 2, \cdots, n)$ 排成一个 m 行 n 列的矩形数表称为一个 m 行 n 列的**矩阵**，简称 $\boldsymbol{m \times n}$ **矩阵**，记作

$$\begin{pmatrix} a_{11} & a_{12} & \cdots & a_{1n} \\ a_{21} & a_{22} & \cdots & a_{2n} \\ \vdots & \vdots & & \vdots \\ a_{m1} & a_{m2} & \cdots & a_{mn} \end{pmatrix},$$

其中，a_{ij} 称为矩阵的第 i 行、第 j 列的元素.

一般情形下，矩阵用大写的黑体字母 $\boldsymbol{A}, \boldsymbol{B}, \boldsymbol{C}$ 等表示；有时为了表明 $\boldsymbol{A}$ 的行数 m 和列数 n，矩阵也可记为 $\boldsymbol{A}_{m\times n}$ 或 $(a_{ij})_{m\times n}$；为了表明 $\boldsymbol{A}$ 中的元素，可简记为 $\boldsymbol{A} = (a_{ij})$.

元素均为实数的矩阵称为**实矩阵**，元素是复数的矩阵称为**复矩阵**. 本书中如不特别说明，所提到的矩阵均为实矩阵.

行数与列数都等于 n 的矩阵称为 $\boldsymbol{n}$ **阶矩阵**（或称 $\boldsymbol{n}$ **阶方阵**），常记为 $\boldsymbol{A}_n$. 一阶矩阵 (a) 记为 a，即 $(a) = a$，它是一个数.

只有一行的矩阵

$$\boldsymbol{A} = (a_1 a_2 \cdots a_n) \text{ 也记为 } \boldsymbol{A} = (a_1, a_2, \cdots, a_n)$$

称为**行矩阵**或**行向量**.

只有一列的矩阵

$$\boldsymbol{B} = \begin{pmatrix} b_1 \\ b_2 \\ \vdots \\ b_n \end{pmatrix}$$

称为**列矩阵**或**列向量**.

两个矩阵的行数相等，列数也相等时称为**同型矩阵**.

定义 2.2 若 $\boldsymbol{A}, \boldsymbol{B}$ 为同型矩阵，且对应位置上的元素均相等，则称矩阵 $\boldsymbol{A}$ 与 $\boldsymbol{B}$ 相等，记作 $\boldsymbol{A}=\boldsymbol{B}$. 即如果 $\boldsymbol{A}=(a_{ij})_{m\times n}$，$\boldsymbol{B}=(b_{ij})_{m\times n}$，且 $a_{ij}=b_{ij}$ $(i=1, 2, \cdots, m;\ j=1, 2, \cdots, n)$，则 $\boldsymbol{A}=\boldsymbol{B}$.

元素均为零的矩阵称为**零矩阵**，记为 $\boldsymbol{O}$. 注意不同型的零矩阵是不相等的.

例 2.1 设有线性方程组：

$$\begin{cases} x_1+x_2+x_3+x_4=1, \\ 3x_1+2x_2+x_3+x_4=-3, \\ x_2+3x_3+2x_4=5, \\ 5x_1+4x_2+3x_3+3x_4=-1. \end{cases} \tag{2.1}$$

这个方程组可用矩阵

$$\begin{pmatrix} 1 & 1 & 1 & 1 & 1 \\ 3 & 2 & 1 & 1 & -3 \\ 0 & 1 & 3 & 2 & 5 \\ 5 & 4 & 3 & 3 & -1 \end{pmatrix} \tag{2.2}$$

来表示. 因为有了式(2.2)之后，除去代表未知量的文字外，线性方程组(2.1)就确定了.

例 2.2 某地区有四个工厂Ⅰ、Ⅱ、Ⅲ、Ⅳ，生产甲、乙、丙三种产品，一年内各工厂生产各种产品的数量可用矩阵 $\boldsymbol{A}$ 表示，各种产品的单位价格(元)及单位利润(元)可用矩阵 $\boldsymbol{B}$ 表示：

$$\boldsymbol{A}=\begin{pmatrix} a_{11} & a_{12} & a_{13} \\ a_{21} & a_{22} & a_{23} \\ a_{31} & a_{32} & a_{33} \\ a_{41} & a_{42} & a_{43} \end{pmatrix}\begin{matrix} \text{Ⅰ} \\ \text{Ⅱ} \\ \text{Ⅲ} \\ \text{Ⅳ} \end{matrix}, \qquad \boldsymbol{B}=\begin{pmatrix} b_{11} & b_{12} \\ b_{21} & b_{22} \\ b_{31} & b_{32} \end{pmatrix}\begin{matrix} \text{甲} \\ \text{乙} \\ \text{丙} \end{matrix},$$

（$\boldsymbol{A}$ 的列依次为：甲 乙 丙；$\boldsymbol{B}$ 的列依次为：单位价格 单位利润）

其中，a_{ik} $(i=1, 2, 3, 4;\ k=1, 2, 3)$ 是第 i 个工厂生产第 k 种产品的数量，b_{k1}，b_{k2} 分别表示第 k 种产品的单位价格及单位利润.

例 2.3 若 n 个变量 $x_1, x_2, \cdots, x_n$ 与 m 个变量 $y_1, y_2, \cdots, y_m$ 之间有变换关系：

$$\begin{cases} y_1=a_{11}x_1+a_{12}x_2+\cdots+a_{1n}x_n, \\ y_2=a_{21}x_1+a_{22}x_2+\cdots+a_{2n}x_n, \\ \qquad\vdots \\ y_m=a_{m1}x_1+a_{m2}x_2+\cdots+a_{mn}x_n. \end{cases} \tag{2.3}$$

称式(2.3)为一个从 n 个变量 $x_1, x_2, \cdots, x_n$ 到 m 个变量 $y_1, y_2, \cdots, y_m$ 的**线性变换**，其中 a_{ij} 为常数，显然式(2.3)的系数可构成一矩阵 $\boldsymbol{A}=(a_{ij})_{m\times n}$，称为线性变换(2.3)的**系数矩阵**.

给定线性变换(2.3)，其系数矩阵就可被唯一确定；反过来，给定一矩阵作为线性变换的系数矩阵，则就唯一确定一个线性变换. 这表明线性变换与矩阵之间存在一一对应的关系，这使得可将对线性变换的研究转化到对矩阵的研究上，或说通过研究矩阵理论达到研究线性变换理论的目的，体现了矩阵理论的一个应用. 因此对一些特殊线性变换对应的矩阵应有足够的认识是很重要的. 例如：

$$E_n=\begin{pmatrix}1&0&\cdots&0\\0&1&\cdots&0\\\vdots&\vdots&&\vdots\\0&0&\cdots&1\end{pmatrix}\longleftrightarrow\begin{cases}y_1=x_1\\y_2=x_2\\\quad\vdots\\y_n=x_n\end{cases}$$

恒等变换

二、几种特殊的矩阵

1. 对角矩阵

当 n 阶方阵 $\boldsymbol{A}$ 除了主对角线上的元素外，其他元素都是零时，即

$$\boldsymbol{A}=\begin{pmatrix}\lambda_1&0&\cdots&0\\0&\lambda_2&\cdots&0\\\vdots&\vdots&&\vdots\\0&0&\cdots&\lambda_n\end{pmatrix},$$

则称 $\boldsymbol{A}$ 为 **n 阶对角矩阵**，记作 $\boldsymbol{A}=diag(\lambda_1,\lambda_2,\cdots,\lambda_n)$.

若对角矩阵中 $\lambda_1=\lambda_2=\cdots=\lambda_n=k$，即

$$\boldsymbol{A}=\begin{pmatrix}k&0&\cdots&0\\0&k&\cdots&0\\\vdots&\vdots&&\vdots\\0&0&\cdots&k\end{pmatrix},$$

则称 $\boldsymbol{A}$ 为 **n 阶数量矩阵**. 特别当 $k=1$ 时，矩阵为

$$\boldsymbol{A}=\begin{pmatrix}1&0&\cdots&0\\0&1&\cdots&0\\\vdots&\vdots&&\vdots\\0&0&\cdots&1\end{pmatrix},$$

称它为 **n 阶单位矩阵**，记为 $\boldsymbol{E}_n$. 在不引起混淆时可记为 $\boldsymbol{E}$.

2. 三角矩阵

主对角线左下方的元素全为 0 的 n 阶方阵称为**上三角矩阵**，而主对角线右上方的元素全为 0 的 n 阶方阵称为**下三角矩阵**. 即

$$\begin{pmatrix}a_{11}&a_{12}&\cdots&a_{1n}\\0&a_{22}&\cdots&a_{2n}\\\vdots&\vdots&&\vdots\\0&0&\cdots&a_{nn}\end{pmatrix}$$

为上三角矩阵，而

$$\begin{pmatrix}a_{11}&0&\cdots&0\\a_{21}&a_{22}&\cdots&0\\\vdots&\vdots&&\vdots\\a_{n1}&a_{n2}&\cdots&a_{nn}\end{pmatrix}$$

为下三角矩阵.

上三角矩阵与下三角矩阵均称为**三角矩阵**.

3. 对称矩阵

在 n 阶方阵 $\boldsymbol{A}=(a_{ij})_{n\times n}$ 中,若 $a_{ij}=a_{ji}(i,\ j=1,\ 2,\ \cdots,\ n)$,则称 $\boldsymbol{A}$ 为**对称矩阵**. 例如:

$$\boldsymbol{A}=\begin{pmatrix}12 & 6 & 1\\ 6 & 8 & 0\\ 1 & 0 & 4\end{pmatrix}$$

就是一个三阶对称矩阵.

第二节 矩阵的运算

就像只有赋予数字四则运算,数字才有生命力一样,只有赋予矩阵运算,它才有生命力,才能得到更好的应用.

一、矩阵的线性运算

1. 矩阵的加法

定义 2.3 设有两个 $m\times n$ 矩阵 $\boldsymbol{A}=(a_{ij})$, $\boldsymbol{B}=(b_{ij})$,那么矩阵 $\boldsymbol{A}$ 与 $\boldsymbol{B}$ 的和记为 $\boldsymbol{A}+\boldsymbol{B}$,规定为

$$\boldsymbol{A}+\boldsymbol{B}=\begin{pmatrix}a_{11}+b_{11} & a_{12}+b_{12} & \cdots & a_{1n}+b_{1n}\\ a_{21}+b_{21} & a_{22}+b_{22} & \cdots & a_{2n}+b_{2n}\\ \vdots & \vdots & & \vdots\\ a_{m1}+b_{m1} & a_{m2}+b_{m2} & \cdots & a_{mn}+b_{mn}\end{pmatrix}.$$

应该注意,同型矩阵之间才能进行加法运算.

矩阵的加法实际上是转化为实数的加法来定义的,由元素加法的性质,不难验证矩阵的加法满足如下运算律:

(1) $\boldsymbol{A}+\boldsymbol{B}=\boldsymbol{B}+\boldsymbol{A}$;

(2) $(\boldsymbol{A}+\boldsymbol{B})+\boldsymbol{C}=\boldsymbol{A}+(\boldsymbol{B}+\boldsymbol{C})$;

(3) $\boldsymbol{A}+\boldsymbol{O}=\boldsymbol{A}$;

(4) $\boldsymbol{A}+(-\boldsymbol{A})=\boldsymbol{O}$.

设矩阵 $\boldsymbol{A}=(a_{ij})_{m\times n}$,记 $-\boldsymbol{A}=(-a_{ij})_{m\times n}$,称为 $\boldsymbol{A}$ 的**负矩阵**.

由此可定义矩阵的减法运算为

$$\boldsymbol{A}-\boldsymbol{B}=\boldsymbol{A}+(-\boldsymbol{B}).$$

例 2.4 某种物资(t)从两个产地运往三个销地,两次调运方案分别用矩阵 $\boldsymbol{A}$ 和矩阵 $\boldsymbol{B}$ 表示:

$$\boldsymbol{A}=\begin{pmatrix}2 & 1 & 4\\ 0 & 3 & 3\end{pmatrix},\ \boldsymbol{B}=\begin{pmatrix}3 & 3 & 1\\ 4 & 0 & 3\end{pmatrix}.$$

则从各产地运往各销地两次的物资调运总量(t)为

$$A+B=\begin{pmatrix}2&1&4\\0&3&3\end{pmatrix}+\begin{pmatrix}3&3&1\\4&0&3\end{pmatrix}=\begin{pmatrix}2+3&1+3&4+1\\0+4&3+0&3+3\end{pmatrix}=\begin{pmatrix}5&4&5\\4&3&6\end{pmatrix}.$$

2. 矩阵的数乘

定义 2.4 设矩阵 $A=(a_{ij})_{m\times n}$,则矩阵

$$\begin{pmatrix}\lambda a_{11}&\lambda a_{12}&\cdots&\lambda a_{1n}\\\lambda a_{21}&\lambda a_{22}&\cdots&\lambda a_{2n}\\\vdots&\vdots&&\vdots\\\lambda a_{m1}&\lambda a_{m2}&\cdots&\lambda a_{mn}\end{pmatrix}$$

称为数 λ 与矩阵 A 的**数量乘积**(简称**数乘**),记为 λA 或 $A\lambda$. 即用数 λ 乘矩阵就是把矩阵的每个元素都乘上 λ.

由矩阵的加法与数乘定义,不难验证下面的运算律成立:

(1) $\lambda(A+B)=\lambda A+\lambda B$;

(2) $(\lambda+\mu)A=\lambda A+\mu A$;

(3) $(\lambda\mu)A=(\lambda A)\mu=\lambda(\mu A)$;

(4) $1A=A$.

例 2.5 求矩阵 X,使 $2A-X=2B$,其中

$$A=\begin{pmatrix}2&0&5\\-6&1&0\end{pmatrix},\ B=\begin{pmatrix}1&3&-1\\0&-2&1\end{pmatrix}.$$

解 由 $2A-X=2B$ 得 $X=2A-2B=2(A-B)$,于是

$$X=2(A-B)=2\left[\begin{pmatrix}2&0&5\\-6&1&0\end{pmatrix}-\begin{pmatrix}1&3&-1\\0&-2&1\end{pmatrix}\right]=\begin{pmatrix}2&-6&12\\-12&6&-2\end{pmatrix}.$$

矩阵加法与数乘统称为矩阵的线性运算.

二、矩阵与矩阵乘法

矩阵乘法的定义最初是在研究线性变换时提出来的,为了更好地理解这个定义,先看一个例子.

例 2.6 设 y_1, y_2 和 x_1, x_2, x_3 是两组变量,它们之间的关系是

$$\begin{cases}y_1=a_{11}x_1+a_{12}x_2+a_{13}x_3,\\y_2=a_{21}x_1+a_{22}x_2+a_{23}x_3.\end{cases}\rightarrow A=\begin{bmatrix}a_{11}&a_{12}&a_{13}\\a_{21}&a_{22}&a_{23}\end{bmatrix}. \tag{2.4}$$

又 t_1, t_2 是第三组变量,它们与 x_1, x_2, x_3 的关系是

$$\begin{cases}x_1=b_{11}t_1+b_{12}t_2,\\x_2=b_{21}t_1+b_{22}t_2,\\x_3=b_{31}t_1+b_{32}t_2.\end{cases}\rightarrow B=\begin{bmatrix}b_{11}&b_{12}\\b_{21}&b_{22}\\b_{31}&b_{32}\end{bmatrix}. \tag{2.5}$$

如果要用 t_1, t_2 线性地表示出 y_1, y_2,即

$$\begin{cases} y_1 = c_{11}t_1 + c_{12}t_2, \\ y_2 = c_{21}t_1 + c_{22}t_2. \end{cases} \to \boldsymbol{C} = \begin{pmatrix} c_{11} & c_{12} \\ c_{21} & c_{22} \end{pmatrix}. \tag{2.6}$$

则要求出这组系数 $c_{11}, c_{12}, c_{21}, c_{22}$.

事实上,将式(2.5)代入式(2.4),有

$$\begin{aligned} y_1 &= a_{11}(b_{11}t_1 + b_{12}t_2) + a_{12}(b_{21}t_1 + b_{22}t_2) + a_{13}(b_{31}t_1 + b_{32}t_2) \\ &= (a_{11}b_{11} + a_{12}b_{21} + a_{13}b_{31})t_1 + (a_{11}b_{12} + a_{12}b_{22} + a_{13}b_{32})t_2, \\ y_2 &= a_{21}(b_{11}t_1 + b_{12}t_2) + a_{22}(b_{21}t_1 + b_{22}t_2) + a_{23}(b_{31}t_1 + b_{32}t_2) \\ &= (a_{21}b_{11} + a_{22}b_{21} + a_{23}b_{31})t_1 + (a_{21}b_{12} + a_{22}b_{22} + a_{23}b_{32})t_2. \end{aligned}$$

与式(2.6)对照,得:

$$\begin{aligned} c_{11} &= a_{11}b_{11} + a_{12}b_{21} + a_{13}b_{31}, \quad c_{21} = a_{21}b_{11} + a_{22}b_{21} + a_{23}b_{31}, \\ c_{12} &= a_{11}b_{12} + a_{12}b_{22} + a_{13}b_{32}, \quad c_{22} = a_{21}b_{12} + a_{22}b_{22} + a_{23}b_{32}. \end{aligned}$$

如果只看三组线性变换的系数矩阵 $\boldsymbol{A}, \boldsymbol{B}, \boldsymbol{C}$,即

$$\boldsymbol{A} = \begin{pmatrix} a_{11} & a_{12} & a_{13} \\ a_{21} & a_{22} & a_{23} \end{pmatrix}, \boldsymbol{B} = \begin{pmatrix} b_{11} & b_{12} \\ b_{21} & b_{22} \\ b_{31} & b_{32} \end{pmatrix},$$

$$\boldsymbol{C} = \begin{pmatrix} c_{11} & c_{12} \\ c_{21} & c_{22} \end{pmatrix} = \begin{pmatrix} a_{11}b_{11} + a_{12}b_{21} + a_{13}b_{31} & a_{11}b_{12} + a_{12}b_{22} + a_{13}b_{32} \\ a_{21}b_{11} + a_{22}b_{21} + a_{23}b_{31} & a_{21}b_{12} + a_{22}b_{22} + a_{23}b_{32} \end{pmatrix}.$$

线性变换(2.6)是先做线性变换(2.4),再做线性变换(2.5)的结果. 在线性变换里称线性变换(2.6)是(2.4)与(2.5)的**乘积**. 相应地,把线性变换(2.6)所对应的矩阵定义为(2.4)与(2.5)所对应的矩阵的乘积,记作 $\boldsymbol{AB} = \boldsymbol{C}$,即

$$\begin{pmatrix} a_{11} & a_{12} & a_{13} \\ a_{21} & a_{22} & a_{23} \end{pmatrix} \begin{pmatrix} b_{11} & b_{12} \\ b_{21} & b_{22} \\ b_{31} & b_{32} \end{pmatrix} = \begin{pmatrix} a_{11}b_{11} + a_{12}b_{21} + a_{13}b_{31} & a_{11}b_{12} + a_{12}b_{22} + a_{13}b_{32} \\ a_{21}b_{11} + a_{22}b_{21} + a_{23}b_{31} & a_{21}b_{12} + a_{22}b_{22} + a_{23}b_{32} \end{pmatrix}.$$

一般地,有如下定义:

定义 2.5 设 $\boldsymbol{A} = (a_{ij})$ 是一个 $m \times s$ 矩阵,$\boldsymbol{B} = (b_{ij})$ 是一个 $s \times n$ 矩阵,记矩阵 $\boldsymbol{A}$ 与矩阵 $\boldsymbol{B}$ 的乘积是一个 $m \times n$ 矩阵 $\boldsymbol{C} = (c_{ij})$,其中

$$c_{ij} = a_{i1}b_{1j} + a_{i2}b_{2j} + \cdots + a_{is}b_{sj} = \sum_{k=1}^{s} a_{ik}b_{kj} \, (i = 1, 2, \cdots, m; j = 1, 2, \cdots, n),$$

并记为 $\boldsymbol{C} = \boldsymbol{AB}$.

由定义可知,矩阵 $\boldsymbol{A}$ 与矩阵 $\boldsymbol{B}$ 相乘必须满足左矩阵 $\boldsymbol{A}$ 的列数与右矩阵 $\boldsymbol{B}$ 的行数相等;乘积法则为:左行右列法,即乘积中的第 i 行第 j 列元素 c_{ij} 等于 $\boldsymbol{A}$ 的第 i 行元素与 $\boldsymbol{B}$ 的第 j 列对应元素乘积之和;乘积所得矩阵的行数等于左矩阵 $\boldsymbol{A}$ 的行数,其列数等于右矩阵 $\boldsymbol{B}$ 的列数.

例 2.7 设 $\boldsymbol{A} = \begin{pmatrix} 1 & 2 & 0 \\ 2 & 1 & 3 \end{pmatrix}$, $\boldsymbol{B} = \begin{pmatrix} 2 & 3 & 0 \\ 1 & -2 & -1 \\ 3 & 1 & 1 \end{pmatrix}$,求 $\boldsymbol{AB}$.

解　因为 $\boldsymbol{A}$ 的列数与 $\boldsymbol{B}$ 的行数均为 3,所以 $\boldsymbol{AB}$ 有意义,且 $\boldsymbol{AB}$ 为 2×3 矩阵.

$$\begin{aligned}\boldsymbol{AB} &= \begin{pmatrix}1 & 2 & 0\\ 2 & 1 & 3\end{pmatrix}\begin{pmatrix}2 & 3 & 0\\ 1 & -2 & -1\\ 3 & 1 & 1\end{pmatrix}\\ &= \begin{pmatrix}1\times2+2\times1+0\times3 & 1\times3+2\times(-2)+0\times1 & 1\times0+2\times(-1)+0\times1\\ 2\times2+1\times1+3\times3 & 2\times3+1\times(-2)+3\times1 & 2\times0+1\times(-1)+3\times1\end{pmatrix}\\ &= \begin{pmatrix}4 & -1 & -2\\ 14 & 7 & 2\end{pmatrix}.\end{aligned}$$

例 2.2(续)　某地区有四个工厂Ⅰ、Ⅱ、Ⅲ、Ⅳ,生产甲、乙、丙三种产品,矩阵 $\boldsymbol{A}$ 表示一年内各工厂生产各种产品的数量,矩阵 $\boldsymbol{B}$ 表示各种产品的单位价格(元)及单位利润(元),矩阵 $\boldsymbol{C}$ 表示各工厂的总收入及总利润,即

$$\boldsymbol{A}=\begin{pmatrix}a_{11} & a_{12} & a_{13}\\ a_{21} & a_{22} & a_{23}\\ a_{31} & a_{32} & a_{33}\\ a_{41} & a_{42} & a_{43}\end{pmatrix}\begin{matrix}\text{Ⅰ}\\ \text{Ⅱ}\\ \text{Ⅲ}\\ \text{Ⅳ}\end{matrix},\quad \boldsymbol{B}=\begin{pmatrix}b_{11} & b_{12}\\ b_{21} & b_{22}\\ b_{31} & b_{32}\end{pmatrix}\begin{matrix}\text{甲}\\ \text{乙}\\ \text{丙}\end{matrix},\quad \boldsymbol{C}=\begin{pmatrix}c_{11} & c_{12}\\ c_{21} & c_{22}\\ c_{31} & c_{32}\\ c_{41} & c_{42}\end{pmatrix}\begin{matrix}\text{Ⅰ}\\ \text{Ⅱ}\\ \text{Ⅲ}\\ \text{Ⅳ}\end{matrix},$$

（$\boldsymbol{A}$ 的列依次为：甲　乙　丙；$\boldsymbol{B}$ 的列依次为：单位价格　单位利润；$\boldsymbol{C}$ 的列依次为：总收入　总利润）

其中,$a_{ik}(i=1,2,3,4;\ k=1,2,3)$ 是第 i 个工厂生产第 k 种产品的数量;b_{k1}, $b_{k2}(k=1,2,3)$ 分别表示第 k 种产品的单位价格及单位利润;c_{i1}, $c_{i2}(i=1,2,3,4)$ 分别是第 i 个工厂生产三种产品的总收入及总利润.

如果称矩阵 $\boldsymbol{C}$ 是 $\boldsymbol{A}$, $\boldsymbol{B}$ 的乘积,从经济意义上讲是极为自然的,并且有关系:

$$\begin{aligned}&\begin{pmatrix}a_{11} & a_{12} & a_{13}\\ a_{21} & a_{22} & a_{23}\\ a_{31} & a_{32} & a_{33}\\ a_{41} & a_{42} & a_{43}\end{pmatrix}_{4\times3}\begin{pmatrix}b_{11} & b_{12}\\ b_{21} & b_{22}\\ b_{31} & b_{32}\end{pmatrix}_{3\times2}\\ =&\begin{pmatrix}a_{11}b_{11}+a_{12}b_{21}+a_{13}b_{31} & a_{11}b_{12}+a_{12}b_{22}+a_{13}b_{32}\\ a_{21}b_{11}+a_{22}b_{21}+a_{23}b_{31} & a_{21}b_{12}+a_{22}b_{22}+a_{23}b_{32}\\ a_{31}b_{11}+a_{32}b_{21}+a_{33}b_{31} & a_{31}b_{12}+a_{32}b_{22}+a_{33}b_{32}\\ a_{41}b_{11}+a_{42}b_{21}+a_{43}b_{31} & a_{41}b_{12}+a_{42}b_{22}+a_{43}b_{32}\end{pmatrix}_{4\times2}=\begin{pmatrix}c_{11} & c_{12}\\ c_{21} & c_{22}\\ c_{31} & c_{32}\\ c_{41} & c_{42}\end{pmatrix}_{4\times2},\end{aligned}$$

其中,矩阵 $\boldsymbol{C}$ 的元素 c_{ij} 等于 $\boldsymbol{A}$ 的第 i 行的元素与 $\boldsymbol{B}$ 的第 j 列的元素的乘积之和.

例 2.8　设线性方程组:

$$\begin{cases}a_{11}x_1+a_{12}x_2+\cdots+a_{1n}x_n=b_1,\\ a_{21}x_1+a_{22}x_2+\cdots+a_{2n}x_n=b_2,\\ \qquad\vdots\\ a_{m1}x_1+a_{m2}x_2+\cdots+a_{mn}x_n=b_m.\end{cases}$$

令

$$A = \begin{pmatrix} a_{11} & a_{12} & \cdots & a_{1n} \\ a_{21} & a_{22} & \cdots & a_{2n} \\ \vdots & \vdots & & \vdots \\ a_{m1} & a_{m2} & \cdots & a_{mn} \end{pmatrix}, B = \begin{pmatrix} b_1 \\ b_2 \\ \vdots \\ b_m \end{pmatrix}, X = \begin{pmatrix} x_1 \\ x_2 \\ \vdots \\ x_n \end{pmatrix},$$

则原方程组可以简记为矩阵形式 $AX = B$.

由矩阵乘法定义可知,矩阵乘法不满足交换律,这是因为:

(1) AB 有意义,但 BA 不一定有意义.参见例 2.7.

(2) 即使 AB 和 BA 都有意义,AB 和 BA 也不一定相同.例如

$$A = \begin{pmatrix} 1 & 1 \\ -1 & -1 \end{pmatrix}, B = \begin{pmatrix} 1 & -1 \\ -1 & 1 \end{pmatrix},$$

则 $AB = \begin{pmatrix} 1 & 1 \\ -1 & -1 \end{pmatrix}\begin{pmatrix} 1 & -1 \\ -1 & 1 \end{pmatrix} = \begin{pmatrix} 0 & 0 \\ 0 & 0 \end{pmatrix}, BA = \begin{pmatrix} 1 & -1 \\ -1 & 1 \end{pmatrix}\begin{pmatrix} 1 & 1 \\ -1 & -1 \end{pmatrix} = \begin{pmatrix} 2 & 2 \\ -2 & -2 \end{pmatrix}$,
所以 $AB \neq BA$.

此例还说明两个非零矩阵的乘积可以是零矩阵,即若 $AB = O$,未必有 $A = O$ 或 $B = O$.由此可知矩阵乘法不满足消去律.一般来说,当 $AC = BC(CA = CB)$, $C \neq O$ 时,不一定有 $A = B$.

例如,设

$$A = \begin{pmatrix} 3 & 1 \\ 4 & 6 \end{pmatrix}, B = \begin{pmatrix} 2 & 1 \\ 4 & 6 \end{pmatrix}, C = \begin{pmatrix} 0 & 0 \\ 1 & 1 \end{pmatrix},$$

则有 $AC = \begin{pmatrix} 3 & 1 \\ 4 & 6 \end{pmatrix}\begin{pmatrix} 0 & 0 \\ 1 & 1 \end{pmatrix} = \begin{pmatrix} 1 & 1 \\ 6 & 6 \end{pmatrix}, BC = \begin{pmatrix} 2 & 1 \\ 4 & 6 \end{pmatrix}\begin{pmatrix} 0 & 0 \\ 1 & 1 \end{pmatrix} = \begin{pmatrix} 1 & 1 \\ 6 & 6 \end{pmatrix}, AC = BC$,但 $A \neq B$.

以上讨论验证了矩阵乘法不满足交换律,但不意味着对任意 A, B,都有 $AB \neq BA$.有些矩阵的乘法是满足交换律的,例如数量矩阵与同阶方阵均可交换.若矩阵 A, B 满足 $AB = BA$,则称 A, B **可交换**.由此可知,A, B 可交换,则 A, B 一定是同阶方阵.

虽然矩阵乘法不满足交换律、消去律,但它满足以下的结合律和乘法对加法的分配律(假定这些矩阵可以进行有关运算):

(1) $(AB)C = A(BC)$;

(2) $k(AB) = (kA)B = A(kB)$;

(3) $A(B + C) = AB + AC$, $(A + B)C = AC + BC$;

(4) E_m, E_n 为单位矩阵,对任意矩阵 $A_{m\times n}$,有 $E_m A_{m\times n} = A_{m\times n}$, $A_{m\times n} E_n = A_{m\times n}$.

特别地,若 A 是 n 阶矩阵,则有 $EA = AE = A$,即单位矩阵 E 在矩阵乘法中起的作用类似于数 1 在数的乘法中的作用.

三、矩阵的方幂

定义 2.6 设 A 是 n 阶方阵,k 是一个非负整数,k 个 A 的连乘积称为 A 的 k 次幂,记为 A^k,即

$$A^k = \underbrace{AA\cdots A}_{k个},$$

规定 $\boldsymbol{A}^0=\boldsymbol{E}$, $\boldsymbol{A}^{k+1}=\boldsymbol{A}^k\boldsymbol{A}$($k$ 为非负整数).

因为矩阵的乘法满足结合律,所以方阵的幂满足$(\boldsymbol{A}^k)^l=\boldsymbol{A}^{kl}$, $\boldsymbol{A}^{k+l}=\boldsymbol{A}^k\boldsymbol{A}^l$,其中$k$, l为非负整数.

又因为矩阵的乘法一般不满足交换律,所以对于两个 n 阶方阵 $\boldsymbol{A}$ 与 $\boldsymbol{B}$,一般来说,$(\boldsymbol{AB})^k\neq\boldsymbol{A}^k\boldsymbol{B}^k$. 此外,若 $\boldsymbol{A}^k=\boldsymbol{O}$,也不一定有 $\boldsymbol{A}=\boldsymbol{O}$.

例如,设

$$\boldsymbol{A}=\begin{pmatrix}1&1\\-1&-1\end{pmatrix}\neq 0 \text{ 而 } \boldsymbol{A}^2=\begin{pmatrix}1&1\\-1&-1\end{pmatrix}\begin{pmatrix}1&1\\-1&-1\end{pmatrix}=\begin{pmatrix}0&0\\0&0\end{pmatrix}.$$

例 2.9 设 $\boldsymbol{A}$, $\boldsymbol{B}$ 均为 n 阶方阵,计算$(\boldsymbol{AB})^2$, $(\boldsymbol{A}+\boldsymbol{B})^2$.

解
$$(\boldsymbol{AB})^2=\boldsymbol{ABAB}\neq\boldsymbol{A}^2\boldsymbol{B}^2.$$

$$(\boldsymbol{A}+\boldsymbol{B})^2=(\boldsymbol{A}+\boldsymbol{B})(\boldsymbol{A}+\boldsymbol{B})=(\boldsymbol{A}+\boldsymbol{B})\boldsymbol{A}+(\boldsymbol{A}+\boldsymbol{B})\boldsymbol{B}=\boldsymbol{A}^2+\boldsymbol{AB}+\boldsymbol{BA}+\boldsymbol{B}^2.$$

四、矩阵的转置

定义 2.7 设矩阵

$$\boldsymbol{A}=\begin{pmatrix}a_{11}&a_{12}&\cdots&a_{1n}\\a_{21}&a_{22}&\cdots&a_{2n}\\\vdots&\vdots&&\vdots\\a_{m1}&a_{m2}&\cdots&a_{mn}\end{pmatrix},$$

将 $\boldsymbol{A}$ 的各行变成同序数的列得到的矩阵

$$\begin{pmatrix}a_{11}&a_{21}&\cdots&a_{m1}\\a_{12}&a_{22}&\cdots&a_{m2}\\\vdots&\vdots&&\vdots\\a_{1n}&a_{2n}&\cdots&a_{mn}\end{pmatrix}$$

称为矩阵 $\boldsymbol{A}$ 的**转置矩阵**,记为 $\boldsymbol{A}^T$ 或 $\boldsymbol{A}'$.

显然 $\boldsymbol{A}$ 为 $m\times n$ 矩阵,则 $\boldsymbol{A}^T$ 为 $n\times m$ 矩阵.

例如,设

$$\boldsymbol{A}=\begin{pmatrix}1&-1\\0&1\\2&3\end{pmatrix},$$

则 $\boldsymbol{A}^T=\begin{pmatrix}1&0&2\\-1&1&3\end{pmatrix}$.

矩阵的转置也是一种运算,满足下述运算规律(假设运算都是可行的):

(1) $(\boldsymbol{A}^T)^T=\boldsymbol{A}$;

(2) $(\boldsymbol{A}+\boldsymbol{B})^T=\boldsymbol{A}^T+\boldsymbol{B}^T$;

(3) $(\lambda\boldsymbol{A})^T=\lambda\boldsymbol{A}^T$;

(4) $(\boldsymbol{AB})^T=\boldsymbol{B}^T\boldsymbol{A}^T$.

乘积的转置等于转置的交换乘积,这个等式给出了求乘积的转置的两种方法.

例 2.10 设 $\boldsymbol{A}=\begin{pmatrix}1&-1\\0&1\\2&3\end{pmatrix}$, $\boldsymbol{B}=\begin{pmatrix}1&0\\1&2\end{pmatrix}$,求 $(\boldsymbol{AB})^T$.

解法 1 因为

$$\boldsymbol{AB}=\begin{pmatrix}1&-1\\0&1\\2&3\end{pmatrix}\begin{pmatrix}1&0\\1&2\end{pmatrix}=\begin{pmatrix}0&-2\\1&2\\5&6\end{pmatrix},$$

所以

$$(\boldsymbol{AB})^T=\begin{pmatrix}0&1&5\\-2&2&6\end{pmatrix}.$$

解法 2 $(\boldsymbol{AB})^T=\boldsymbol{B}^T\boldsymbol{A}^T=\begin{pmatrix}1&1\\0&2\end{pmatrix}\begin{pmatrix}1&0&2\\-1&1&3\end{pmatrix}=\begin{pmatrix}0&1&5\\-2&2&6\end{pmatrix}$.

借助矩阵转置,也可以定义上一节中的对称矩阵. 若 $\boldsymbol{A}^T=\boldsymbol{A}$,则 $\boldsymbol{A}$ 称为**对称矩阵**.

例 2.11 如果 $\boldsymbol{A}$ 是一个 n 阶方阵,证明: $\boldsymbol{A}+\boldsymbol{A}^T$ 是对称矩阵.

证 因为 $(\boldsymbol{A}+\boldsymbol{A}^T)^T=\boldsymbol{A}^T+(\boldsymbol{A}^T)^T=\boldsymbol{A}^T+\boldsymbol{A}=\boldsymbol{A}+\boldsymbol{A}^T$,所以 $\boldsymbol{A}+\boldsymbol{A}^T$ 是对称矩阵.

五、方阵的行列式

定义 2.8 设矩阵

$$\boldsymbol{A}=\begin{pmatrix}a_{11}&a_{12}&\cdots&a_{1n}\\a_{21}&a_{22}&\cdots&a_{2n}\\\vdots&\vdots&&\vdots\\a_{n1}&a_{n2}&\cdots&a_{nn}\end{pmatrix},$$

则由 $\boldsymbol{A}$ 的元素(位置不变)构成的行列式

$$\begin{vmatrix}a_{11}&a_{12}&\cdots&a_{1n}\\a_{21}&a_{22}&\cdots&a_{2n}\\\vdots&\vdots&&\vdots\\a_{n1}&a_{n2}&\cdots&a_{nn}\end{vmatrix}$$

称为矩阵 $\boldsymbol{A}$ 的**行列式**,记为 $|\boldsymbol{A}|$(或 $\det\boldsymbol{A}$).

应该注意,矩阵与行列式是两个不同的概念,n 阶方阵是由 n^2 个数按照一定方式排成的数表,而 n 阶行列式是这些数按一定的运算法则所确定的一个数,且只有方阵才能定义行列式.

方阵的行列式运算满足下述规律(其中 $\boldsymbol{A}$, $\boldsymbol{B}$ 是 n 阶方阵,λ 为数):

(1) $|\boldsymbol{A}^T|=|\boldsymbol{A}|$;

(2) $|\lambda\boldsymbol{A}|=\lambda^n|\boldsymbol{A}|$;

(3) $|AB|=|A||B|=|B||A|=|BA|$.

上面运算律中的(3)可推广到多个矩阵的情形,即

$$|A_1A_2\cdots A_m|=|A_1||A_2|\cdots|A_m|.$$

第三节　矩阵的初等变换和初等矩阵

一、矩阵的初等变换

矩阵的初等变换是矩阵之间一种十分重要的变换,在求解线性方程组、求逆矩阵、求矩阵的秩及矩阵理论的探讨中都起着非常重要的作用.

定义 2.9　设 A 为 $m\times n$ 矩阵,则对矩阵 A 的行进行以下三种变换称为矩阵 A 的**初等行变换**:

(1) 对调两行(对调 i, j 两行,记作: $r_i\leftrightarrow r_j$);

(2) 以数 $k\neq 0$ 乘某一行中的所有元素(第 i 行乘 k,记作: $r_i\times k$);

(3) 将某一行所有元素的 k 倍加到另一行对应元素上去(将第 j 行的 k 倍加到第 i 行,记作: r_i+kr_j).

将定义中的"行"换成"列",即可得到矩阵**初等列变换**的定义(所用记号是把"r"换成"c").

矩阵的初等行变换和初等列变换统称为矩阵的**初等变换**.

显然,三种初等变换都是可逆的,且其逆变换仍为同种的初等变换;变换 $r_i\leftrightarrow r_j$ 的逆变换为 $r_j\leftrightarrow r_i$;变换 $r_i\times k$ 的逆变换为 $r_i\div k$;变换 r_i+kr_j 的逆变换为 r_i-kr_j.

值得注意的是,矩阵的初等变换与行列式的性质运算从定义到记号都十分相似,但两者有本质的区别,千万不能混淆. 因为经行列式运算得到的行列式与原行列式是相等的,但经初等变换得到的矩阵与变换前的矩阵是不相等的,不能用等号连接. 为此,定义矩阵等价如下:

定义 2.10　若对矩阵 A 实施有限次初等行变换变成矩阵 B,则称矩阵 A 与 B **初等行等价**,记作 $A\overset{r}{\sim}B$;若对矩阵 A 实施有限次初等列变换变成矩阵 B,则称矩阵 A 与 B **初等列等价**,记作 $A\overset{c}{\sim}B$;若对矩阵 A 实施有限次初等变换变成矩阵 B,则称矩阵 A 与 B **等价**,记作 $A\sim B$.

矩阵之间的等价关系具有下列性质:

(1) (**反身性**) $A\sim A$;

(2) (**对称性**)若 $A\sim B$,则 $B\sim A$;

(3) (**传递性**)若 $A\sim B$, $B\sim C$,则 $A\sim C$.

用矩阵的初等变换,可以化简矩阵. 为了方便,引入如下定义:

定义 2.11　对于矩阵,若可画一阶梯线,线下方的元素均为 0,每层台阶的高度只有一行,台阶数即为非零行的行数,阶梯线的竖线(每段竖线的长度为一行)后的第一个元素是非零行的第一个非零元,则称此矩阵为**行阶梯形矩阵**;进一步,若非零行的首个非零元为 1,且这些非零元所在的列的其他元素都为 0,则称矩阵为**行最简形矩阵**;若矩阵的左上角是一个单位矩阵,其余元素全为 0,则称此矩阵为**标准形**,习惯上记为 F.

定理 2.1 对于任何非零矩阵 $\boldsymbol{A}$,总可经过有限次初等行变换把它变为行阶梯形矩阵和行最简形矩阵. 对于任何非零矩阵 $\boldsymbol{A}$,总与标准形 $\boldsymbol{F}$ 等价.

例 2.12 用初等变换把下列矩阵化为行阶梯形和行最简形矩阵：

$$(1)\ \boldsymbol{A}=\begin{pmatrix}2&1&2&3\\4&1&3&5\\2&0&1&2\end{pmatrix};\quad (2)\ \boldsymbol{B}=\begin{pmatrix}1&0&1\\2&1&0\\-3&2&5\end{pmatrix}.$$

解

$$(1)\ \boldsymbol{A}=\begin{pmatrix}2&1&2&3\\4&1&3&5\\2&0&1&2\end{pmatrix}\sim\begin{pmatrix}2&1&2&3\\0&-1&-1&-1\\0&-1&-1&-1\end{pmatrix}\sim\begin{pmatrix}2&0&1&2\\0&-1&-1&-1\\0&0&0&0\end{pmatrix}\sim\begin{pmatrix}1&0&\frac{1}{2}&1\\0&1&1&1\\0&0&0&0\end{pmatrix};$$

$$(2)\ \boldsymbol{B}=\begin{pmatrix}1&0&1\\2&1&0\\-3&2&5\end{pmatrix}\sim\begin{pmatrix}1&0&1\\0&1&-2\\0&2&8\end{pmatrix}\sim\begin{pmatrix}1&0&1\\0&1&-2\\0&0&12\end{pmatrix}\sim\begin{pmatrix}1&0&0\\0&1&0\\0&0&1\end{pmatrix}.$$

二、初等矩阵

定义 2.12 对单位矩阵 $\boldsymbol{E}$ 进行一次初等变换后得到的矩阵称为**初等矩阵**.

三种初等变换对应有三种初等矩阵：

(1) 互换单位矩阵 $\boldsymbol{E}$ 的第 i 行(列)与第 j 行(列)的位置,得初等矩阵记为 $\boldsymbol{E}(i,\ j)$；

(2) 用非零数 k 去乘单位矩阵 $\boldsymbol{E}$ 的第 i 行(列),得到的初等矩阵记为 $\boldsymbol{E}(i(k))$；

(3) 将单位矩阵 $\boldsymbol{E}$ 的第 j 行的 k 倍加到第 i 行上,得到的初等矩阵记为 $\boldsymbol{E}(i,\ j(k))$.

引入初等矩阵后,使得矩阵的初等变换可用初等矩阵与该矩阵的乘积来实现.

例如,设

$$\boldsymbol{A}=\begin{pmatrix}a_1&a_2&a_3&a_4\\b_1&b_2&b_3&b_4\\c_1&c_2&c_3&c_4\end{pmatrix},$$

则

$$\boldsymbol{E}(1,\ 3)\boldsymbol{A}=\begin{pmatrix}0&0&1\\0&1&0\\1&0&0\end{pmatrix}\begin{pmatrix}a_1&a_2&a_3&a_4\\b_1&b_2&b_3&b_4\\c_1&c_2&c_3&c_4\end{pmatrix}=\begin{pmatrix}c_1&c_2&c_3&c_4\\b_1&b_2&b_3&b_4\\a_1&a_2&a_3&a_4\end{pmatrix}.$$

这相当于把 $\boldsymbol{A}$ 的第 1, 3 行互换.

$$\boldsymbol{AE}(1,\ 3)=\begin{pmatrix}a_1&a_2&a_3&a_4\\b_1&b_2&b_3&b_4\\c_1&c_2&c_3&c_4\end{pmatrix}\begin{pmatrix}0&0&1&0\\0&1&0&0\\1&0&0&0\\0&0&0&1\end{pmatrix}=\begin{pmatrix}a_3&a_2&a_1&a_4\\b_3&b_2&b_1&b_4\\c_3&c_2&c_1&c_4\end{pmatrix}.$$

这相当于把 $\boldsymbol{A}$ 的第 1，3 列互换. 一般地，有

定理 2.2　设 $\boldsymbol{A}$ 是一个 $m\times n$ 矩阵，则：

(1) 对 $\boldsymbol{A}$ 实施一次初等行变换，相当于在 $\boldsymbol{A}$ 的左边乘以相应的 m 阶初等矩阵；

(2) 对 $\boldsymbol{A}$ 实施一次初等列变换，相当于在 $\boldsymbol{A}$ 的右边乘以相应的 n 阶初等矩阵.

第四节　逆矩阵

一、逆矩阵的概念

在本章第二节中，定义了矩阵的加法、乘法. 根据加法，定义了减法. 那么根据乘法，能否定义矩阵的除法，即矩阵的乘法是否存在一种逆运算？如果这种逆运算存在，它的存在应该满足什么条件？下面，将探索什么样的矩阵存在这种逆运算，以及这种逆运算如何去实施等问题. 在本节讨论中，如无特殊说明，只研究 n 阶方阵.

显然，对 n 阶方阵 $\boldsymbol{A}$ 来说，总有 $\boldsymbol{EA}=\boldsymbol{AE}=\boldsymbol{A}$. 从乘法角度看，$n$ 阶单位矩阵在乘法中类似于 1 在数的乘法中的地位. 而在数的运算中，对于数 $a\neq 0$，总存在唯一的一个数 a^{-1}，使得 $aa^{-1}=a^{-1}a=1$. 由此，引入逆矩阵的定义.

定义 2.13　对于 n 阶方阵 $\boldsymbol{A}$，若存在 n 阶方阵 $\boldsymbol{B}$，使得 $\boldsymbol{AB}=\boldsymbol{BA}=\boldsymbol{E}$，则称矩阵 $\boldsymbol{A}$ 是**可逆的**，称矩阵 $\boldsymbol{B}$ 是 $\boldsymbol{A}$ 的**逆矩阵**. 记作：$\boldsymbol{A}^{-1}$，即 $\boldsymbol{B}=\boldsymbol{A}^{-1}$.

由定义可以看出，若 $\boldsymbol{A}$ 可逆，则 $\boldsymbol{A}$ 的逆矩阵是唯一的.

因为若 $\boldsymbol{B}$，$\boldsymbol{C}$ 都是 $\boldsymbol{A}$ 的逆矩阵，即

$$\boldsymbol{AB}=\boldsymbol{BA}=\boldsymbol{E},\ \boldsymbol{AC}=\boldsymbol{CA}=\boldsymbol{E},$$

则 $\boldsymbol{B}=\boldsymbol{BE}=\boldsymbol{B}(\boldsymbol{AC})=(\boldsymbol{BA})\boldsymbol{C}=\boldsymbol{EC}=\boldsymbol{C}$.

所以逆矩阵是唯一的.

例 2.13　设方阵 $\boldsymbol{A}$ 满足 $\boldsymbol{A}^2-\boldsymbol{A}-2\boldsymbol{E}=\boldsymbol{O}$. 证明：$\boldsymbol{A}$ 及 $\boldsymbol{A}+2\boldsymbol{E}$ 都可逆，并求它们的逆矩阵.

证　由 $\boldsymbol{A}^2-\boldsymbol{A}-2\boldsymbol{E}=\boldsymbol{O}$，得 $\boldsymbol{A}^2-\boldsymbol{A}=2\boldsymbol{E}$，即 $\boldsymbol{A}\left[\frac{1}{2}(\boldsymbol{A}-\boldsymbol{E})\right]=\boldsymbol{E}$.

因此，矩阵 $\boldsymbol{A}$ 可逆，且 $\boldsymbol{A}^{-1}=\frac{1}{2}(\boldsymbol{A}-\boldsymbol{E})$.

由 $(\boldsymbol{A}+2\boldsymbol{E})(\boldsymbol{A}-3\boldsymbol{E})=\boldsymbol{A}^2-\boldsymbol{A}-6\boldsymbol{E}=2\boldsymbol{E}-6\boldsymbol{E}=-4\boldsymbol{E}$，

即
$$(\boldsymbol{A}+2\boldsymbol{E})\left[\frac{1}{4}(3\boldsymbol{E}-\boldsymbol{A})\right]=\boldsymbol{E},$$

所以 $\boldsymbol{A}+2\boldsymbol{E}$ 可逆，且 $(\boldsymbol{A}+2\boldsymbol{E})^{-1}=\frac{1}{4}(3\boldsymbol{E}-\boldsymbol{A})$.

二、逆矩阵的求法

1. 利用伴随矩阵求逆矩阵的方法

定义 2.14　设 $\boldsymbol{A}_{ij}$ 是 n 阶方阵 $\boldsymbol{A}=(a_{ij})_{m\times n}$ 的行列式 $|\boldsymbol{A}|$ 中的元素 a_{ij} 的代数余子式，

矩阵

$$\boldsymbol{A}^* = \begin{pmatrix} \boldsymbol{A}_{11} & \boldsymbol{A}_{21} & \cdots & \boldsymbol{A}_{n1} \\ \boldsymbol{A}_{12} & \boldsymbol{A}_{22} & \cdots & \boldsymbol{A}_{n2} \\ \vdots & \vdots & & \vdots \\ \boldsymbol{A}_{1n} & \boldsymbol{A}_{2n} & \cdots & \boldsymbol{A}_{nn} \end{pmatrix}$$

称为矩阵 $\boldsymbol{A}$ 的**伴随矩阵**.

例 2.14 设 $\boldsymbol{A} = \begin{pmatrix} 2 & -1 \\ 1 & 3 \end{pmatrix}$,求 $\boldsymbol{A}^*$.

解 $\boldsymbol{A}_{11} = 3$, $\boldsymbol{A}_{12} = -1$, $\boldsymbol{A}_{21} = 1$, $\boldsymbol{A}_{22} = 2$.

所以
$$\boldsymbol{A}^* = \begin{pmatrix} 3 & 1 \\ -1 & 2 \end{pmatrix}.$$

记忆口诀:主交换,副变号.

例 2.15 设 $\boldsymbol{A} = \begin{pmatrix} 1 & 0 & 2 \\ -1 & 1 & 3 \\ 3 & 1 & 0 \end{pmatrix}$,试求矩阵 $\boldsymbol{A}$ 的伴随矩阵 $\boldsymbol{A}^*$.

解 $\boldsymbol{A}_{11} = \begin{vmatrix} 1 & 3 \\ 1 & 0 \end{vmatrix} = -3$, $\boldsymbol{A}_{12} = -\begin{vmatrix} -1 & 3 \\ 3 & 0 \end{vmatrix} = 9$, $\boldsymbol{A}_{13} = \begin{vmatrix} -1 & 1 \\ 3 & 1 \end{vmatrix} = -4$;

$\boldsymbol{A}_{21} = -\begin{vmatrix} 0 & 2 \\ 1 & 0 \end{vmatrix} = 2$, $\boldsymbol{A}_{22} = \begin{vmatrix} 1 & 2 \\ 3 & 0 \end{vmatrix} = -6$, $\boldsymbol{A}_{23} = -\begin{vmatrix} 1 & 0 \\ 3 & 1 \end{vmatrix} = -1$;

$\boldsymbol{A}_{31} = \begin{vmatrix} 0 & 2 \\ 1 & 3 \end{vmatrix} = -2$, $\boldsymbol{A}_{32} = -\begin{vmatrix} 1 & 2 \\ -1 & 3 \end{vmatrix} = -5$, $\boldsymbol{A}_{33} = \begin{vmatrix} 1 & 0 \\ -1 & 1 \end{vmatrix} = 1$.

所以

$$\boldsymbol{A}^* = \begin{pmatrix} -3 & 2 & -2 \\ 9 & -6 & -5 \\ -4 & -1 & 1 \end{pmatrix}.$$

进一步研究伴随矩阵,由行列式按一行(列)展开的性质可得出

$$\boldsymbol{A}\boldsymbol{A}^* = \boldsymbol{A}^*\boldsymbol{A} = \begin{pmatrix} |\boldsymbol{A}| & 0 & 0 & 0 \\ 0 & |\boldsymbol{A}| & 0 & 0 \\ 0 & 0 & |\boldsymbol{A}| & 0 \\ 0 & 0 & 0 & |\boldsymbol{A}| \end{pmatrix} = |\boldsymbol{A}|\boldsymbol{E}. \tag{2.7}$$

若 $|\boldsymbol{A}| \neq 0$,则由式(2.7)得

$$\boldsymbol{A}\left(\frac{1}{|\boldsymbol{A}|}\boldsymbol{A}^*\right) = \left(\frac{1}{|\boldsymbol{A}|}\boldsymbol{A}^*\right)\boldsymbol{A} = \boldsymbol{E}. \tag{2.8}$$

定义 2.15 如果 n 阶方阵 $\boldsymbol{A}$ 的行列式 $|\boldsymbol{A}| \neq 0$,则称 $\boldsymbol{A}$ 为**非奇异矩阵**(或**非退化的**);否则,称 $\boldsymbol{A}$ 为**奇异矩阵**(或**退化的**).

定理 2.3 n 阶方阵 $\boldsymbol{A}$ 可逆的充分必要条件是 $\boldsymbol{A}$ 为非奇异矩阵，且当 n 阶方阵 $\boldsymbol{A}$ 可逆时，$\boldsymbol{A}^{-1}=\frac{1}{|\boldsymbol{A}|}\boldsymbol{A}^{*}$.

证 必要性 设 $\boldsymbol{A}$ 可逆，则存在 $\boldsymbol{A}^{-1}$，使 $\boldsymbol{A}\boldsymbol{A}^{-1}=\boldsymbol{E}$，于是 $|\boldsymbol{A}\boldsymbol{A}^{-1}|=|\boldsymbol{E}|=1$，即 $|\boldsymbol{A}||\boldsymbol{A}^{-1}|=1$，所以 $|\boldsymbol{A}|\neq 0$，$\boldsymbol{A}$ 为非奇异矩阵，得证.

充分性 设 $\boldsymbol{A}$ 为非奇异矩阵，则 $|\boldsymbol{A}|\neq 0$，由式(2.8)知 $\boldsymbol{A}$ 可逆，且 $\boldsymbol{A}^{-1}=\frac{1}{|\boldsymbol{A}|}\boldsymbol{A}^{*}$.

例 2.16 已知矩阵 $\boldsymbol{A}=\begin{pmatrix}1&2&3\\1&3&4\\1&4&4\end{pmatrix}$，$\boldsymbol{B}=\begin{pmatrix}1&1&1\\1&1&1\\1&1&1\end{pmatrix}$，判断 $\boldsymbol{A}$，$\boldsymbol{B}$ 是否为可逆矩阵.

解 因为 $|\boldsymbol{A}|=\begin{vmatrix}1&2&3\\1&3&4\\1&4&4\end{vmatrix}=-1\neq 0$，$|\boldsymbol{B}|=\begin{vmatrix}1&1&1\\1&1&1\\1&1&1\end{vmatrix}=0$，所以 $\boldsymbol{A}$ 为可逆矩阵，$\boldsymbol{B}$ 不是可逆矩阵.

例 2.15(续) 判断矩阵 $\boldsymbol{A}$ 是否可逆，若可逆，求 $\boldsymbol{A}^{-1}$.

解 经计算 $|\boldsymbol{A}|=\begin{vmatrix}1&0&2\\-1&1&3\\3&1&0\end{vmatrix}=-11$，所以 $\boldsymbol{A}$ 可逆，而又知 $\boldsymbol{A}^{*}=\begin{pmatrix}-3&2&-2\\9&-6&-5\\-4&-1&1\end{pmatrix}$，

于是

$$\boldsymbol{A}^{-1}=\frac{1}{|\boldsymbol{A}|}\boldsymbol{A}^{*}=-\frac{1}{11}\begin{pmatrix}-3&2&-2\\9&-6&-5\\-4&-1&1\end{pmatrix}=\begin{pmatrix}\frac{3}{11}&-\frac{2}{11}&\frac{2}{11}\\-\frac{9}{11}&\frac{6}{11}&\frac{5}{11}\\\frac{4}{11}&\frac{1}{11}&-\frac{1}{11}\end{pmatrix}.$$

可逆矩阵具有如下性质：

(1) 对于 n 阶方阵 $\boldsymbol{A}$，$\boldsymbol{B}$，如果 $\boldsymbol{AB}=\boldsymbol{E}$，那么 $\boldsymbol{A}$，$\boldsymbol{B}$ 都是可逆的，且 $\boldsymbol{B}=\boldsymbol{A}^{-1}$，$\boldsymbol{A}=\boldsymbol{B}^{-1}$.

事实上，由 $|\boldsymbol{AB}|=|\boldsymbol{A}||\boldsymbol{B}|=|\boldsymbol{E}|=1$ 可知，$|\boldsymbol{A}|\neq 0$，$|\boldsymbol{B}|\neq 0$，即 $\boldsymbol{A}$，$\boldsymbol{B}$ 均可逆. 且 $\boldsymbol{B}=\boldsymbol{EB}=(\boldsymbol{A}^{-1}\boldsymbol{A})\boldsymbol{B}=\boldsymbol{A}^{-1}(\boldsymbol{AB})=\boldsymbol{A}^{-1}\boldsymbol{E}=\boldsymbol{A}^{-1}$，同理，可得 $\boldsymbol{A}=\boldsymbol{B}^{-1}$.

(2) 可逆矩阵 $\boldsymbol{A}$ 的逆矩阵仍可逆，且 $(\boldsymbol{A}^{-1})^{-1}=\boldsymbol{A}$.

(3) $\lambda\neq 0$ 时，可逆矩阵 $\boldsymbol{A}$ 的数乘 $\lambda\boldsymbol{A}$ 仍可逆，且 $(\lambda\boldsymbol{A})^{-1}=\frac{1}{\lambda}\boldsymbol{A}^{-1}$.

(4) 若 $\boldsymbol{A}$，$\boldsymbol{B}$ 为同阶可逆矩阵，则 $\boldsymbol{AB}$ 仍可逆，且 $(\boldsymbol{AB})^{-1}=\boldsymbol{B}^{-1}\boldsymbol{A}^{-1}$.

(5) 可逆矩阵 $\boldsymbol{A}$ 的乘方仍可逆，且 $(\boldsymbol{A}^{m})^{-1}=(\boldsymbol{A}^{-1})^{m}$.

(6) 可逆矩阵 $\boldsymbol{A}$ 的转置仍可逆，且 $(\boldsymbol{A}^{T})^{-1}=(\boldsymbol{A}^{-1})^{T}$.

(7) 可逆矩阵 $\boldsymbol{A}$ 的行列式 $|\boldsymbol{A}|\neq 0$，且 $|\boldsymbol{A}^{-1}|=\frac{1}{|\boldsymbol{A}|}$.

2. 利用初等变换求逆矩阵的方法

定理 2.4 对于任意 $m\times n$ 矩阵 $\boldsymbol{A}$，存在 m 阶初等矩阵 $\boldsymbol{P}_1$，$\boldsymbol{P}_2$，…，$\boldsymbol{P}_s$ 和 n 阶初等矩阵 $\boldsymbol{Q}_1$，$\boldsymbol{Q}_2$，…，$\boldsymbol{Q}_t$，使得

$$\boldsymbol{P}_1\boldsymbol{P}_2\cdots\boldsymbol{P}_s\boldsymbol{A}\boldsymbol{Q}_1\boldsymbol{Q}_2\cdots\boldsymbol{Q}_t=\begin{pmatrix}1&&&&&\\&\ddots&&&&\\&&1&&&\\&&&0&&\\&&&&\ddots&\\&&&&&0\end{pmatrix}_{m\times n}.$$

因为初等矩阵是可逆的,它们的乘积也可逆. 令 $\boldsymbol{P}=\boldsymbol{P}_1\boldsymbol{P}_2\cdots\boldsymbol{P}_s$, $\boldsymbol{Q}=\boldsymbol{Q}_1\boldsymbol{Q}_2\cdots\boldsymbol{Q}_t$,则有下面推论.

推论 2.1 对于任意 $m\times n$ 矩阵 $\boldsymbol{A}$,存在 m 阶可逆矩阵 $\boldsymbol{P}$ 和 n 阶可逆矩阵 $\boldsymbol{Q}$,使得

$$\boldsymbol{PAQ}=\begin{pmatrix}1&&&&&\\&\ddots&&&&\\&&1&&&\\&&&0&&\\&&&&\ddots&\\&&&&&0\end{pmatrix}_{m\times n}.$$

当 $\boldsymbol{A}$ 为 n 阶矩阵时,$\boldsymbol{A}$ 可逆的充分必要条件是 $|\boldsymbol{A}|\neq 0$. 又由推论 2.1 有 $|\boldsymbol{P}|\neq 0$, $|\boldsymbol{Q}|\neq 0$,从而 $|\boldsymbol{PAQ}|=|\boldsymbol{P}||\boldsymbol{A}||\boldsymbol{Q}|\neq 0$. 因此必有 $\boldsymbol{PAQ}=\boldsymbol{E}_n$.

推论 2.2 n 阶矩阵 $\boldsymbol{A}$ 可逆的充分必要条件是 $\boldsymbol{A}$ 的标准形为 $\boldsymbol{E}$.

综上,可得如下定理:

定理 2.5 n 阶矩阵 $\boldsymbol{A}$ 可逆的充分必要条件是 $\boldsymbol{A}$ 可以表示成有限个初等矩阵的乘积.

证 由推论 2.2 和定理 2.4 可知,$\boldsymbol{A}$ 可逆的充分必要条件是存在 n 阶初等矩阵 $\boldsymbol{P}_1$, $\boldsymbol{P}_2$, $\cdots$, $\boldsymbol{P}_s$ 和 $\boldsymbol{Q}_1$, $\boldsymbol{Q}_2$, $\cdots$, $\boldsymbol{Q}_t$,使得 $\boldsymbol{P}_1\boldsymbol{P}_2\cdots\boldsymbol{P}_s\boldsymbol{A}\boldsymbol{Q}_1\boldsymbol{Q}_2\cdots\boldsymbol{Q}_t=\boldsymbol{E}$. 又初等矩阵不仅是可逆的,且它们的逆也是初等矩阵,从而有 $\boldsymbol{A}=\boldsymbol{P}_s^{-1}\cdots\boldsymbol{P}_1^{-1}\boldsymbol{Q}_t^{-1}\cdots\boldsymbol{Q}_1^{-1}$.

由此可得另一种求逆矩阵的方法.

因为 $\boldsymbol{A}$ 可逆,所以 $\boldsymbol{A}^{-1}$ 也可逆. 由定理 2.5 有 $\boldsymbol{A}^{-1}=\boldsymbol{P}_1\boldsymbol{P}_2\cdots\boldsymbol{P}_s$,其中 $\boldsymbol{P}_1$, $\boldsymbol{P}_2$, $\cdots$, $\boldsymbol{P}_s$ 为初等矩阵,把上式两边右乘 $\boldsymbol{A}$,得 $\boldsymbol{E}=\boldsymbol{P}_1\boldsymbol{P}_2\cdots\boldsymbol{P}_s\boldsymbol{A}$,又 $\boldsymbol{A}^{-1}=\boldsymbol{P}_1\boldsymbol{P}_2\cdots\boldsymbol{P}_s\boldsymbol{E}$.

比较这两个式子可以看出,当对 $\boldsymbol{A}$ 进行若干次初等行变换化为单位矩阵 $\boldsymbol{E}$ 时,对单位矩阵 $\boldsymbol{E}$ 施行与 $\boldsymbol{A}$ 相同的初等变换,就可把 $\boldsymbol{E}$ 化为 $\boldsymbol{A}^{-1}$. 于是构造一个 $n\times 2n$ 矩阵 $(\boldsymbol{A},\boldsymbol{E})$,然后对其进行若干次初等行变换将 $\boldsymbol{A}$ 化为 $\boldsymbol{E}$,这时 $\boldsymbol{E}$ 就化为 $\boldsymbol{A}^{-1}$,即 $(\boldsymbol{A},\boldsymbol{E})\overset{r}{\sim}(\boldsymbol{E},\boldsymbol{A}^{-1})$.

例 2.17 设 $\boldsymbol{A}=\begin{pmatrix}4&2&3\\3&1&2\\2&1&1\end{pmatrix}$,求 $\boldsymbol{A}^{-1}$.

解 对矩阵 $(\boldsymbol{A},\boldsymbol{E})$ 施以初等行变换,即

$$(\boldsymbol{A},\boldsymbol{E})=\begin{pmatrix}4&2&3&1&0&0\\3&1&2&0&1&0\\2&1&1&0&0&1\end{pmatrix}\sim\begin{pmatrix}1&1&1&1&-1&0\\3&1&2&0&1&0\\2&1&1&0&0&1\end{pmatrix}\sim\begin{pmatrix}1&1&1&1&-1&0\\0&-2&-1&-3&4&0\\0&-1&-1&-2&2&1\end{pmatrix}\sim$$

$$\begin{pmatrix}1&0&0&-1&1&1\\0&0&1&1&0&-2\\0&1&1&2&-2&-1\end{pmatrix}\sim\begin{pmatrix}1&0&0&-1&1&1\\0&1&0&1&-2&1\\0&0&1&1&0&-2\end{pmatrix}.$$

所以

$$A^{-1}=\begin{pmatrix}-1 & 1 & 1\\ 1 & -2 & 1\\ 1 & 0 & -2\end{pmatrix}.$$

3. 利用初等变换求解矩阵方程

设矩阵方程为 $AX=B$，其中 A 为 n 阶可逆矩阵，B 为已知的 $n\times m$ 矩阵，X 为未知的 $n\times m$ 矩阵，则在方程两边左乘 A^{-1}，可得 $X=A^{-1}B$. 利用这种方法就是先求出 A^{-1} 后，再计算 A^{-1} 与 B 的乘积 $A^{-1}B$，而计算两个矩阵乘积是比较麻烦的. 下面介绍一种较简便的方法，就是利用初等变换直接求出 $A^{-1}B$.

因为 A 可逆，所以 $A^{-1}=P_1P_2\cdots P_s$，其中 $P_i(i=1,2,\cdots,s)$ 是初等矩阵，则 $P_1P_2\cdots P_sA=E$，又 $P_1P_2\cdots P_sB=X$，从而当对 A 进行若干次初等行变换化为单位矩阵 E 时，对 B 做同样的初等行变换就得到未知矩阵 X，即 $(A,B)\overset{r}{\sim}(E,A^{-1}B)$.

例 2.18 求矩阵方程 $AX=B$ 的解. 其中

$$A=\begin{pmatrix}0 & 1 & -1\\ 1 & 1 & 2\\ 0 & -1 & 0\end{pmatrix},\ B=\begin{pmatrix}-2 & 0\\ -3 & 2\\ 3 & -1\end{pmatrix}.$$

解

$$(A,B)=\begin{pmatrix}0 & 1 & -1 & -2 & 0\\ 1 & 1 & 2 & -3 & 2\\ 0 & -1 & 0 & 3 & -1\end{pmatrix}\sim\begin{pmatrix}1 & 1 & 2 & -3 & 2\\ 0 & 1 & -1 & -2 & 0\\ 0 & -1 & 0 & 3 & -1\end{pmatrix}$$

$$\sim\begin{pmatrix}1 & 0 & 0 & 2 & -1\\ 0 & 1 & 0 & -3 & 1\\ 0 & 0 & -1 & 1 & -1\end{pmatrix}\sim\begin{pmatrix}1 & 0 & 0 & 2 & -1\\ 0 & 1 & 0 & -3 & 1\\ 0 & 0 & 1 & -1 & 1\end{pmatrix},$$

得矩阵方程的解

$$X=A^{-1}B=\begin{pmatrix}2 & -1\\ -3 & 1\\ -1 & 1\end{pmatrix}.$$

思考：如何求解矩阵方程 $XA=B$.

第五节 分块矩阵

一、分块矩阵及其运算法则

在处理大矩阵时常用的技巧是矩阵的分块. 把一个大矩阵用若干条纵线和横线分成许多个小矩阵，就如矩阵是由数组成的一样. 特别是在运算中，把这些小矩阵当作数一样来处理,这就是所谓的矩阵的分块.分得的每一个小矩阵称为子块,以子块为元素的形式上的矩阵称为**分块矩阵**.

下面通过例子来说明这种方法.

$$\boldsymbol{A}=\left(\begin{array}{ccc:cc}1&0&0&-1&2\\0&1&0&2&3\\0&0&1&5&1\\ \hdashline 0&0&0&2&0\\0&0&0&0&2\end{array}\right)=\begin{pmatrix}\boldsymbol{E}_3&\boldsymbol{A}_1\\\boldsymbol{O}&2\boldsymbol{E}_2\end{pmatrix},$$

其中,$\boldsymbol{E}_2$, $\boldsymbol{E}_3$ 分别表示二阶和三阶单位矩阵,而 $\boldsymbol{A}_1=\begin{pmatrix}-1&2\\2&3\\5&1\end{pmatrix}$, $\boldsymbol{O}=\begin{pmatrix}0&0&0\\0&0&0\end{pmatrix}$.

每一个小矩阵称为矩阵 $\boldsymbol{A}$ 的一个子块或子阵,原矩阵分块后就称为**分块矩阵**.

采用怎样的分块方法,要根据原矩阵的结构特点,既要使子块在参与运算时不失意义,又要为运算的方便考虑,这就是把矩阵分块处理的目的.矩阵运算的基本规律一般都适合分块矩阵,下面分别予以说明.

1. 加法

设 $\boldsymbol{A}$, $\boldsymbol{B}$ 是两个 $m\times n$ 矩阵,对 $\boldsymbol{A}$, $\boldsymbol{B}$ 都用同样的方法分块得到分块矩阵,$\boldsymbol{A}$, $\boldsymbol{B}$ 分块方法相同是为了保证各对应子块(作为矩阵)可以相加.

若
$$\boldsymbol{A}=\begin{pmatrix}\boldsymbol{A}_{11}&\boldsymbol{A}_{12}&\cdots&\boldsymbol{A}_{1t}\\\boldsymbol{A}_{21}&\boldsymbol{A}_{22}&\cdots&\boldsymbol{A}_{2t}\\\vdots&\vdots&&\vdots\\\boldsymbol{A}_{s1}&\boldsymbol{A}_{s2}&\cdots&\boldsymbol{A}_{st}\end{pmatrix},\ \boldsymbol{B}=\begin{pmatrix}\boldsymbol{B}_{11}&\boldsymbol{B}_{12}&\cdots&\boldsymbol{B}_{1t}\\\boldsymbol{B}_{21}&\boldsymbol{B}_{22}&\cdots&\boldsymbol{B}_{2t}\\\vdots&\vdots&&\vdots\\\boldsymbol{B}_{s1}&\boldsymbol{B}_{s2}&\cdots&\boldsymbol{B}_{st}\end{pmatrix},$$

则
$$\boldsymbol{A}+\boldsymbol{B}=\begin{pmatrix}\boldsymbol{A}_{11}+\boldsymbol{B}_{11}&\boldsymbol{A}_{12}+\boldsymbol{B}_{12}&\cdots&\boldsymbol{A}_{1t}+\boldsymbol{B}_{1t}\\\boldsymbol{A}_{21}+\boldsymbol{B}_{21}&\boldsymbol{A}_{22}+\boldsymbol{B}_{22}&\cdots&\boldsymbol{A}_{2t}+\boldsymbol{B}_{2t}\\\vdots&\vdots&&\vdots\\\boldsymbol{A}_{s1}+\boldsymbol{B}_{s1}&\boldsymbol{A}_{s2}+\boldsymbol{B}_{s2}&\cdots&\boldsymbol{A}_{st}+\boldsymbol{B}_{st}\end{pmatrix}.$$

两个行数与列数都相同的矩阵 $\boldsymbol{A}$, $\boldsymbol{B}$,按同一种分块方法分块,那么 $\boldsymbol{A}$ 与 $\boldsymbol{B}$ 相加时,只需把对应位置的子块相加.

2. 数乘

设有分块矩阵 $\boldsymbol{A}=\begin{pmatrix}\boldsymbol{A}_{11}&\boldsymbol{A}_{12}&\cdots&\boldsymbol{A}_{1t}\\\boldsymbol{A}_{21}&\boldsymbol{A}_{22}&\cdots&\boldsymbol{A}_{2t}\\\vdots&\vdots&&\vdots\\\boldsymbol{A}_{s1}&\boldsymbol{A}_{s2}&\cdots&\boldsymbol{A}_{st}\end{pmatrix}$,$\lambda$ 为一个常数,则

$$\lambda\boldsymbol{A}=\begin{pmatrix}\lambda\boldsymbol{A}_{11}&\lambda\boldsymbol{A}_{12}&\cdots&\lambda\boldsymbol{A}_{1t}\\\lambda\boldsymbol{A}_{21}&\lambda\boldsymbol{A}_{22}&\cdots&\lambda\boldsymbol{A}_{2t}\\\vdots&\vdots&&\vdots\\\lambda\boldsymbol{A}_{s1}&\lambda\boldsymbol{A}_{s2}&\cdots&\lambda\boldsymbol{A}_{st}\end{pmatrix}.$$

用一个数 λ 乘一个分块矩阵时，只需用这个数乘以各子块.

3. 乘法

设 $\boldsymbol{A}$ 是 $m\times n$ 矩阵，$\boldsymbol{B}$ 是 $n\times p$ 矩阵，把 $\boldsymbol{A}$ 和 $\boldsymbol{B}$ 分块，并使 $\boldsymbol{A}$ 的列的分法与 $\boldsymbol{B}$ 的行的分法相同，即

$$\boldsymbol{A}=\begin{array}{c}\begin{matrix} n_1 & n_2 & \cdots & n_s \end{matrix}\\ \begin{pmatrix} \boldsymbol{A}_{11} & \boldsymbol{A}_{12} & \cdots & \boldsymbol{A}_{1s}\\ \boldsymbol{A}_{21} & \boldsymbol{A}_{22} & \cdots & \boldsymbol{A}_{2s}\\ \vdots & \vdots & & \vdots\\ \boldsymbol{A}_{r1} & \boldsymbol{A}_{r2} & \cdots & \boldsymbol{A}_{rs}\end{pmatrix}\begin{matrix} m_1\\ m_2\\ \vdots\\ m_r\end{matrix}\end{array},\ \boldsymbol{B}=\begin{array}{c}\begin{matrix} p_1 & p_2 & \cdots & p_t \end{matrix}\\ \begin{pmatrix} \boldsymbol{A}_{11} & \boldsymbol{A}_{12} & \cdots & \boldsymbol{A}_{1t}\\ \boldsymbol{A}_{21} & \boldsymbol{A}_{22} & \cdots & \boldsymbol{A}_{2t}\\ \vdots & \vdots & & \vdots\\ \boldsymbol{A}_{s1} & \boldsymbol{A}_{s2} & \cdots & \boldsymbol{A}_{st}\end{pmatrix}\begin{matrix} n_1\\ n_2\\ \vdots\\ n_s\end{matrix}\end{array},$$

其中，m_i，n_j 分别为 $\boldsymbol{A}$ 的子块 $\boldsymbol{A}_{ij}$ 的行数与列数，n_j，p_l 分别为 $\boldsymbol{B}$ 的子块 $\boldsymbol{B}_{ij}$ 的行数与列数，$\sum_{i=1}^{r}m_i=m$，$\sum_{j=1}^{s}n_j=n$，$\sum_{l=1}^{t}p_l=p$，则

$$\boldsymbol{C}=\boldsymbol{AB}=\begin{array}{c}\begin{matrix} p_1 & p_2 & \cdots & p_t \end{matrix}\\ \begin{pmatrix} \boldsymbol{C}_{11} & \boldsymbol{C}_{12} & \cdots & \boldsymbol{C}_{1t}\\ \boldsymbol{C}_{21} & \boldsymbol{C}_{22} & \cdots & \boldsymbol{C}_{2t}\\ \vdots & \vdots & & \vdots\\ \boldsymbol{C}_{r1} & \boldsymbol{C}_{r2} & \cdots & \boldsymbol{C}_{rt}\end{pmatrix}\begin{matrix} m_1\\ m_2\\ \vdots\\ m_r\end{matrix}\end{array},$$

其中
$$\boldsymbol{C}_{ij}=\boldsymbol{A}_{i1}\boldsymbol{B}_{1j}+\boldsymbol{A}_{i2}\boldsymbol{B}_{2j}+\cdots+\boldsymbol{A}_{is}\boldsymbol{B}_{sj}.$$

由此可以看出，要使矩阵的分块乘法能够进行，在对矩阵分块时必须满足：

(1) 以子块为元素时，两矩阵可乘，即左矩阵的列块数应等于右矩阵的行块数；

(2) 相应地，需做乘法的子块也应可乘，即左子块的列数应等于右子块的行数.

4. 转置

设分块矩阵为

$$\boldsymbol{A}=\begin{pmatrix} \boldsymbol{A}_{11} & \boldsymbol{A}_{12} & \cdots & \boldsymbol{A}_{1t}\\ \boldsymbol{A}_{21} & \boldsymbol{A}_{22} & \cdots & \boldsymbol{A}_{2t}\\ \vdots & \vdots & & \vdots\\ \boldsymbol{A}_{s1} & \boldsymbol{A}_{s2} & \cdots & \boldsymbol{A}_{st}\end{pmatrix},$$

则有

$$\boldsymbol{A}^T=\begin{pmatrix} \boldsymbol{A}_{11}^T & \boldsymbol{A}_{21}^T & \cdots & \boldsymbol{A}_{s1}^T\\ \boldsymbol{A}_{12}^T & \boldsymbol{A}_{22}^T & \cdots & \boldsymbol{A}_{s2}^T\\ \vdots & \vdots & & \vdots\\ \boldsymbol{A}_{1t}^T & \boldsymbol{A}_{2t}^T & \cdots & \boldsymbol{A}_{st}^T\end{pmatrix}.$$

即分块矩阵转置时，不仅要把当作元素看待的子块行列互换，而且要把每个子块内部的元素也应行列互换.

二、特殊的分块矩阵

1. 矩阵按行(列)分块

把矩阵$\boldsymbol{A}_{m\times n}$按行分块,即每一行为一小块,那么$\boldsymbol{A}$可写成

$$\boldsymbol{A}=\begin{pmatrix}\boldsymbol{A}_1^T\\ \boldsymbol{A}_2^T\\ \vdots\\ \boldsymbol{A}_m^T\end{pmatrix},$$

其中 $$\boldsymbol{A}_i^T=(a_{i1},\ a_{i2},\ \cdots,\ a_{in})\quad i=1,\ 2,\ \cdots,\ m.$$

把矩阵$\boldsymbol{A}_{m\times n}$按列分块,即每一列为一小块,那么$\boldsymbol{A}$可写成$\boldsymbol{A}=(\boldsymbol{B}_1,\ \boldsymbol{B}_2,\ \cdots,\ \boldsymbol{B}_n)$,其中$\boldsymbol{B}_j=(a_{1j},\ a_{2j},\ \cdots\ a_{mj})^T(j=1,\ 2,\ \cdots,\ n)$.

线性方程组

$$\begin{cases}a_{11}x_1+a_{12}x_2+\cdots+a_{1n}x_n=b_1,\\ a_{21}x_1+a_{22}x_2+\cdots+a_{2n}x_n=b_2,\\ \qquad\vdots\\ a_{m1}x_1+a_{m2}x_2+\cdots+a_{mn}x_n=b_m,\end{cases}$$

表示为$\boldsymbol{A}_{m\times n}\boldsymbol{X}_{n\times 1}=\boldsymbol{B}_{m\times 1}$,现在,把$\boldsymbol{A}$按列分块,把$\boldsymbol{X}$按行分块,由分块矩阵乘法有

$$(\boldsymbol{A}_1,\ \boldsymbol{A}_2,\ \cdots,\ \boldsymbol{A}_n)\begin{pmatrix}x_1\\ x_2\\ \vdots\\ x_n\end{pmatrix}=\boldsymbol{B},$$

即

$$x_1\boldsymbol{A}_1+x_2\boldsymbol{A}_2+\cdots+x_n\boldsymbol{A}_n=\boldsymbol{B}.$$

2. 准对角矩阵

形如

$$\begin{pmatrix}\boldsymbol{A}_1 & 0 & \cdots & 0\\ 0 & \boldsymbol{A}_2 & \cdots & 0\\ \vdots & \vdots & & \vdots\\ 0 & 0 & \cdots & \boldsymbol{A}_s\end{pmatrix}\text{可简记为}\begin{pmatrix}\boldsymbol{A}_1 & & & \\ & \boldsymbol{A}_2 & & \\ & & \ddots & \\ & & & \boldsymbol{A}_s\end{pmatrix}$$

的分块矩阵,称为**准对角矩阵**,也称**分块对角矩阵**.其中主对角线上的$\boldsymbol{A}_1,\ \boldsymbol{A}_2,\ \cdots,\ \boldsymbol{A}_s$都是小方阵,其余子块全是零.显然,对角矩阵可作为准对角矩阵的特殊情形.

例如

$$\boldsymbol{A}=\left(\begin{array}{cc|cc}2 & 0 & 0 & 0\\ 1 & 2 & 0 & 0\\ \hline 0 & 0 & 3 & 0\\ 0 & 0 & 1 & 3\end{array}\right)=\begin{pmatrix}\boldsymbol{B}_1 & 0\\ 0 & \boldsymbol{B}_2\end{pmatrix}$$

是准对角矩阵.

准对角矩阵具有下列运算性质：

(1) 两个具有相同分块的准对角矩阵的和、乘积仍是准对角矩阵；数与准对角矩阵的乘积以及准对角矩阵的转置仍是准对角矩阵. 即对于两个有相同分块的准对角矩阵

$$\boldsymbol{A}=\begin{pmatrix}\boldsymbol{A}_1 & & & \\ & \boldsymbol{A}_2 & & \\ & & \ddots & \\ & & & \boldsymbol{A}_s\end{pmatrix},\ \boldsymbol{B}=\begin{pmatrix}\boldsymbol{B}_1 & & & \\ & \boldsymbol{B}_2 & & \\ & & \ddots & \\ & & & \boldsymbol{B}_s\end{pmatrix},$$

若它们的对应分块是同阶的，则有

$$\boldsymbol{A}+\boldsymbol{B}=\begin{pmatrix}\boldsymbol{A}_1+\boldsymbol{B}_1 & & & \\ & \boldsymbol{A}_2+\boldsymbol{B}_2 & & \\ & & \ddots & \\ & & & \boldsymbol{A}_s+\boldsymbol{B}_s\end{pmatrix},\ \boldsymbol{AB}=\begin{pmatrix}\boldsymbol{A}_1\boldsymbol{B}_1 & & & \\ & \boldsymbol{A}_2\boldsymbol{B}_2 & & \\ & & \ddots & \\ & & & \boldsymbol{A}_s\boldsymbol{B}_s\end{pmatrix},$$

$$\lambda\boldsymbol{A}=\begin{pmatrix}\lambda\boldsymbol{A}_1 & & & \\ & \lambda\boldsymbol{A}_2 & & \\ & & \ddots & \\ & & & \lambda\boldsymbol{A}_s\end{pmatrix},\ \boldsymbol{A}^T=\begin{pmatrix}\boldsymbol{A}_1^T & & & \\ & \boldsymbol{A}_2^T & & \\ & & \ddots & \\ & & & \boldsymbol{A}_s^T\end{pmatrix}.$$

(2) 准对角矩阵 $\boldsymbol{A}$ 可逆的充分必要条件是 $\boldsymbol{A}_1, \boldsymbol{A}_2, \cdots, \boldsymbol{A}_s$ 都可逆，并且当 $\boldsymbol{A}$ 可逆时，有

$$\boldsymbol{A}^{-1}=\begin{pmatrix}\boldsymbol{A}_1^{-1} & & & \\ & \boldsymbol{A}_2^{-1} & & \\ & & \ddots & \\ & & & \boldsymbol{A}_s^{-1}\end{pmatrix},$$

且

$$|\boldsymbol{A}|=|\boldsymbol{A}_1||\boldsymbol{A}_2|\cdots|\boldsymbol{A}_s|.$$

由此得，若 n 阶对角矩阵 $\boldsymbol{A}=\begin{pmatrix}a_1 & & & \\ & a_2 & & \\ & & \ddots & \\ & & & a_n\end{pmatrix}$，$a_1a_2\cdots a_n\neq 0$，则 $\boldsymbol{A}$ 可逆，且 $\boldsymbol{A}^{-1}=$
$\begin{pmatrix}a_1^{-1} & & & \\ & a_2^{-1} & & \\ & & \ddots & \\ & & & a_n^{-1}\end{pmatrix}$.

如果一个阶数较高的可逆矩阵能分块为准对角矩阵，那么利用性质(2)就可将原矩阵求逆问题转化成一些小方阵的求逆问题.

例 2.19 试判断矩阵 $\boldsymbol{A}=\begin{pmatrix}3&0&0&0\\0&1&2&0\\0&1&3&0\\0&0&0&5\end{pmatrix}$ 是否可逆.若可逆,求出 $\boldsymbol{A}^{-1}$,并计算 $\boldsymbol{A}^2$.

解 将 $\boldsymbol{A}$ 分块为

$$\boldsymbol{A}=\left(\begin{array}{c:cc:c}3&0&0&0\\ \hdashline 0&1&2&0\\0&1&3&0\\ \hdashline 0&0&0&5\end{array}\right),\ \boldsymbol{A}=\begin{pmatrix}\boldsymbol{A}_1&0&0\\0&\boldsymbol{A}_2&0\\0&0&\boldsymbol{A}_3\end{pmatrix}.$$

则 $\boldsymbol{A}$ 为一准对角矩阵,因为 $|\boldsymbol{A}_1|=3$, $|\boldsymbol{A}_2|=\begin{vmatrix}1&2\\1&3\end{vmatrix}=1$, $|\boldsymbol{A}_3|=5$ 都不为零,所以 $\boldsymbol{A}_1$, $\boldsymbol{A}_2$, $\boldsymbol{A}_3$ 都可逆,从而 $\boldsymbol{A}$ 可逆.又因为 $\boldsymbol{A}_1^{-1}=\dfrac{1}{3}$, $\boldsymbol{A}_2^{-1}=\begin{pmatrix}3&-2\\-1&1\end{pmatrix}$, $\boldsymbol{A}_3^{-1}=\dfrac{1}{5}$,所以

$$\boldsymbol{A}^{-1}=\begin{pmatrix}\boldsymbol{A}_1^{-1}&0&0\\0&\boldsymbol{A}_2^{-1}&0\\0&0&\boldsymbol{A}_3^{-1}\end{pmatrix}=\begin{pmatrix}\frac{1}{3}&0&0&0\\0&3&-2&0\\0&-1&1&0\\0&0&0&\frac{1}{5}\end{pmatrix}.$$

而

$$\boldsymbol{A}^2=\begin{pmatrix}\boldsymbol{A}_1&0&0\\0&\boldsymbol{A}_2&0\\0&0&\boldsymbol{A}_3\end{pmatrix}\begin{pmatrix}\boldsymbol{A}_1&0&0\\0&\boldsymbol{A}_2&0\\0&0&\boldsymbol{A}_3\end{pmatrix}=\begin{pmatrix}\boldsymbol{A}_1^2&0&0\\0&\boldsymbol{A}_2^2&0\\0&0&\boldsymbol{A}_3^2\end{pmatrix},$$

其中 $$\boldsymbol{A}_1^2=9,\ \boldsymbol{A}_2^2=\begin{pmatrix}1&2\\1&3\end{pmatrix}^2=\begin{pmatrix}3&8\\4&11\end{pmatrix},\ \boldsymbol{A}_3^2=25.$$

因此 $$\boldsymbol{A}^2=\begin{pmatrix}9&0&0&0\\0&3&8&0\\0&4&11&0\\0&0&0&25\end{pmatrix}.$$

第六节 矩阵的秩

一、矩阵秩的定义

在本章第三节中,矩阵 $\boldsymbol{A}$ 经初等行变换能化成行阶梯形矩阵和行最简形矩阵,而行阶梯

形矩阵和行最简形矩阵所含非零行的行数是相同的，那么所有与 $\boldsymbol{A}$ 行等价的行阶梯形矩阵的非零行的行数都一样吗？答案是肯定的，这个唯一确定的数就是矩阵的秩. 但由于这个数的唯一性尚未证明，因此下面用另一种说法给出矩阵的秩的定义.

定义 2.16 在矩阵 $\boldsymbol{A}=(a_{ij})_{m\times n}$ 中，任取 k 行与 k 列（$k\leqslant m,\ k\leqslant n$），位于这些行、列交叉处的这 k^2 个元素，按原来的位置构成的 k 阶行列式，称为矩阵 $\boldsymbol{A}$ 的 **k 阶子式**，$\boldsymbol{A}$ 中所有不为 0 的 k 阶子式的最高阶数称为矩阵 $\boldsymbol{A}$ 的**秩**，记为 $R(\boldsymbol{A})$.

规定零矩阵的秩为 0，易知 $0\leqslant R(\boldsymbol{A})\leqslant \min\{m,\ n\}$.

若 $\boldsymbol{A}$ 为 n 阶方阵，其行列式只有 $|\boldsymbol{A}|$，故当 $|\boldsymbol{A}|\neq 0$ 时，$R(\boldsymbol{A})=n$，此时称 $\boldsymbol{A}$ 为满秩矩阵；若 $|\boldsymbol{A}|=0$，则称 $\boldsymbol{A}$ 为降秩矩阵.

当 $\boldsymbol{A}$ 为满秩矩阵时，因为 $|\boldsymbol{A}|\neq 0$，故有如下定理.

定理 2.6 n 阶方阵 $\boldsymbol{A}$ 可逆的充分必要条件是 $R(\boldsymbol{A})=n$.

例 2.20 求矩阵 $\boldsymbol{A}$ 与 $\boldsymbol{B}$ 的秩，其中

$$\boldsymbol{A}=\begin{pmatrix}1&2&3\\2&3&-5\\4&7&1\end{pmatrix},\ \boldsymbol{B}=\begin{pmatrix}2&-1&0&3&-2\\0&3&1&-2&5\\0&0&0&4&-3\\0&0&0&0&0\end{pmatrix}.$$

解 $\boldsymbol{A}$ 有二阶子式 $\begin{vmatrix}1&2\\2&3\end{vmatrix}\neq 0$，且 $\boldsymbol{A}$ 只有一个三阶子式，且 $|\boldsymbol{A}|=0$，因此 $R(\boldsymbol{A})=2$.

$\boldsymbol{B}$ 有三阶子式 $\begin{vmatrix}2&-1&3\\0&3&-2\\0&0&4\end{vmatrix}=24\neq 0$，由于 $\boldsymbol{B}$ 的第 4 行元素均为 0，故 $\boldsymbol{B}$ 的四阶子式均为 0，因此 $R(\boldsymbol{B})=3$.

二、矩阵秩的求法

当矩阵的行、列数都较高时，用定义求秩是困难的，定义主要具有理论价值. 通过例 2.20 发现，$\boldsymbol{B}$ 的秩比较好求是因为它是一个行阶梯形矩阵，显然行阶梯形矩阵的秩就等于其非零的行数. 那么能否将矩阵化为行阶梯形矩阵来求它的秩呢？有如下的定理.

定理 2.7 矩阵的初等变换不改变矩阵的秩.

由于可逆矩阵可以表示成一些初等矩阵的乘积，再由初等变换和初等矩阵的关系可得如下结论.

推论 2.3 设 $\boldsymbol{P},\ \boldsymbol{Q}$ 都是可逆矩阵，则 $R(\boldsymbol{PAQ})=R(\boldsymbol{PA})=R(\boldsymbol{AQ})=R(\boldsymbol{A})$.

例 2.21 求矩阵 $\boldsymbol{A}$ 的秩，其中

$$\boldsymbol{A}=\begin{pmatrix}3&2&0&5&0\\3&-2&3&6&-1\\2&0&1&5&-3\\1&6&-4&-1&4\end{pmatrix}.$$

解 $$\boldsymbol{A}=\begin{pmatrix}3&2&0&5&0\\3&-2&3&6&-1\\2&0&1&5&-3\\1&6&-4&-1&4\end{pmatrix}\sim\begin{pmatrix}1&6&-4&-1&4\\0&-4&3&1&-1\\0&-12&9&7&-11\\0&-16&12&8&-12\end{pmatrix}$$

$$\sim\begin{pmatrix}1&6&-4&-1&4\\0&-4&3&1&-1\\0&0&0&4&-8\\0&0&0&4&-8\end{pmatrix}\sim\begin{pmatrix}1&6&-4&-1&4\\0&-4&3&1&-1\\0&0&0&4&-8\\0&0&0&0&0\end{pmatrix},$$

因此 $R(\boldsymbol{A})=3$.

例 2.22 求矩阵 $\boldsymbol{A}$ 与 $\boldsymbol{B}$ 的秩,其中

$$\boldsymbol{A}=\begin{pmatrix}1&-2&2&-1\\2&-4&8&0\\-2&4&-2&3\\3&-6&0&-6\end{pmatrix},\ \vec{b}=\begin{pmatrix}1\\2\\3\\4\end{pmatrix},\ \boldsymbol{B}=(\boldsymbol{A}\mid\vec{b}).$$

解 $$\boldsymbol{B}=(\boldsymbol{A}\mid\vec{b})=\begin{pmatrix}1&-2&2&-1&1\\2&-4&8&0&2\\-2&4&-2&3&3\\3&-6&0&-6&4\end{pmatrix}\sim\begin{pmatrix}1&-2&2&-1&1\\0&0&4&2&0\\0&0&2&1&5\\0&0&-6&-3&1\end{pmatrix}$$

$$\sim\begin{pmatrix}1&-2&2&-1&1\\0&0&2&1&0\\0&0&0&0&5\\0&0&0&0&1\end{pmatrix}\sim\begin{pmatrix}1&-2&2&-1&1\\0&0&2&1&0\\0&0&0&0&1\\0&0&0&0&0\end{pmatrix}$$

因此 $R(\boldsymbol{A})=2,\ R(\boldsymbol{B})=3$.

矩阵的秩有如下性质:

(1) $0\leqslant R(\boldsymbol{A}_{m\times n})\leqslant\min\{m,\ n\}$;

(2) $R(\boldsymbol{A}^T)=R(\boldsymbol{A})$;

(3) 若 $\boldsymbol{A}\sim\boldsymbol{B}$,则 $R(\boldsymbol{A})=R(\boldsymbol{B})$;

(4) 若 $\boldsymbol{P},\ \boldsymbol{Q}$ 可逆,则 $R(\boldsymbol{PAQ})=R(\boldsymbol{A})$;

(5) $R(\boldsymbol{AB})\leqslant\min\{R(\boldsymbol{A}),\ R(\boldsymbol{B})\}$;

(6) $\max\{R(\boldsymbol{A}),\ R(\boldsymbol{B})\}\leqslant R(\boldsymbol{A},\ \boldsymbol{B})\leqslant R(\boldsymbol{A})+R(\boldsymbol{B})$;

(7) 若 $\boldsymbol{A}_{m\times n}\boldsymbol{B}_{n\times l}=\boldsymbol{O}$,则 $R(\boldsymbol{A})+R(\boldsymbol{B})\leqslant n$;

(8) $R(\boldsymbol{A}+\boldsymbol{B})\leqslant R(\boldsymbol{A})+R(\boldsymbol{B})$.

第七节 数学实验 2: 矩阵的运算

一、矩阵的输入

MATLAB 是以矩阵为基本变量单元的,因此矩阵的输入非常方便.可以输入元素列表;

或从外部数据文件中读取矩阵;或利用 MATLAB 内部函数产生矩阵;或用户自己编写 M 文件产生矩阵.

注 1: 行中的元素以空格或逗号间隔;行之间用分号或回车换行间隔;整个元素列表用方括号括起来. 在方括号的末尾,可以用回车或分号结束. 用回车结束,显示所输入的矩阵;用分号结束,所输入的矩阵不显示.

注 2: 向量也是用方括号[ ]括起来.

例 2.23 输入矩阵 $\boldsymbol{A}=\begin{pmatrix}1&-1&0\\2&2&3\\-1&2&1\end{pmatrix}$,在命令窗口中输入

```
>>A=[1 -1 0;2 2 3;-1 2 1]
A=
     1    -1     0
     2     2     3
    -1     2     1
```

若输入符号矩阵 $\boldsymbol{A}=\begin{pmatrix}1&x&0\\2&2&3\\-1&2&1\end{pmatrix}$, 则需输入

```
>>syms  x
>>A=[1 x 0;2 2 3;-1 2 1]
```

注: 用函数 syms 定义符号矩阵,再有

```
>> A(i,:)          %表示输出矩阵 A 的第 i 行的元素
>> A(:,j)          %表示输出矩阵 A 的第 j 列的元素
>> A(i,j)          %表示输出矩阵 A 的第 i 行第 j 列的元素
>> A=[1:n]         %表示输出第一行从 1,2,3 至 n 的数
>> A(2,1:end)      %表示输出从第二行第 1 个至最后一个元素
>> size(A)         %表示 A 的行数与列数
```

二、常用矩阵的生成

```
zeros(m,n)  (生成一个 m 行 n 列的零矩阵)
ones(m,n)   (生成一个 m 行 n 列元素都是 1 的矩阵)
eye(n)      (生成一个 n 阶的单位矩阵)
rand(m,n)   (生成一个 m 行 n 列的随机矩阵)
```

三、运算符

常见的矩阵运算符: +(加)、-(减)、*(乘)、/(右除)、\(左除)、^(乘方)、'(转置)等.

常用运算函数: det(A)(行列式)、inv(A)(逆矩阵)、rank(A)(秩)、rref(A)(化矩阵为行最简形)等.

注: 左除\用于方程 $\boldsymbol{AX}=\boldsymbol{B}$ 求 $\boldsymbol{A}^{-1}\boldsymbol{B}$, $\boldsymbol{A}$ 可逆时.

四、实例

例 2.24 设 $\boldsymbol{A}=\begin{pmatrix}1 & 2 & -1\\0 & 1 & 2\\-3 & 6 & 4\end{pmatrix}$, $\boldsymbol{B}=\begin{pmatrix}-1 & 0 & 1\\0 & 2 & 2\\3 & 5 & 1\end{pmatrix}$,求 $\boldsymbol{A}^T$, $\boldsymbol{A}+\boldsymbol{B}$, $\boldsymbol{AB}$, $\boldsymbol{A}^2$.

```
>>clear;
>>A=[1 2 -1;0 1 2;-3 6 4]
A=
     1     2    -1
     0     1     2
    -3     6     4
>> B=[-1 0 1;0 2 2;3 5 1]
B=
    -1     0     1
     0     2     2
     3     5     1
>> A'
ans=
     1     0    -3
     2     1     6
    -1     2     4
>> A+B
ans=
     0     2     0
     0     3     4
     0    11     5
>>A*B
ans=
    -4    -1     4
     6    12     4
    15    32    13
>>A^2
ans=
     4    -2    -1
    -6    13    10
   -15    24    31
```

例 2.25 求 $\boldsymbol{A}=\begin{pmatrix}1 & 2 & 3\\2 & 2 & 1\\3 & 4 & 3\end{pmatrix}$ 的逆矩阵.

解法 1

```
>>A=[1 2 3; 2 2 1; 3 4 3];
>>inv(A)
ans=
        1.0000     3.0000    -2.0000
       -1.5000    -3.0000     2.5000
        1.0000     1.0000    -1.0000
```

解法 2　利用初等行变换.

```
>>B=[1 2 3 1 0 0; 2 2 1 0 1 0; 3 4 3 0 0 1];
>>rref(B)
ans=
       1.0000          0          0     1.0000     3.0000    -2.0000
            0     1.0000          0    -1.5000    -3.0000     2.5000
            0          0     1.0000     1.0000     1.0000    -1.0000
```

注：若矩阵输出的元素不是小数,则需如下指令：

```
>>A=sym([1 2 3; 2 2 1; 3 4 3]);
>>inv(A)
ans=
          1        3       -2
       -3/2       -3      5/2
          1        1       -1
```

例 2.26　解方程组 $\boldsymbol{AX}=\boldsymbol{B}$,其中 $\boldsymbol{A}=\begin{pmatrix}2 & 5\\1 & 3\end{pmatrix}$, $\boldsymbol{B}=\begin{pmatrix}4 & -6\\2 & 1\end{pmatrix}$.

```
>>A=[2 5;1 3];B=[4 -6;2 1];
>>X=A\B
X=
    2   -23
    0     8
```

或者

```
>>clear;
>>A=[2 5;1 3];B=[4 -6;2 1];
>>X=inv(A)*B
```

例 2.27　求矩阵 $\boldsymbol{A}=\begin{pmatrix}1 & -1 & 3\\2 & -1 & -1\\3 & -2 & 2\end{pmatrix}$ 的秩.

```
>>A=[1 -1 3;2 -1 -1;3 -2 2];
>>rank(A)
                       2
```

本章小结

一、思维导图

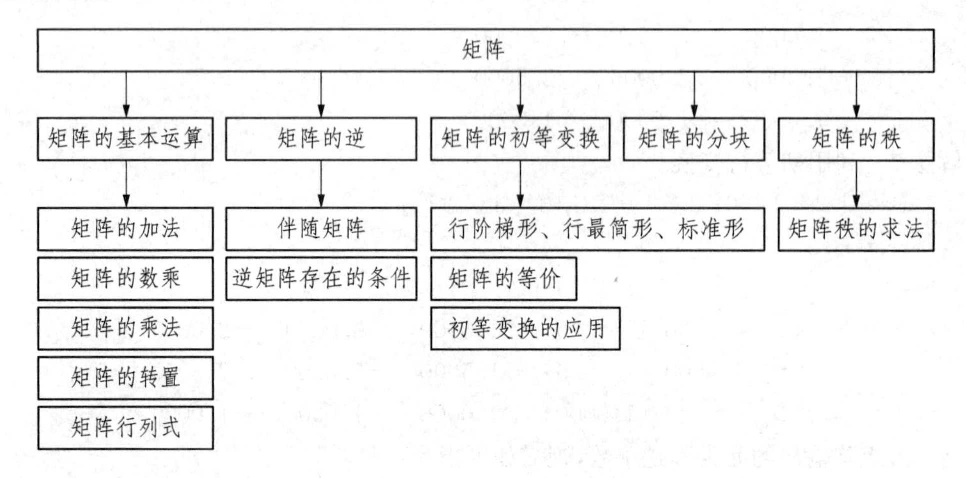

二、知识总结

1. 矩阵的定义

(1) 矩阵的实质：矩阵$(a_{ij})_{m\times n}$是由m行n列元素组成的一个数表.

(2) 矩阵与行列式在形式上有些类似，但在意义上完全不同. 一个n阶行列式是由n行n列元素表示的一个算式，计算结果是一个数；而$m\times n$矩阵是由m行n列元素表示的一个数表，这里可以有$m\neq n$的情况.

(3) 一些特殊形式的矩阵.

2. 矩阵的计算

(1) 只有两个同型矩阵方能进行矩阵加法、减法运算.

(2) 只有当左矩阵$\boldsymbol{A}$的列数等于右矩阵$\boldsymbol{B}$的行数时，两个矩阵才能相乘得矩阵$\boldsymbol{AB}$.

(3) 矩阵乘法运算与数的乘法运算有如下的区别：

① 在数量运算中，若$ab=0$，则必有$a=0$、$b=0$或$a=0$且$b=0$. 但在矩阵乘法运算中，当$\boldsymbol{AB}=\boldsymbol{O}$时，则未必有$\boldsymbol{A}=\boldsymbol{O}$或$\boldsymbol{B}=\boldsymbol{O}$.

② 矩阵乘法不满足交换律. 一般地，$\boldsymbol{AB}\neq\boldsymbol{BA}$，$(\boldsymbol{AB})^k\neq\boldsymbol{A}^k\boldsymbol{B}^k$.

(4) 虽然，对于n阶方阵$\boldsymbol{A}$，$\boldsymbol{B}$，一般地$\boldsymbol{AB}\neq\boldsymbol{BA}$，但总有$|\boldsymbol{AB}|=|\boldsymbol{BA}|=|\boldsymbol{A}||\boldsymbol{B}|$.

3. 逆矩阵

(1) 矩阵有加法、减法、数乘法及乘法，但由于矩阵乘法不满足交换律，因此没有除法，相应地有逆矩阵的概念.

(2) 对于n阶矩阵$\boldsymbol{A}$总有$\boldsymbol{A}^*\boldsymbol{A}=\boldsymbol{AA}^*=|\boldsymbol{A}|\boldsymbol{E}$，不管$\boldsymbol{A}$是否可逆，这在一些理论推导时很有用.

(3) 伴随矩阵法通常在求二阶矩阵或较特殊的三阶矩阵的逆矩阵中有实际意义，但对于阶数较高的矩阵，由于伴随矩阵法计算量大，容易出错，用初等变换法求逆矩阵更方便.

4. 矩阵的分块

(1) 分块矩阵的定义和几种计算方法，特别需要注意分块矩阵的乘法和分块对角矩阵的定义.

(2) 分块矩阵在简化矩阵运算和处理一些理论问题中常用到,尤其分块对角矩阵的运算性质在后续课中应用很广,要熟练掌握.

5. 矩阵的秩

(1) 矩阵秩的定义和求矩阵秩的方法,在后续课中应用很广,要熟练掌握.

(2) 矩阵秩的各种性质.

习题二

一、选择题

1. 已知矩阵 $\boldsymbol{A}_{3\times2}$, $\boldsymbol{B}_{2\times3}$, $\boldsymbol{C}_{3\times3}$,下列运算有意义的是( ).

A. $\boldsymbol{AC}$ B. $\boldsymbol{CB}$ C. $\boldsymbol{BC}$ D. $\boldsymbol{AB}-\boldsymbol{BC}$

2. 已知矩阵 $\boldsymbol{A}_{3\times2}$, $\boldsymbol{B}_{2\times3}$, $\boldsymbol{C}_{3\times3}$,下列运算无意义的是( ).

A. $\boldsymbol{ABC}$ B. $\boldsymbol{BCA}$ C. $\boldsymbol{CAB}$ D. $\boldsymbol{BAC}$

3. 设 $\boldsymbol{A}$ 是 3×4 矩阵,$\boldsymbol{B}$ 是 3×5 矩阵,如果 $\boldsymbol{AC}^T\boldsymbol{B}$ 有意义,则 $\boldsymbol{C}$ 是( )矩阵.

A. 3×4 B. 3×5 C. 5×3 D. 5×4

4. 设 $\boldsymbol{A}$ 是 3×4 矩阵,$\boldsymbol{B}$ 是 5×3 矩阵,如果 $\boldsymbol{AC}^T\boldsymbol{B}$ 有意义,则 $\boldsymbol{C}$ 是( )矩阵.

A. 3×4 B. 3×5 C. 5×3 D. 5×4

5. 下列矩阵中不满足等式 $\boldsymbol{A}^2=-\boldsymbol{E}$ 的是( ).

A. $\begin{pmatrix}1 & -2\\1 & -1\end{pmatrix}$ B. $\begin{pmatrix}-1 & -2\\1 & 1\end{pmatrix}$ C. $\begin{pmatrix}1 & -2\\1 & 1\end{pmatrix}$ D. $\begin{pmatrix}1 & 1\\-2 & -1\end{pmatrix}$

6. 设 $\boldsymbol{A}$ 是方阵,如有矩阵关系式 $\boldsymbol{AB}=\boldsymbol{AC}$,则必有( ).

A. $\boldsymbol{A}=\boldsymbol{O}$ B. $\boldsymbol{B}\neq\boldsymbol{C}$ 时 $\boldsymbol{A}=\boldsymbol{O}$

C. $\boldsymbol{A}\neq\boldsymbol{O}$ 时 $\boldsymbol{B}=\boldsymbol{C}$ D. $|\boldsymbol{A}|\neq0$ 时 $\boldsymbol{B}=\boldsymbol{C}$

7. 以下等式正确的是( ).

A. $\begin{pmatrix}ka & b\\kc & d\end{pmatrix}=k\begin{pmatrix}a & b\\c & d\end{pmatrix}$ B. $\begin{vmatrix}ka & kb\\kc & kd\end{vmatrix}=k\begin{vmatrix}a & b\\c & d\end{vmatrix}$

C. $\begin{pmatrix}a+c & b+d\\c & d\end{pmatrix}=\begin{pmatrix}a & b\\c & d\end{pmatrix}$ D. $\begin{vmatrix}a & b\\c & d\end{vmatrix}=\begin{vmatrix}d & c\\b & a\end{vmatrix}$

8. 设 $\boldsymbol{A}$, $\boldsymbol{B}$ 为 n 阶矩阵,下列运算正确的是( ).

A. $(\boldsymbol{AB})^k=\boldsymbol{A}^k\boldsymbol{B}^k$ B. $|-\boldsymbol{A}|=-|\boldsymbol{A}|$

C. $\boldsymbol{A}^2-\boldsymbol{B}^2=(\boldsymbol{A}-\boldsymbol{B})(\boldsymbol{A}+\boldsymbol{B})$ D. 若 $\boldsymbol{A}$ 可逆,$k\neq0$,则 $(k\boldsymbol{A})^{-1}=k^{-1}\boldsymbol{A}^{-1}$

9. 设 $\boldsymbol{A}$, $\boldsymbol{B}$ 为 n 阶方阵,则下列等式成立的是( ).

A. $\boldsymbol{AB}=\boldsymbol{BA}$ B. $(\boldsymbol{AB})^{-1}=\boldsymbol{A}^{-1}\boldsymbol{B}^{-1}$

C. $|\boldsymbol{AB}|=|\boldsymbol{BA}|$ D. $(\boldsymbol{AB})^T=\boldsymbol{A}^T\boldsymbol{B}^T$

10. 设 $\boldsymbol{A}$, $\boldsymbol{B}$ 为 n 阶方阵,则下列等式不成立的是( ).

A. $(\boldsymbol{AB})^{-1}=\boldsymbol{B}^{-1}\boldsymbol{A}^{-1}$ B. $|\boldsymbol{AB}|=|\boldsymbol{BA}|$

C. $(\boldsymbol{AB})^2=\boldsymbol{B}^2\boldsymbol{A}^2$ D. $(\boldsymbol{AB})^T=\boldsymbol{B}^T\boldsymbol{A}^T$

11. 设 $\boldsymbol{A}$, $\boldsymbol{B}$ 均为 n 阶方矩阵,则必有( ).

A. $|\boldsymbol{A}+\boldsymbol{B}|=|\boldsymbol{A}|+|\boldsymbol{B}|$ B. $\boldsymbol{AB}=\boldsymbol{BA}$

C. $|\boldsymbol{AB}|=|\boldsymbol{BA}|$ D. $|\boldsymbol{A}|^2=|\boldsymbol{B}|^2$

12. 已知$\begin{pmatrix}2-a & 1 & 0\\ 1 & 1 & 0\\ 0 & 0 & 3\end{pmatrix}$是可逆矩阵,则(　　).

A. $a\neq 2$ B. $a=2$ C. $a\neq 1$ D. $a=1$

13. 设$\boldsymbol{A}$为三阶方阵,且$|\boldsymbol{A}|=2$,则$|-2\boldsymbol{A}^{-1}|=$(　　).

A. -4 B. -8 C. -16 D. -1

14. 设$\boldsymbol{A}$为三阶方阵,且$|\boldsymbol{A}|=2$,则$|(2\boldsymbol{A})^{-1}|=$(　　).

A. 1 B. $\frac{1}{2}$ C. $\frac{1}{4}$ D. $\frac{1}{16}$

15. 设$\boldsymbol{A}$, $\boldsymbol{B}$为n阶可逆矩阵,下面各式恒正确的是(　　).

A. $|(\boldsymbol{A}+\boldsymbol{B})^{-1}|=|\boldsymbol{A}^{-1}|+|\boldsymbol{B}^{-1}|$ B. $|(\boldsymbol{AB})^T|=|\boldsymbol{A}||\boldsymbol{B}|$

C. $|(\boldsymbol{A}^{-1}+\boldsymbol{B})^T|=|\boldsymbol{A}^{-1}|+|\boldsymbol{B}|$ D. $(\boldsymbol{A}+\boldsymbol{B})^{-1}=\boldsymbol{A}^{-1}+\boldsymbol{B}^{-1}$

16. 设$\boldsymbol{A}$, $\boldsymbol{B}$是$m\times n$矩阵,则下列各式成立的是(　　).

A. $R(\boldsymbol{A}+\boldsymbol{B})\leqslant R(\boldsymbol{A})$ B. $R(\boldsymbol{A}+\boldsymbol{B})\leqslant R(\boldsymbol{B})$

C. $R(\boldsymbol{A}+\boldsymbol{B})<R(\boldsymbol{A})+R(\boldsymbol{B})$ D. $R(\boldsymbol{A}+\boldsymbol{B})\leqslant R(\boldsymbol{A})+R(\boldsymbol{B})$

二、填空题

1. 设$\boldsymbol{A}=\begin{pmatrix}1 & -1 & 1\\ 1 & 1 & -1\end{pmatrix}$, $\boldsymbol{B}=\begin{pmatrix}1 & 2 & 3\\ -1 & -2 & 4\end{pmatrix}$,则$\boldsymbol{A}-2\boldsymbol{B}=$ ________.

2. 设$\boldsymbol{A}=\begin{pmatrix}1 & 0 & 1 & 3\\ -2 & 1 & 0 & 1\\ 1 & 2 & -1 & 4\end{pmatrix}$, $\boldsymbol{B}=\begin{pmatrix}4 & 3 & 2 & -1\\ -2 & 1 & 0 & 1\\ 0 & -1 & -2 & 1\end{pmatrix}$,则$\boldsymbol{A}-3\boldsymbol{B}=$ ________.

3. 已知$\boldsymbol{A}=\begin{pmatrix}-1 & 2\\ 1 & 1\end{pmatrix}$, $\boldsymbol{B}=\begin{pmatrix}1 & 0\\ -1 & 2\end{pmatrix}$,则$\boldsymbol{BA}=$ ________.

4. 已知$\boldsymbol{A}=\begin{pmatrix}-1 & 2\\ 1 & 1\end{pmatrix}$, $\boldsymbol{B}=\begin{pmatrix}1 & 0\\ -1 & 2\end{pmatrix}$,则$\boldsymbol{AB}=$ ________.

5. $\begin{pmatrix}1 & 0 & 0\\ 0 & 1 & 0\\ 2 & 0 & 1\end{pmatrix}\begin{pmatrix}2 & 0 & 1\\ 1 & 4 & 0\\ -1 & 0 & 3\end{pmatrix}\begin{pmatrix}1 & 0 & 0\\ 0 & 0 & 1\\ 0 & 1 & 0\end{pmatrix}=$ ________.

6. 已知$\boldsymbol{A}=\begin{pmatrix}1 & 2\\ 0 & -1\end{pmatrix}$,则$\boldsymbol{A}^*=$ ________.

7. 已知$\boldsymbol{A}=\begin{pmatrix}1 & 2\\ 0 & -1\end{pmatrix}$,则$\boldsymbol{A}^{-1}=$ ________.

8. 已知$\boldsymbol{A}=\begin{pmatrix}2 & -1\\ 5 & -3\end{pmatrix}$,则$A^{-1}=$ ________.

9. 设$\boldsymbol{A}$为三阶方阵,且$|\boldsymbol{A}|=\frac{1}{3}$,则$|(3\boldsymbol{A})^{-1}|=$ ________.

10. 设$\boldsymbol{A}$为三阶方阵,且$|\boldsymbol{A}|=\frac{1}{3}$,则$|-2\boldsymbol{A}^*|=$ ________.

11. 设 $\boldsymbol{A}=\begin{pmatrix}1&2&1&0\\2&-1&2&1\\0&2&3&-1\end{pmatrix}$，$\boldsymbol{B}=\begin{pmatrix}4&0&2&1\\-2&1&2&3\\0&-1&0&1\end{pmatrix}$，且 $\boldsymbol{A}+\boldsymbol{X}=2\boldsymbol{B}$，则 $\boldsymbol{X}=$ ________.

12. 设 $\boldsymbol{A}$ 为三阶矩阵，且 $|\boldsymbol{A}|=2$，则 $|3\boldsymbol{A}|=$ ________.

13. 设 $\boldsymbol{A}$ 为 n 阶方阵，$\boldsymbol{E}$ 为 n 阶单位阵，且 $\boldsymbol{A}^2=\boldsymbol{E}$，则行列式 $|\boldsymbol{A}|=$ ________.

14. 若 $\boldsymbol{A}$ 为三阶可逆矩阵，则 $R(\boldsymbol{A}^*)=$ ________.

15. 非零矩阵 $\begin{pmatrix}a_1b_1&a_1b_2&\cdots&a_1b_n\\a_2b_1&a_2b_2&\cdots&a_2b_n\\\vdots&\vdots&&\vdots\\a_nb_1&a_nb_2&\cdots&a_nb_n\end{pmatrix}$ 的秩为________.

16. 设 $\boldsymbol{A}$ 是 4×3 矩阵，$R(\boldsymbol{A})=3$，若 $\boldsymbol{B}=\begin{pmatrix}1&0&2\\0&2&0\\0&0&3\end{pmatrix}$，则 $R(\boldsymbol{AB})=$ ________.

17. 若 $\boldsymbol{A}$，$\boldsymbol{B}$ 为 5 阶方阵，$\boldsymbol{A}$ 可逆，且 $R(\boldsymbol{B})=4$，则 $R(\boldsymbol{AB})=$ ________.

18. $\boldsymbol{E}(1,3(3))\begin{pmatrix}2&1&0\\1&1&1\\3&0&2\end{pmatrix}\boldsymbol{E}(1(2))=$ ________.

三、计算题

1. 已知矩阵满足 $\boldsymbol{XA}=\boldsymbol{B}$，其中 $\boldsymbol{A}=\begin{pmatrix}1&3&0\\2&6&1\\0&1&1\end{pmatrix}$，$\boldsymbol{B}=\begin{pmatrix}1&2&0\\0&1&3\end{pmatrix}$，求 $\boldsymbol{X}$.

2. 已知 $2\boldsymbol{X}=\boldsymbol{AX}+\boldsymbol{B}$，其中 $\boldsymbol{A}=\begin{pmatrix}2&1\\1&-1\end{pmatrix}$，$\boldsymbol{B}=\begin{pmatrix}1&2\\-2&1\end{pmatrix}$，求 $\boldsymbol{X}$.

3. 设三阶矩阵 $\boldsymbol{X}$ 满足等式 $\boldsymbol{AX}=\boldsymbol{B}+2\boldsymbol{X}$，其中 $\boldsymbol{A}=\begin{pmatrix}3&1&1\\0&1&2\\0&0&4\end{pmatrix}$，$\boldsymbol{B}=\begin{pmatrix}1&1&0\\1&0&2\\2&0&2\end{pmatrix}$，求 $\boldsymbol{X}$.

4. 求下列矩阵的逆矩阵：

(1) $\begin{pmatrix}0&0&1\\1&1&2\\1&2&-1\end{pmatrix}$；(2) $\begin{pmatrix}1&2&-1\\3&4&2\\0&1&-2\end{pmatrix}$；(3) $\begin{pmatrix}1&0&1\\1&-1&0\\0&1&2\end{pmatrix}$；(4) $\begin{pmatrix}0&1&1\\1&0&1\\-3&2&0\end{pmatrix}$.

5. 已知 $\boldsymbol{A}=\begin{pmatrix}3&0&1\\1&-1&0\\0&1&4\end{pmatrix}$，$\boldsymbol{B}=\begin{pmatrix}1&2&1\\0&1&-1\\-1&0&2\end{pmatrix}$，求 $\boldsymbol{AB}^T$.

6. 已知 $\boldsymbol{A}=\begin{pmatrix}1&1&2\\-1&2&0\\2&1&3\end{pmatrix}$，$\boldsymbol{B}=\begin{pmatrix}1&2&0\\0&1&-1\\1&0&2\end{pmatrix}$，求 $\boldsymbol{A}^T\boldsymbol{B}$.

7. 已知 $\boldsymbol{A}=\begin{pmatrix}1&0&0\\-1&1&0\\0&2&1\end{pmatrix}$，$\boldsymbol{B}=\begin{pmatrix}1&3&1\\0&1&-1\\0&0&2\end{pmatrix}$，求 $\boldsymbol{A}^T\boldsymbol{B}-2\boldsymbol{A}$.

8. 已知矩阵 $\boldsymbol{A}=\begin{pmatrix}1&-1&3\\1&-2&1\end{pmatrix}$, $\boldsymbol{B}=\begin{pmatrix}-1&1&2&3\\3&0&-1&1\\2&2&1&2\end{pmatrix}$,求$(\boldsymbol{AB})^T$、$\boldsymbol{B}^T\boldsymbol{A}^T$.

9. 求下列矩阵的秩:

(1) $\begin{pmatrix}3&1&0&2\\1&-1&2&-1\\1&3&-4&4\end{pmatrix}$; (2) $\begin{pmatrix}1&-2&3&-1\\3&-1&5&-3\\2&1&2&-2\end{pmatrix}$;

(3) $\begin{pmatrix}3&2&-1&-3&-1\\2&-1&3&1&-3\\7&0&5&-1&-8\end{pmatrix}$; (4) $\begin{pmatrix}2&1&8&3&7\\2&-3&0&7&-5\\3&-2&5&8&0\\1&0&3&2&0\end{pmatrix}$.

10. 设矩阵 $\boldsymbol{A}=\begin{pmatrix}a&1&1&1\\1&a&1&1\\1&1&a&1\\1&1&1&a\end{pmatrix}$,若已知 $\boldsymbol{A}$ 的秩为3,求 a.

11. 求矩阵 $\boldsymbol{A}=\begin{pmatrix}3&-2&0&0\\5&-3&0&0\\0&0&3&4\\0&0&1&2\end{pmatrix}$ 的逆矩阵.

12. 已知 $\boldsymbol{AP}=\boldsymbol{PB}$,其中

$$\boldsymbol{B}=\begin{pmatrix}1&0&0\\0&0&0\\0&0&-1\end{pmatrix},\ \boldsymbol{P}=\begin{pmatrix}1&0&0\\2&-1&0\\2&1&1\end{pmatrix},$$

求 $\boldsymbol{A}$ 及 $\boldsymbol{A}^5$.

13. 已知 n 阶方阵

$$\boldsymbol{A}=\begin{pmatrix}2&2&2&\cdots&2\\0&1&1&\cdots&1\\0&0&1&\cdots&1\\\vdots&\vdots&\vdots&&\vdots\\0&0&0&\cdots&1\end{pmatrix},$$

求 $\boldsymbol{A}$ 中所有元素的代数余子式之和.

四、证明题

1. 设 n 阶方阵 $\boldsymbol{A}$ 满足 $\boldsymbol{A}^2-\boldsymbol{A}-2\boldsymbol{E}=\boldsymbol{O}$,证明矩阵 $\boldsymbol{A}+2\boldsymbol{E}$ 可逆,并求其逆矩阵.

2. 设 n 阶方阵 $\boldsymbol{A}$ 满足 $\boldsymbol{A}^2-5\boldsymbol{A}+5\boldsymbol{E}=\boldsymbol{O}$,证明矩阵 $\boldsymbol{A}-2\boldsymbol{E}$ 可逆,并求其逆矩阵.

3. 设 $\boldsymbol{A}^2=\boldsymbol{A}$, $\boldsymbol{A}\neq\boldsymbol{E}$,证明 $|\boldsymbol{A}|=0$.

4. 设 $\boldsymbol{A}$ 是 n 阶矩方阵,$\boldsymbol{E}$ 是 n 阶单位矩阵,$\boldsymbol{A}+\boldsymbol{E}$ 可逆,且 $f(\boldsymbol{A})=(\boldsymbol{E}-\boldsymbol{A})(\boldsymbol{E}+\boldsymbol{A})^{-1}$,证明:

(1) $[\boldsymbol{E}+f(\boldsymbol{A})](\boldsymbol{E}+\boldsymbol{A})=2\boldsymbol{E}$; (2) $f[f(\boldsymbol{A})]=\boldsymbol{A}$.

第三章

n 维向量

【学习目标】

1. 理解 n 维向量及线性组合的概念.
2. 掌握线性表示的判断方法.
3. 能熟练判断向量组的线性相关性.
4. 会求向量组的秩和极大无关组.
5. 理解向量空间的概念,会求向量空间的基和维数.
6. 掌握向量的内积、长度,会求标准正交基.

初等数学中介绍了平面几何上的二维向量，高等数学中又介绍了解析几何上“既有大小又有方向”的三维向量，在此基础上，通过定义 n 维向量的概念和运算，研究向量组的线性相关性，从而给出 n 维向量空间的基、维数及坐标等重要概念.

第一节 n 维向量及其线性运算

一、n 维向量的概念

定义 3.1 一个由 n 个数 $a_1, a_2, \cdots, a_n$ 组成的有序数组称为一个 n 维向量，这 n 个数称为该向量的 n 个分量，其中第 i 个数 a_i 称为第 i 个分量.

注：

(1) 分量全为实数的向量称为实向量，分量不全为实数的向量称为复向量，除特殊说明，一般只研究实向量.

(2) 向量可以写成一行：

$$(a_1, a_2, \cdots, a_n),$$

也可写成一列：

$$\begin{pmatrix} a_1 \\ a_2 \\ \vdots \\ a_n \end{pmatrix}.$$

分别称为行向量和列向量，也就是特殊的行矩阵和列矩阵，因此它们之间的运算也应遵循矩阵的运算规则.

(3) 通常用黑体小写字母 $\boldsymbol{a}, \boldsymbol{b}, \boldsymbol{\alpha}, \boldsymbol{\beta}$ 等来表示列向量，而行向量则用 $\boldsymbol{a}^T, \boldsymbol{b}^T, \boldsymbol{\alpha}^T, \boldsymbol{\beta}^T$ 等表示，即将行向量看作列向量的转置.

(4) $n=2$ 时的二维向量就是平面解析几何中的向量——既有大小又有方向的量，并且平面解析几何中是以可随意平行移动的有向线段作为向量的几何形象，即大小相等、方向一致的向量认为是同一个向量.

而当 $n=3$ 时，在引入三维笛卡儿直角坐标系后，定义了向量的坐标表达式(即三元有序组)，即三维向量.

当 $n>3$ 时，虽然 n 维向量就不再具有这种几何形象了，但仍沿用这些说法和记号.

特殊地，每个分量都是零的向量称为**零向量**，记做 $\mathbf{0}$.

形如 $\boldsymbol{e}_1=(1, 0, \cdots, 0)^T$, $\boldsymbol{e}_2=(0, 1, \cdots, 0)^T$, $\cdots$, $\boldsymbol{e}_n=(0, 0, \cdots, 1)^T$ 统称为 **n 维单位向量**.

若两个 n 维向量 $\boldsymbol{a}=(a_1, a_2, \cdots, a_n)^T$ 与 $\boldsymbol{b}=(b_1, b_2, \cdots, b_n)^T$ 的对应元素相等，即

$a_i = b_i (i = 1, 2, \cdots, n)$,则称向量 $\boldsymbol{a}$ 与 $\boldsymbol{b}$ 相等,记作 $\boldsymbol{a} = \boldsymbol{b}$.

二、n 维向量的线性运算

由于向量也可以看成特殊的矩阵,因此矩阵的运算和运算规律也适用于向量,这里主要定义向量的加法和数乘运算.

定义 3.2 两个 n 维向量 $\boldsymbol{a} = (a_1, a_2, \cdots, a_n)^T$ 与 $\boldsymbol{b} = (b_1, b_2, \cdots, b_n)^T$ 对应分量之和组成的向量,称为向量 $\boldsymbol{a}$ 与 $\boldsymbol{b}$ 的和向量,记作 $\boldsymbol{a} + \boldsymbol{b}$,即

$$\boldsymbol{a} + \boldsymbol{b} = (a_1 + b_1, a_2 + b_2, \cdots, a_n + b_n)^T.$$

对于向量 $\boldsymbol{a} = (a_1, a_2, \cdots, a_n)^T$,定义 $-\boldsymbol{a} = (-a_1, -a_2, \cdots, -a_n)^T$,称为向量 $\boldsymbol{a}$ 的**负向量**.

利用负向量的概念,可给出减法的定义:

$$\boldsymbol{a} - \boldsymbol{b} = (a_1 - b_1, a_2 - b_2, \cdots, a_n - b_n)^T.$$

向量的加法满足下列运算规律(设 $\boldsymbol{a}, \boldsymbol{b}, \boldsymbol{c}$ 为 n 维向量,$\boldsymbol{0}$ 为零向量):

(1) $\boldsymbol{a} + \boldsymbol{b} = \boldsymbol{b} + \boldsymbol{a}$;

(2) $\boldsymbol{a} + \boldsymbol{b} + \boldsymbol{c} = \boldsymbol{a} + (\boldsymbol{b} + \boldsymbol{c})$;

(3) $\boldsymbol{a} + \boldsymbol{0} = \boldsymbol{a}$;

(4) $\boldsymbol{a} + (-\boldsymbol{a}) = \boldsymbol{0}$.

定义 3.3 数 λ 与 n 维向量 $\boldsymbol{a} = (a_1, a_2, \cdots, a_n)^T$ 的乘积,称为向量的数量乘法,简称数乘,记作 $\lambda\boldsymbol{a}$ 或 $\boldsymbol{a}\lambda$,并规定

$$\lambda\boldsymbol{a} = \boldsymbol{a}\lambda = (\lambda a_1, \lambda a_2, \cdots, \lambda a_n)^T.$$

向量的数乘运算满足下列运算规律(设 $\boldsymbol{a}, \boldsymbol{b}$ 为 n 维向量,λ, μ 为任意常数):

(1) $1\boldsymbol{a} = \boldsymbol{a}$;

(2) $(\lambda\mu)\boldsymbol{a} = \lambda(\mu\boldsymbol{a}) = \mu(\lambda\boldsymbol{a})$;

(3) $(\lambda + \mu)\boldsymbol{a} = \lambda\boldsymbol{a} + \mu\boldsymbol{a}$;

(4) $\lambda(\boldsymbol{a} + \boldsymbol{b}) = \lambda\boldsymbol{a} + \lambda\boldsymbol{b}$.

向量的加法和数乘运算统称为**向量的线性运算**.

例 3.1 设向量

$$\boldsymbol{a}_1 = \begin{pmatrix} 0 \\ 1 \\ 1 \end{pmatrix}, \boldsymbol{a}_2 = \begin{pmatrix} 1 \\ 1 \\ 0 \end{pmatrix}, \boldsymbol{a}_3 = \begin{pmatrix} 3 \\ 4 \\ 0 \end{pmatrix}.$$

求 $\boldsymbol{a}_1 - \boldsymbol{a}_2$ 及 $2\boldsymbol{a}_1 + 3\boldsymbol{a}_2 - \boldsymbol{a}_3$.

解 $\boldsymbol{a}_1 - \boldsymbol{a}_2 = \begin{pmatrix} 0 \\ 1 \\ 1 \end{pmatrix} - \begin{pmatrix} 1 \\ 1 \\ 0 \end{pmatrix} = \begin{pmatrix} -1 \\ 0 \\ 1 \end{pmatrix}$.

$$2\boldsymbol{a}_1 + 3\boldsymbol{a}_2 - \boldsymbol{a}_3 = 2\begin{pmatrix} 0 \\ 1 \\ 1 \end{pmatrix} + 3\begin{pmatrix} 1 \\ 1 \\ 0 \end{pmatrix} - \begin{pmatrix} 3 \\ 4 \\ 0 \end{pmatrix} = \begin{pmatrix} 0 \\ 1 \\ 2 \end{pmatrix}.$$

第二节　向量组的线性相关性

一、向量组的线性组合

由若干个同维数的列(行)向量构成的集合称为一个**向量组**.

例如，$m\times n$ 阶矩阵 $\boldsymbol{A}$ 的 m 个 n 维行向量可构成一个行向量组，称为矩阵 $\boldsymbol{A}$ 的行向量组 $\boldsymbol{a}_1^T, \boldsymbol{a}_2^T, \cdots, \boldsymbol{a}_m^T$；反过来，任给一组 n 维行向量，都可以构成一个矩阵 $\boldsymbol{A}=(\boldsymbol{a}_1^T, \boldsymbol{a}_2^T, \cdots, \boldsymbol{a}_m^T)^T$，因此它们之间一一对应；类似地，$m\times n$ 矩阵 $\boldsymbol{A}$ 的 n 个 m 维列向量构成的列向量组 $\boldsymbol{a}_1, \boldsymbol{a}_2, \cdots, \boldsymbol{a}_n$，也与 $\boldsymbol{A}$ 构成一一对应关系，故也用大写字母表示向量组为 $\boldsymbol{A}$: $\boldsymbol{a}_1, \boldsymbol{a}_2, \cdots, \boldsymbol{a}_n$.

又比如，n 阶单位矩阵 $\boldsymbol{E}$ 对应的列向量组就是 n 维单位向量组 $\boldsymbol{E}$: $\boldsymbol{e}_1, \boldsymbol{e}_2, \cdots, \boldsymbol{e}_n$.

定义 3.4　给定向量组 $\boldsymbol{A}$: $\boldsymbol{a}_1, \boldsymbol{a}_2, \cdots, \boldsymbol{a}_m$, $k_1, k_2, \cdots, k_m$ 是任意一组实数，称向量

$$k_1\boldsymbol{a}_1+k_2\boldsymbol{a}_2+\cdots+k_m\boldsymbol{a}_m$$

是向量组 $\boldsymbol{A}$ 的一个**线性组合**，$k_1, k_2, \cdots, k_m$ 称为**组合系数**.

给定向量组 $\boldsymbol{A}$: $\boldsymbol{a}_1, \boldsymbol{a}_2, \cdots, \boldsymbol{a}_m$ 和向量 $\boldsymbol{b}$，若存在一组实数 $k_1, k_2, \cdots, k_m$，使得

$$\boldsymbol{b}=k_1\boldsymbol{a}_1+k_2\boldsymbol{a}_2+\cdots+k_m\boldsymbol{a}_m,$$

即 $\boldsymbol{b}$ 是向量组 $\boldsymbol{A}$ 的一个**线性组合**，称**向量 $\boldsymbol{b}$ 可由向量组 $\boldsymbol{A}$ 线性表示**(或**线性表出**).

注：

(1) 零向量一定可以由任意向量组线性表示，例如

$$\begin{pmatrix}0\\0\\0\end{pmatrix}=0\cdot\begin{pmatrix}1\\0\\0\end{pmatrix}+0\cdot\begin{pmatrix}0\\1\\0\end{pmatrix}+0\cdot\begin{pmatrix}0\\1\\1\end{pmatrix}\text{或}\begin{pmatrix}0\\0\\0\end{pmatrix}=2\cdot\begin{pmatrix}1\\0\\0\end{pmatrix}+3\cdot\begin{pmatrix}0\\1\\0\end{pmatrix}+1\cdot\begin{pmatrix}-2\\-3\\0\end{pmatrix}.$$

(2) 任一个 n 维向量 $\boldsymbol{a}=(a_1, a_2, \cdots, a_n)^T$ 都可由 n 维单位向量组 $\boldsymbol{e}_1, \boldsymbol{e}_2, \cdots, \boldsymbol{e}_n$ 线性表示，即

$$\boldsymbol{a}=a_1\boldsymbol{e}_1+a_2\boldsymbol{e}_2+\cdots+a_n\boldsymbol{e}_n.$$

例 3.2　验证

$$\boldsymbol{a}=\begin{pmatrix}3\\-1\\2\end{pmatrix}=3\begin{pmatrix}1\\0\\0\end{pmatrix}-\begin{pmatrix}0\\1\\0\end{pmatrix}+2\begin{pmatrix}0\\0\\1\end{pmatrix},$$

$$\boldsymbol{b}=\begin{pmatrix}2\\1\\2\end{pmatrix}=2\begin{pmatrix}1\\0\\0\end{pmatrix}+\begin{pmatrix}0\\1\\0\end{pmatrix}+2\begin{pmatrix}0\\0\\1\end{pmatrix}.$$

实际上，用方程组的语言来描述线性表示可以得到下面的定理：

定理 3.1　向量 $\boldsymbol{b}$ 可由向量组 $\boldsymbol{A}$ 线性表示的充分必要条件为方程组 $x_1\boldsymbol{a}_1+x_2\boldsymbol{a}_2+\cdots+x_m\boldsymbol{a}_m=\boldsymbol{b}$ 有解.

关于线性方程组是否有解将在本书第四章着重讨论.

另外,根据矩阵初等变换和秩的性质,易得出下面的结论:

定理 3.2 向量 $\boldsymbol{b}$ 可由向量组 $\boldsymbol{A}$: $\boldsymbol{a}_1, \boldsymbol{a}_2, \cdots, \boldsymbol{a}_m$ 线性表示的充分必要条件为矩阵 $\boldsymbol{A} = (\boldsymbol{a}_1, \boldsymbol{a}_2, \cdots, \boldsymbol{a}_m)$ 的秩等于矩阵 $\boldsymbol{B} = (\boldsymbol{a}_1, \boldsymbol{a}_2, \cdots, \boldsymbol{a}_m, \boldsymbol{b})$ 的秩,即 $R(\boldsymbol{A}) = R(\boldsymbol{B})$.

例 3.3 向量 $\boldsymbol{b} = \begin{pmatrix} 2 \\ 1 \\ 1 \\ 2 \end{pmatrix}$ 是否可由向量组 $\boldsymbol{a}_1 = \begin{pmatrix} 3 \\ 0 \\ 1 \\ 2 \end{pmatrix}$, $\boldsymbol{a}_2 = \begin{pmatrix} 2 \\ 3 \\ 0 \\ 1 \end{pmatrix}$, $\boldsymbol{a}_3 = \begin{pmatrix} 0 \\ 1 \\ 2 \\ 3 \end{pmatrix}$ 线性表示?

解 若向量 $\boldsymbol{b}$ 可由向量组 $\boldsymbol{a}_1, \boldsymbol{a}_2, \boldsymbol{a}_3$ 线性表示,则有

$$\boldsymbol{b} = k_1\boldsymbol{a}_1 + k_2\boldsymbol{a}_2 + k_3\boldsymbol{a}_3,$$

即

$$\begin{cases} 3k_1 + 2k_2 = 2, \\ 3k_2 + k_3 = 1, \\ k_1 + 2k_3 = 1, \\ 2k_1 + k_2 + 3k_3 = 2. \end{cases}$$

解得: $k_1 = \frac{1}{2}$, $k_2 = \frac{1}{4}$, $k_3 = \frac{1}{4}$.

因此有 $\boldsymbol{b} = \frac{1}{2}\boldsymbol{a}_1 + \frac{1}{4}\boldsymbol{a}_2 + \frac{1}{4}\boldsymbol{a}_3$.

例 3.4 试证 $\boldsymbol{b} = \begin{pmatrix} 1 \\ 1 \\ 2 \\ 4 \end{pmatrix}$ 不能由 $\boldsymbol{a}_1 = \begin{pmatrix} 0 \\ -2 \\ 1 \\ 1 \end{pmatrix}$, $\boldsymbol{a}_2 = \begin{pmatrix} 6 \\ 4 \\ 1 \\ 3 \end{pmatrix}$, $\boldsymbol{a}_3 = \begin{pmatrix} 3 \\ 1 \\ 1 \\ 2 \end{pmatrix}$ 线性表示.

证 由定理 3.2,设 $\boldsymbol{A} = (\boldsymbol{a}_1, \boldsymbol{a}_2, \boldsymbol{a}_3)$, $\boldsymbol{B} = (\boldsymbol{a}_1, \boldsymbol{a}_2, \boldsymbol{a}_3, \boldsymbol{b})$,即

$$\boldsymbol{B} = \begin{pmatrix} 0 & 6 & 3 & 1 \\ -2 & 4 & 1 & 1 \\ 1 & 1 & 1 & 2 \\ 1 & 3 & 2 & 4 \end{pmatrix} \sim \begin{pmatrix} 1 & 1 & 1 & 2 \\ 0 & 2 & 1 & 2 \\ 0 & 0 & 0 & 1 \\ 0 & 0 & 0 & 0 \end{pmatrix}$$

显然 $R(\boldsymbol{A}) = 2$, $R(\boldsymbol{B}) = 3$,也就是说 $R(\boldsymbol{A}) \neq R(\boldsymbol{B})$,因此,向量 $\boldsymbol{b}$ 不能由 $\boldsymbol{a}_1, \boldsymbol{a}_2, \boldsymbol{a}_3$ 线性表示.

二、向量组的等价

定义 3.5 设有两个 n 维向量组 $\boldsymbol{A}$: $\boldsymbol{a}_1, \boldsymbol{a}_2, \cdots, \boldsymbol{a}_m$, $\boldsymbol{B}$: $\boldsymbol{b}_1, \boldsymbol{b}_2, \cdots, \boldsymbol{b}_s$,若向量组 $\boldsymbol{B}$ 中每个向量都可由向量组 $\boldsymbol{A}$ 线性表示,则称**向量组 $\boldsymbol{B}$ 可由向量组 $\boldsymbol{A}$ 线性表示**;若向量组 $\boldsymbol{A}$ 与向量组 $\boldsymbol{B}$ 可以互相线性表示,则称这两个向量组等价.

注:

(1) 显然向量组的等价也是等价关系,即向量组的等价具有:**自反性、对称性、传递性**.

（2）向量组的等价与矩阵的等价不同，等价矩阵必须同型，等价向量组中向量的个数不一定相同.

（3）若向量组 $\boldsymbol{A}$ 可由向量组 $\boldsymbol{B}$ 线性表示，则 $\boldsymbol{A}$ 中的每一个向量都可以用 $\boldsymbol{B}$ 中的向量线性表示，用方程组的语言说就是：方程组 $\boldsymbol{A}\boldsymbol{x}=\boldsymbol{0}$ 中的每一个方程都可以用方程组 $\boldsymbol{B}\boldsymbol{x}=\boldsymbol{0}$ 中的方程线性组合得到，所以 $\boldsymbol{B}\boldsymbol{x}=\boldsymbol{0}$ 的解都是 $\boldsymbol{A}\boldsymbol{x}=\boldsymbol{0}$ 的解；若向量组 $\boldsymbol{A}$ 与 $\boldsymbol{B}$ 等价，则反之也成立. 所以，向量组 $\boldsymbol{A}$ 与 $\boldsymbol{B}$ 等价的充分必要条件为 $\boldsymbol{A}\boldsymbol{x}=\boldsymbol{0}$ 与 $\boldsymbol{B}\boldsymbol{x}=\boldsymbol{0}$ 是同解方程组.

（4）既然一个向量 $\boldsymbol{b}$ 可由向量组 $\boldsymbol{A}$ 线性表示可等价地表示成方程 $\boldsymbol{b}=k_1\boldsymbol{a}_1+k_2\boldsymbol{a}_2+\cdots+k_m\boldsymbol{a}_m$，那么若向量组 $\boldsymbol{B}$ 可由组 $\boldsymbol{A}$ 线性表示，则对向量组 $\boldsymbol{B}$ 的任意向量 $\boldsymbol{b}_j$，有

$$\boldsymbol{b}_j=k_{1j}\boldsymbol{a}_1+k_{2j}\boldsymbol{a}_2+\cdots+k_{mj}\boldsymbol{a}_m=(\boldsymbol{a}_1,\boldsymbol{a}_2,\cdots,\boldsymbol{a}_m)\begin{pmatrix}k_{1j}\\k_{2j}\\\vdots\\k_{mj}\end{pmatrix}(j=1,2,\cdots,s).$$

$$\Leftrightarrow(\boldsymbol{b}_1,\boldsymbol{b}_2,\cdots,\boldsymbol{b}_s)=(\boldsymbol{a}_1,\boldsymbol{a}_2,\cdots,\boldsymbol{a}_m)\begin{pmatrix}k_{11}&k_{12}&\cdots&k_{1s}\\k_{21}&k_{22}&\cdots&k_{2s}\\\vdots&\vdots&\ddots&\vdots\\k_{m1}&k_{m2}&\cdots&k_{ms}\end{pmatrix}\Leftrightarrow\boldsymbol{B}=\boldsymbol{A}\boldsymbol{K},$$

称矩阵 $\boldsymbol{K}_{m\times s}=(k_{ij})$ 为这个线性表示的系数矩阵（或表示矩阵），即

$\boldsymbol{B}=\boldsymbol{A}\boldsymbol{K}\Leftrightarrow\boldsymbol{B}$ 的列向量组可由 $\boldsymbol{A}$ 的列向量组线性表示.

又 $\boldsymbol{B}^T=\boldsymbol{K}^T\boldsymbol{A}^T$，这表明矩阵 $\boldsymbol{B}^T$ 的列向量组可由 $\boldsymbol{A}^T$ 的列向量组线性表示，即

$\boldsymbol{B}^T=\boldsymbol{K}^T\boldsymbol{A}^T\Leftrightarrow\boldsymbol{B}$ 的行向量组可由 $\boldsymbol{A}$ 的行向量组线性表示.

特别地，若 $\boldsymbol{A}_{n\times m}\boldsymbol{K}_m=\boldsymbol{B}_{n\times m}$，且矩阵 $\boldsymbol{K}$ 为满秩阵 $\Leftrightarrow\boldsymbol{A}$ 的列向量组与 $\boldsymbol{B}$ 的列向量组等价；

若 $\boldsymbol{K}_n\boldsymbol{A}_{n\times m}=\boldsymbol{B}_{n\times m}$，且矩阵 $\boldsymbol{K}$ 为满秩阵 $\Leftrightarrow\boldsymbol{A}$ 的行向量组与 $\boldsymbol{B}$ 的行向量组等价.

设向量组 $\boldsymbol{A}$：$\boldsymbol{a}_1,\boldsymbol{a}_2,\cdots,\boldsymbol{a}_m$ 及 $\boldsymbol{B}$：$\boldsymbol{b}_1,\boldsymbol{b}_2,\cdots,\boldsymbol{b}_l$，把向量组 $\boldsymbol{A}$ 和 $\boldsymbol{B}$ 所构成的矩阵依次记作 $\boldsymbol{A}=(\boldsymbol{a}_1,\boldsymbol{a}_2,\cdots,\boldsymbol{a}_m)$ 及 $\boldsymbol{B}=(\boldsymbol{b}_1,\boldsymbol{b}_2,\cdots,\boldsymbol{b}_l)$. 由上面分析，设矩阵 $\boldsymbol{A}$ 和矩阵 $\boldsymbol{B}$ 行等价，即矩阵 $\boldsymbol{A}$ 经初等行变换变成矩阵 $\boldsymbol{B}$，则 $\boldsymbol{B}$ 的每一个行向量都是 $\boldsymbol{A}$ 的行向量的线性组合，即 $\boldsymbol{B}$ 的行向量组能由 $\boldsymbol{A}$ 的行向量组线性表示. 由于初等变换可逆，知矩阵 $\boldsymbol{B}$ 亦可初等行变换变为 $\boldsymbol{A}$，从而 $\boldsymbol{A}$ 的行向量组也能由 $\boldsymbol{B}$ 的行向量组线性表示. 于是 $\boldsymbol{A}$ 的行向量组与 $\boldsymbol{B}$ 的行向量组等价.

类似可知，若矩阵 $\boldsymbol{A}$ 经初等变换变成矩阵 $\boldsymbol{B}$，则 $\boldsymbol{A}$ 的向量组与 $\boldsymbol{B}$ 的向量组等价.

定理 3.3 向量组 $\boldsymbol{B}$：$\boldsymbol{b}_1,\boldsymbol{b}_2,\cdots,\boldsymbol{b}_l$ 可由向量组 $\boldsymbol{A}$：$\boldsymbol{a}_1,\boldsymbol{a}_2,\cdots,\boldsymbol{a}_m$ 线性表示的充分必要条件为矩阵 $\boldsymbol{A}=(\boldsymbol{a}_1,\boldsymbol{a}_2,\cdots,\boldsymbol{a}_m)$ 的秩等于矩阵 $(\boldsymbol{A},\boldsymbol{B})=(\boldsymbol{a}_1,\cdots,\boldsymbol{a}_m,\boldsymbol{b}_1,\cdots,\boldsymbol{b}_l)$ 的秩，即 $R(\boldsymbol{A})=R(\boldsymbol{A},\boldsymbol{B})$.

推论 3.1 向量组 $\boldsymbol{B}$：$\boldsymbol{b}_1,\boldsymbol{b}_2,\cdots,\boldsymbol{b}_l$ 与向量组 $\boldsymbol{A}$：$\boldsymbol{a}_1,\boldsymbol{a}_2,\cdots,\boldsymbol{a}_m$ 等价的充分必要条件为 $R(\boldsymbol{A})=R(\boldsymbol{B})=R(\boldsymbol{A},\boldsymbol{B})$.

推论 3.2 向量组 $\boldsymbol{B}$：$\boldsymbol{b}_1,\boldsymbol{b}_2,\cdots,\boldsymbol{b}_l$ 可由向量组 $\boldsymbol{A}$：$\boldsymbol{a}_1,\boldsymbol{a}_2,\cdots,\boldsymbol{a}_m$ 线性表示，则 $R(\boldsymbol{B})\leqslant R(\boldsymbol{A})$.

证 记 $\boldsymbol{A}=(\boldsymbol{a}_1,\boldsymbol{a}_2,\cdots,\boldsymbol{a}_m)$，$\boldsymbol{B}=(\boldsymbol{b}_1,\boldsymbol{b}_2,\cdots,\boldsymbol{b}_l)$，根据定理 3.3 有 $R(\boldsymbol{A})=R(\boldsymbol{A},\boldsymbol{B})$. 而 $R(\boldsymbol{B})\leqslant R(\boldsymbol{A},\boldsymbol{B})$，因此 $R(\boldsymbol{B})\leqslant R(\boldsymbol{A})$.

例 3.5 试证向量组 $\boldsymbol{a}_1,\boldsymbol{a}_2,\boldsymbol{a}_3$ 与向量组 $\boldsymbol{b}_1,\boldsymbol{b}_2$ 等价，其中

$$\boldsymbol{a}_1=\begin{pmatrix}1\\2\\1\end{pmatrix},\ \boldsymbol{a}_2=\begin{pmatrix}-1\\0\\1\end{pmatrix},\ \boldsymbol{a}_3=\begin{pmatrix}2\\5\\3\end{pmatrix},\ \boldsymbol{b}_1=\begin{pmatrix}1\\1\\0\end{pmatrix},\ \boldsymbol{b}_2=\begin{pmatrix}0\\1\\1\end{pmatrix}.$$

证　令 $\boldsymbol{A}=(\boldsymbol{a}_1,\ \boldsymbol{a}_2,\ \boldsymbol{a}_3)$，$\boldsymbol{B}=(\boldsymbol{b}_1,\ \boldsymbol{b}_2)$，对矩阵$(\boldsymbol{A},\ \boldsymbol{B})$进行初等行变换，有

$$(\boldsymbol{A}\vdots\boldsymbol{B})=\left(\begin{array}{ccc:cc}1&-1&2&1&0\\2&0&5&1&1\\1&1&3&0&1\end{array}\right)\sim\left(\begin{array}{ccc:cc}1&-1&2&0&1\\0&2&1&-1&1\\0&0&0&0&0\end{array}\right).$$

由矩阵秩的性质，可知 $R(\boldsymbol{A})=R(\boldsymbol{A},\ \boldsymbol{B})=2$，

又因为 $\boldsymbol{B}\sim\begin{pmatrix}0&1\\-1&1\\0&0\end{pmatrix}$，而$\begin{vmatrix}0&1\\-1&1\end{vmatrix}=1\neq0$，因此，$R(\boldsymbol{B})=2$，

即 $R(\boldsymbol{A})=R(\boldsymbol{B})=R(\boldsymbol{A},\ \boldsymbol{B})$，由定理 3.3，向量组 $\boldsymbol{a}_1,\ \boldsymbol{a}_2,\ \boldsymbol{a}_3$ 与向量组 $\boldsymbol{b}_1,\ \boldsymbol{b}_2$ 等价.

三、向量组的线性相关性

定义 3.6　对 n 维向量组 $\boldsymbol{A}$：$\boldsymbol{a}_1,\ \boldsymbol{a}_2,\ \cdots,\ \boldsymbol{a}_m(m\geqslant1)$，若存在不全为零的数 $k_1,\ k_2,\ \cdots,\ k_m$，使

$$k_1\boldsymbol{a}_1+k_2\boldsymbol{a}_2+\cdots+k_m\boldsymbol{a}_m=\boldsymbol{0},\tag{3.1}$$

则称向量组 $\boldsymbol{A}$ 是**线性相关**的，否则称它为**线性无关**，即向量组线性无关就是指若使式(3.1)成立当且仅当 $k_1=k_2=\cdots=k_m=0$.

例如，$k_1\boldsymbol{e}_1+k_2\boldsymbol{e}_2+\cdots+k_m\boldsymbol{e}_m=\boldsymbol{0}$，当且仅当 $k_1=k_2=\cdots=k_m=0$，所以 n 维单位向量组是线性无关的；又如 $\boldsymbol{a}_1=(1,\ -1,\ 2)^T$，$\boldsymbol{a}_2=(-1,\ 1,\ -2)^T$，满足 $\boldsymbol{a}_1+\boldsymbol{a}_2=\boldsymbol{0}$，则向量组 $\boldsymbol{a}_1,\ \boldsymbol{a}_2$ 线性相关.

从定义 3.6 可以得出以下性质：

(1) 由一个向量 $\boldsymbol{a}$ 组成的向量组，线性无关的充分必要条件为 $\boldsymbol{a}\neq\boldsymbol{0}$.

(2) 由两个向量 $\boldsymbol{a}_1,\ \boldsymbol{a}_2$ 组成的向量组，线性相关的充分必要条件为存在常数 λ，使得$\boldsymbol{a}_1=\lambda\boldsymbol{a}_2$，即对应分量成比例. 例如，两个三维向量 $\boldsymbol{a}_1,\ \boldsymbol{a}_2$ 线性相关的几何意义就是两向量平行，三个三维向量线性相关的几何意义就是三向量共面.

(3) 任一含有零向量的向量组均线性相关.

四、向量组线性相关性的判定

先讨论一下线性相关与线性表示的关系. 设向量组 $\boldsymbol{A}$：$\boldsymbol{a}_1,\ \boldsymbol{a}_2,\ \cdots,\ \boldsymbol{a}_m(m\geqslant2)$，若向量组 $\boldsymbol{A}$ 线性相关，也就是说有不全为零的数 $k_1,\ k_2,\ \cdots,\ k_m$，使得 $k_1\boldsymbol{a}_1+k_2\boldsymbol{a}_2+\cdots+k_m\boldsymbol{a}_m=\boldsymbol{0}$，不妨设 $k_1\neq0$，则有 $\boldsymbol{a}_1=-\dfrac{1}{k_1}(k_2\boldsymbol{a}_2+\cdots+k_m\boldsymbol{a}_m)$，即向量 $\boldsymbol{a}_1$ 可由 $\boldsymbol{a}_2,\ \cdots,\ \boldsymbol{a}_m$ 线性表示.

反之，若 $\boldsymbol{A}$ 中有一个向量可由其余 $m-1$ 个向量线性表示，不妨设该向量为 $\boldsymbol{a}_m$，即存在实数 $\lambda_1,\ \lambda_2,\ \cdots,\ \lambda_{m-1}$，使得

$$\boldsymbol{a}_m=\lambda_1\boldsymbol{a}_1+\lambda_2\boldsymbol{a}_2+\cdots+\lambda_{m-1}\boldsymbol{a}_{m-1},$$

则有

$$\lambda_1 \boldsymbol{a}_1 + \lambda_2 \boldsymbol{a}_2 + \cdots + \lambda_{m-1} \boldsymbol{a}_{m-1} - \boldsymbol{a}_m = \mathbf{0}.$$

因为 $\lambda_1, \lambda_2, \cdots, \lambda_{m-1}, -1$ 这 m 个数不全为零,所以向量组 $\mathbf{A}$ 线性相关.

综合以上讨论,可得到一个利用线性表示判断线性相关性的重要结论:

定理 3.4 向量组 $\mathbf{A}$: $\boldsymbol{a}_1, \boldsymbol{a}_2, \cdots, \boldsymbol{a}_m (m \geqslant 2)$ 线性相关的充分必要条件为 $\mathbf{A}$ 中至少有一个向量可由其余向量线性表示;反过来说,向量组 $\mathbf{A}$ 线性无关的充分必要条件为 $\mathbf{A}$ 中任意向量都不能由其余向量线性表示.

换一个角度,从线性相关的定义可看出:

向量组 $\mathbf{A}$: $\boldsymbol{a}_1, \boldsymbol{a}_2, \cdots, \boldsymbol{a}_m$ 线性相关 $\Leftrightarrow$ 方程组 $\mathbf{A}\boldsymbol{x} = \mathbf{0}$ 有非零解,即至少可取到 $\boldsymbol{x} = (k_1, k_2, \cdots, k_m)^T$ 这一组非零解.

从而有如下结论:

定理 3.5 向量组 $\mathbf{A}$: $\boldsymbol{a}_1, \boldsymbol{a}_2, \cdots, \boldsymbol{a}_m$ 线性相关的充分必要条件为齐次方程组 $\mathbf{A}\boldsymbol{x} = \mathbf{0}$ 有非零解;而向量组 $\mathbf{A}$ 线性无关的充分必要条件为齐次方程组 $\mathbf{A}\boldsymbol{x} = \mathbf{0}$ 仅有零解.

另外,由于向量组 $\mathbf{A}$: $\boldsymbol{a}_1, \boldsymbol{a}_2, \cdots, \boldsymbol{a}_m$ 可看成是矩阵 $\mathbf{A}$ 的列向量组,因此,还可以探讨线性相关性与矩阵的关系,于是有:

定理 3.6 向量组 $\mathbf{A}$: $\boldsymbol{a}_1, \boldsymbol{a}_2, \cdots, \boldsymbol{a}_m$ 线性相关的充分必要条件为 $R(\mathbf{A}) < m$,其中 $\mathbf{A} = (\boldsymbol{a}_1, \boldsymbol{a}_2, \cdots, \boldsymbol{a}_m)$;而向量组 $\mathbf{A}$ 线性无关的充分必要条件为 $R(\mathbf{A}) = m$.

证 只需证明线性相关的情况.

必要性 若向量组 $\mathbf{A}$: $\boldsymbol{a}_1, \boldsymbol{a}_2, \cdots, \boldsymbol{a}_m$ 线性相关,由定理 3.4 可知,存在某一向量可由其余向量线性表示,不妨设该向量为 $\boldsymbol{a}_m$,即存在实数 $\lambda_1, \lambda_2, \cdots, \lambda_{m-1}$,使得

$$\boldsymbol{a}_m = \lambda_1 \boldsymbol{a}_1 + \lambda_2 \boldsymbol{a}_2 + \cdots + \lambda_{m-1} \boldsymbol{a}_{m-1},$$

若对矩阵 $\mathbf{A}$ 做列初等变换 $c_m - \lambda_1 c_1 - \lambda_2 c_2 - \cdots - \lambda_{m-1} c_{m-1}$,则有

$$\mathbf{A} = (\boldsymbol{a}_1, \boldsymbol{a}_2, \cdots, \boldsymbol{a}_m) \sim (\boldsymbol{a}_1, \boldsymbol{a}_2, \cdots, 0).$$

因此 $R(\mathbf{A}) < m$.

充分性 证明略.

推论 3.3 设向量组 $\mathbf{A}$: $\boldsymbol{a}_1, \boldsymbol{a}_2, \cdots, \boldsymbol{a}_n$ 是由 n 个 n 维向量构成的向量组,则其线性相关的充分必要条件为 $|\mathbf{A}| = 0$;线性无关的充分必要条件为 $|\mathbf{A}| \neq 0$.

例 3.6 试判断向量组 $\boldsymbol{a}_1, \boldsymbol{a}_2, \boldsymbol{a}_3$ 的线性相关性,其中

$$\boldsymbol{a}_1 = \begin{pmatrix} 1 \\ 1 \\ 0 \\ 0 \end{pmatrix}, \boldsymbol{a}_2 = \begin{pmatrix} 0 \\ 1 \\ 1 \\ 0 \end{pmatrix}, \boldsymbol{a}_3 = \begin{pmatrix} 0 \\ 0 \\ 1 \\ 1 \end{pmatrix}.$$

解 设存在系数 k_1, k_2, k_3,使得 $k_1 \boldsymbol{a}_1 + k_2 \boldsymbol{a}_2 + k_3 \boldsymbol{a}_3 = \mathbf{0}$,即

$$\begin{cases} k_1 = 0, \\ k_1 + k_2 = 0, \\ k_2 + k_3 = 0, \\ k_3 = 0. \end{cases}$$

易得，$k_1 = k_2 = k_3 = 0$，因此，向量组 $\boldsymbol{a}_1, \boldsymbol{a}_2, \boldsymbol{a}_3$ 线性无关.

例 3.7　试判断例 3.5 中向量组 $\boldsymbol{a}_1, \boldsymbol{a}_2, \boldsymbol{a}_3$ 的线性相关性.

方法 1　设存在系数 k_1, k_2, k_3，使得 $k_1\boldsymbol{a}_1 + k_2\boldsymbol{a}_2 + k_3\boldsymbol{a}_3 = \boldsymbol{0}$，即

$$\begin{cases} k_1 - k_2 + 2k_3 = 0, \\ 2k_1 + 5k_3 = 0, \\ k_1 + k_2 + 3k_3 = 0. \end{cases}$$

解得 $k_1 = -\dfrac{5}{2}k_3$，$k_2 = -\dfrac{1}{2}k_3$.

可得到一组不全为零的系数

$$k_1 = 5,\ k_2 = 1,\ k_3 = -2,$$

使得 $k_1\boldsymbol{a}_1 + k_2\boldsymbol{a}_2 + k_3\boldsymbol{a}_3 = \boldsymbol{0}$，因此，向量组 $\boldsymbol{a}_1, \boldsymbol{a}_2, \boldsymbol{a}_3$ 线性相关.

方法 2　通过例 3.5 中的结论，由定理 3.6 可知，$R(\boldsymbol{A}) = 2 < 3$，$R(\boldsymbol{B}) = 2$，因此，向量组 $\boldsymbol{a}_1, \boldsymbol{a}_2, \boldsymbol{a}_3$ 线性相关.

例 3.8　设 $\boldsymbol{a}_1 = \begin{pmatrix} 1 \\ 1 \\ 1 \end{pmatrix}$，$\boldsymbol{a}_2 = \begin{pmatrix} 1 \\ 2 \\ 3 \end{pmatrix}$，$\boldsymbol{a}_3 = \begin{pmatrix} 1 \\ 3 \\ \lambda \end{pmatrix}$.

(1) 问 λ 为何值时，向量组 $\boldsymbol{a}_1, \boldsymbol{a}_2, \boldsymbol{a}_3$ 线性相关?

(2) 问 λ 为何值时，向量组 $\boldsymbol{a}_1, \boldsymbol{a}_2, \boldsymbol{a}_3$ 线性无关?

解　令 $\boldsymbol{A} = (\boldsymbol{a}_1, \boldsymbol{a}_2, \boldsymbol{a}_3)$，计算得 $|\boldsymbol{A}| = \lambda - 5$，由推论 3.3 可知：

(1) 当 $\lambda = 5$ 时，$\boldsymbol{A}$ 是不可逆矩阵，其列向量组 $\boldsymbol{a}_1, \boldsymbol{a}_2, \boldsymbol{a}_3$ 线性相关；

(2) 当 $\lambda \neq 5$ 时，$\boldsymbol{A}$ 是可逆矩阵，其列向量组 $\boldsymbol{a}_1, \boldsymbol{a}_2, \boldsymbol{a}_3$ 线性无关.

五、向量组线性相关性的性质

性质 3.1　若向量组 $\boldsymbol{A}$：$\boldsymbol{a}_1, \boldsymbol{a}_2, \cdots, \boldsymbol{a}_m$ 线性相关，则向量组 $\boldsymbol{B}$：$\boldsymbol{a}_1, \boldsymbol{a}_2, \cdots, \boldsymbol{a}_m, \boldsymbol{a}_{m+1}$ 也线性相关；反之，线性无关的向量组的任何非空的部分向量组都线性无关.

它实际上是从向量组整体与部分的关系判断相关性，可简述为：部分相关则整体相关，整体无关则部分无关. 用方程组的语言来说就是部分方程里有多余方程，整体组就有多余方程.

性质 3.2　当 $m > n$ 时，n 维向量组 $\boldsymbol{A}$：$\boldsymbol{a}_1, \boldsymbol{a}_2, \cdots, \boldsymbol{a}_m$ 一定线性相关.

事实上，m 个 n 维向量 $\boldsymbol{a}_1, \boldsymbol{a}_2, \cdots, \boldsymbol{a}_m$ 构成矩阵 $\boldsymbol{A}_{n\times m} = (\boldsymbol{a}_1, \boldsymbol{a}_2, \cdots, \boldsymbol{a}_m)$，有 $R(\boldsymbol{A}) < n$，若 $m > n$，则 $R(\boldsymbol{A}) < m$，故 m 个向量 $\boldsymbol{a}_1, \boldsymbol{a}_2, \cdots, \boldsymbol{a}_m$ 线性相关.

性质 3.3　若向量组 $\boldsymbol{A}$：$\boldsymbol{a}_1, \boldsymbol{a}_2, \cdots, \boldsymbol{a}_m$ 线性无关，而向量组 $\boldsymbol{B}$：$\boldsymbol{a}_1, \boldsymbol{a}_2, \cdots, \boldsymbol{a}_m, \boldsymbol{b}$ 线性相关，则向量 $\boldsymbol{b}$ 必能由向量组 $\boldsymbol{A}$ 线性表示，且表达式唯一.

证　有 $R(\boldsymbol{A}) \leqslant R(\boldsymbol{B})$. 因向量组 $\boldsymbol{A}$ 线性无关，有 $R(\boldsymbol{A}) = m$；因向量组 $\boldsymbol{B}$ 线性相关，有 $R(\boldsymbol{B}) < m + 1$，所以 $m \leqslant R(\boldsymbol{B}) < m + 1$，即 $R(\boldsymbol{B}) = m$.

由 $R(\boldsymbol{A}) = R(\boldsymbol{B}) = m$，知方程组 $\boldsymbol{Ax} = \boldsymbol{b}$ 有唯一解，即向量 $\boldsymbol{b}$ 能由向量组 $\boldsymbol{A}$ 线性表示，且表示式是唯一的.

例 3.9　设向量组 $\boldsymbol{a}_1, \boldsymbol{a}_2, \boldsymbol{a}_3$ 线性无关，向量组 $\boldsymbol{a}_1, \boldsymbol{a}_2, \boldsymbol{a}_3, \boldsymbol{a}_4$ 线性相关，试证：

(1) a_1+a_2, a_2+a_3, a_1+a_3 也线性无关；

(2) a_4 可以由 a_1, a_2, a_3 唯一表示.

证 (1) 设 $b_1=a_1+a_2$, $b_2=a_2+a_3$, $b_3=a_1+a_3$,即向量组 b_1, b_2, b_3 可以由 a_1, a_2, a_3 线性表示,表达式为$(b_1, b_2, b_3)=(a_1, a_2, a_3)\begin{pmatrix}1&0&1\\1&1&0\\0&1&1\end{pmatrix}$,记为 $B=AK$,

易得 $|K|=2\neq 0$,所以矩阵 K 可逆,又根据矩阵秩的性质,$R(B)=R(A)=3$,

因此,向量组 a_1+a_2, a_2+a_3, a_1+a_3 也线性无关.

(2) 由向量组 a_1, a_2, a_3 线性无关可知,$R(a_1, a_2, a_3)=3$,又因为向量组 a_1, a_2, a_3, a_4 线性相关,则 $R(a_1, a_2, a_3)\leqslant R(a_1, a_2, a_3, a_4)<4$,即 $R(a_1, a_2, a_3, a_4)=3$,由性质 3.3,向量 a_4 可以由 a_1, a_2, a_3 表示,且表达式唯一.

第三节 向量组的秩

除了有限个向量组成的向量组之外,常可以见到包含无穷多个向量的向量组,例如线性方程组有多解时的解集、高等数学中的三维向量空间等,那么这些向量组的线性相关性就很难由定理 3.6 中矩阵秩的大小来判断了,要想突破该局限,应重新定义向量组的秩.

仿照矩阵秩的概念,利用线性相关性来定义向量组的秩:

定义 3.7 设向量组 A 由 n 维向量构成,若部分向量组 A_0: a_1, a_2, …, a_r 满足:

(1) 向量组 A_0: a_1, a_2, …, a_r 线性无关;

(2) 向量组 A 中任意 $r+1$ 个向量(如果有的话)都线性相关.

那么称向量组 A_0 是向量组 A 的一个**极大线性无关向量组**(也可以称为最大线性无关组),简称极大无关组,而极大无关组中向量的个数 r 称为**向量组 A 的秩**,记作 R_A.

规定,只含零向量的向量组的秩为 0.

例 3.10 讨论向量组 $a_1=\begin{pmatrix}1\\0\\0\end{pmatrix}$, $a_2=\begin{pmatrix}0\\1\\0\end{pmatrix}$, $a_3=\begin{pmatrix}2\\3\\0\end{pmatrix}$ 的线性相关性.

解 向量组 a_1, a_2 线性无关,向量组 a_1, a_2, a_3 线性相关,故 a_1, a_2 为一个极大无关组,同样可看出 a_1, a_3 及 a_2, a_3 也均是极大无关组.

要注意的是:

(1) 向量组的极大无关组不一定唯一;

(2) 线性无关的向量组的极大无关组是其本身;

(3) 向量组与它的极大无关组等价;

(4) 向量组的两个极大无关组中所含向量的个数相同.

定义 3.8(极大无关组的等价定义) 设向量组 A_0: a_1, a_2, …, a_r 是向量组 A 的一个部分组,且满足:

(1) 向量组 A_0: a_1, a_2, …, a_r 线性无关;

(2) 向量组 A 的任一向量都能由向量组 A_0: a_1, a_2, …, a_r 线性表示.

则向量组 $\boldsymbol{A}_0$：$\boldsymbol{a}_1, \boldsymbol{a}_2, \cdots, \boldsymbol{a}_r$ 便是向量组 $\boldsymbol{A}$ 的一个**极大无关组**.

证　只要证向量组 $\boldsymbol{A}$ 中任意 $r+1$ 个向量线性相关. 设 $\boldsymbol{b}_1, \boldsymbol{b}_2, \cdots, \boldsymbol{b}_{r+1}$ 是 $\boldsymbol{A}$ 中任意 $r+1$ 个向量，由条件(2) 知 $r+1$ 个向量能由向量组 $\boldsymbol{A}_0$ 线性表示，根据推论 3.2，有

$$R(\boldsymbol{b}_1, \boldsymbol{b}_2, \cdots, \boldsymbol{b}_{r+1}) \leqslant R(\boldsymbol{a}_1, \boldsymbol{a}_2, \cdots, \boldsymbol{a}_r) = r.$$

故知 $r+1$ 个向量 $\boldsymbol{b}_1, \boldsymbol{b}_2, \cdots, \boldsymbol{b}_{r+1}$ 线性相关，因此向量组 $\boldsymbol{A}_0$ 满足极大无关组的定义.

定理 3.7　矩阵的秩等于它的列向量组的秩，也等于它的行向量组的秩.

证　设 $\boldsymbol{A}_{n\times m} = (\boldsymbol{a}_1, \boldsymbol{a}_2, \cdots, \boldsymbol{a}_m)$，$R(\boldsymbol{A}) = r$，即存在 r 阶子式 $D_r \neq 0$，故知 D_r 所在的 r 列向量线性无关，又由 $\boldsymbol{A}$ 中所有 $r+1$ 阶子式均为零可知，$\boldsymbol{A}$ 中任意 $r+1$ 个列向量都线性相关，因此 D_r 所在的 r 列是 $\boldsymbol{A}$ 的列向量组的一个极大无关组，故列向量组的秩为 r.

同理，可证矩阵 $\boldsymbol{A}$ 的行向量组的秩也为 r.

例 3.11　设矩阵

$$\boldsymbol{A} = \begin{pmatrix} 1 & 3 & 0 & 1 & 2 \\ -1 & 0 & 3 & -1 & 1 \\ 2 & 7 & 1 & 2 & 5 \\ 4 & 14 & 2 & 0 & 6 \end{pmatrix},$$

求矩阵 $\boldsymbol{A}$ 的列向量组的一个极大无关组，并把不属于极大无关组的列向量组用极大无关组来线性表示.

解　对 $\boldsymbol{A}$ 施行初等行变换化为行阶梯形矩阵，有

$$\boldsymbol{A} = \begin{pmatrix} 1 & 3 & 0 & 1 & 2 \\ -1 & 0 & 3 & -1 & 1 \\ 2 & 7 & 1 & 2 & 5 \\ 4 & 14 & 2 & 0 & 6 \end{pmatrix} \sim \begin{pmatrix} 1 & 3 & 0 & 1 & 2 \\ 0 & 3 & 3 & 0 & 3 \\ 0 & 1 & 1 & 0 & 1 \\ 0 & 2 & 2 & -4 & -2 \end{pmatrix}$$

$$\sim \begin{pmatrix} 1 & 3 & 0 & 1 & 2 \\ 0 & 1 & 1 & 0 & 1 \\ 0 & 1 & 1 & -2 & -1 \\ 0 & 0 & 0 & 0 & 0 \end{pmatrix} \sim \begin{pmatrix} 1 & 3 & 0 & 1 & 2 \\ 0 & 1 & 1 & 0 & 1 \\ 0 & 0 & 0 & -2 & -2 \\ 0 & 0 & 0 & 0 & 0 \end{pmatrix} \sim \begin{pmatrix} 1 & 3 & 0 & 1 & 2 \\ 0 & 1 & 1 & 0 & 1 \\ 0 & 0 & 0 & 1 & 1 \\ 0 & 0 & 0 & 0 & 0 \end{pmatrix}.$$

由此可知 $R(\boldsymbol{A}) = 3$，故列向量组的极大无关组含 3 个向量，而 3 个非零行的非零首元在 1、2、4 列，即

$$(\boldsymbol{a}_1, \boldsymbol{a}_2, \boldsymbol{a}_4) \sim \begin{pmatrix} 1 & 0 & 0 \\ 0 & 1 & 0 \\ 0 & 0 & 1 \\ 0 & 0 & 0 \end{pmatrix}.$$

知 $R(\boldsymbol{a}_1, \boldsymbol{a}_2, \boldsymbol{a}_4) = 3$，故 $\boldsymbol{a}_1, \boldsymbol{a}_2, \boldsymbol{a}_4$ 线性无关，即 $\boldsymbol{a}_1, \boldsymbol{a}_2, \boldsymbol{a}_4$ 为列向量组的一个极大无关组.

为将 $\boldsymbol{a}_3, \boldsymbol{a}_5$ 用 $\boldsymbol{a}_1, \boldsymbol{a}_2, \boldsymbol{a}_4$ 线性表示，把 $\boldsymbol{A}$ 再变成行最简形矩阵

$$A \sim \begin{pmatrix} 1 & 0 & -3 & 0 & -2 \\ 0 & 1 & 1 & 0 & 1 \\ 0 & 0 & 0 & 1 & 1 \\ 0 & 0 & 0 & 0 & 0 \end{pmatrix}.$$

把行最简形矩阵记作 $\boldsymbol{B}=(\boldsymbol{b}_1, \boldsymbol{b}_2, \boldsymbol{b}_3, \boldsymbol{b}_4, \boldsymbol{b}_5)$，由于方程 $\boldsymbol{Ax}=\boldsymbol{0}$ 与 $\boldsymbol{Bx}=\boldsymbol{0}$ 同解，即方程

$$x_1\boldsymbol{a}_1+x_2\boldsymbol{a}_2+x_3\boldsymbol{a}_3+x_4\boldsymbol{a}_4+x_5\boldsymbol{a}_5=\boldsymbol{0}$$

与

$$x_1\boldsymbol{b}_1+x_2\boldsymbol{b}_2+x_3\boldsymbol{b}_3+x_4\boldsymbol{b}_4+x_5\boldsymbol{b}_5=\boldsymbol{0}$$

同解，因此向量 $\boldsymbol{a}_1, \boldsymbol{a}_2, \boldsymbol{a}_3, \boldsymbol{a}_4, \boldsymbol{a}_5$ 之间与向量 $\boldsymbol{b}_1, \boldsymbol{b}_2, \boldsymbol{b}_3, \boldsymbol{b}_4, \boldsymbol{b}_5$ 之间有相同的线性关系.

而 $-3\boldsymbol{b}_1+\boldsymbol{b}_2=\boldsymbol{b}_3$，$-2\boldsymbol{b}_1+\boldsymbol{b}_2+\boldsymbol{b}_4=\boldsymbol{b}_5$；

因此 $\boldsymbol{a}_3=-3\boldsymbol{a}_1+\boldsymbol{a}_2$，$\boldsymbol{a}_5=-2\boldsymbol{a}_1+\boldsymbol{a}_2+\boldsymbol{a}_4$.

由此例说明：若矩阵 $\boldsymbol{A}$ 的行向量组与 $\boldsymbol{B}$ 的行向量组等价，则方程 $\boldsymbol{Ax}=\boldsymbol{0}$ 与 $\boldsymbol{Bx}=\boldsymbol{0}$ 同解，从而 $\boldsymbol{A}$ 的列向量组各向量之间与 $\boldsymbol{B}$ 的列向量组各向量之间具有相同的线性关系，即矩阵初等行变换不改变矩阵列向量之间的线性相关性.

例 3.12(药方配置问题) 某中药厂用 9 种中草药(A～I)，根据不同的比例配制成了 7 种特效药，各用量成分见下表.

(单位：g)

中草药	1 号成药	2 号成药	3 号成药	4 号成药	5 号成药	6 号成药	7 号成药
A	10	2	14	12	20	38	100
B	12	0	12	25	35	60	55
C	5	3	11	0	5	14	0
D	7	9	25	5	15	47	35
E	0	1	2	25	5	33	6
F	25	5	35	5	35	55	50
G	9	4	17	25	2	39	25
H	6	5	16	10	10	35	10
I	8	2	12	0	2	6	20

某医院要购买这 7 种特效药，但 3 号和 7 号药品已经卖完，请问能否用其他特效药配制出这两种脱销的药品.

解 把每一种特效药方看成一个 9 维列向量：$\boldsymbol{a}_1, \boldsymbol{a}_2, \cdots, \boldsymbol{a}_7$，分析这 7 个列向量构成向量组 $\boldsymbol{A}$ 的线性相关性. 若向量组线性无关，则无法配制脱销的特效药；若向量组线性相关，并且能找到不含 $\boldsymbol{a}_3, \boldsymbol{a}_7$ 的一个最大线性无关组，则可以配制 3 号和 7 号药品.

对 $\mathbf{A}$ 施行初等行变换化为行阶梯形矩阵，有

$$\mathbf{A}=\begin{pmatrix}10 & 2 & 14 & 12 & 20 & 38 & 100\\ 12 & 0 & 12 & 25 & 35 & 60 & 55\\ 5 & 3 & 11 & 0 & 5 & 14 & 0\\ 7 & 9 & 25 & 5 & 15 & 47 & 35\\ 0 & 1 & 2 & 25 & 5 & 33 & 6\\ 25 & 5 & 35 & 5 & 35 & 55 & 50\\ 9 & 4 & 17 & 25 & 2 & 39 & 25\\ 6 & 5 & 16 & 10 & 10 & 35 & 10\\ 8 & 2 & 12 & 0 & 2 & 6 & 20\end{pmatrix}\sim\begin{pmatrix}1 & 0 & 1 & 0 & 0 & 0 & 0\\ 0 & 1 & 2 & 0 & 0 & 3 & 0\\ 0 & 0 & 0 & 1 & 0 & 1 & 0\\ 0 & 0 & 0 & 0 & 1 & 1 & 0\\ 0 & 0 & 0 & 0 & 0 & 0 & 1\\ 0 & 0 & 0 & 0 & 0 & 0 & 0\\ 0 & 0 & 0 & 0 & 0 & 0 & 0\\ 0 & 0 & 0 & 0 & 0 & 0 & 0\\ 0 & 0 & 0 & 0 & 0 & 0 & 0\end{pmatrix},$$

知 $R(\mathbf{A})=5$，故列向量组的极大无关组含 5 个向量.

(1) 由于要配置 3 号药品，因此可以取 $\boldsymbol{a}_1, \boldsymbol{a}_2, \boldsymbol{a}_4, \boldsymbol{a}_5, \boldsymbol{a}_7$ 为向量组的极大无关组，并有 $\boldsymbol{a}_3=\boldsymbol{a}_1+2\boldsymbol{a}_2$；

(2) 无法配置 7 号药品，因为向量组的任意极大无关组都包含向量 $\boldsymbol{a}_7$.

思考：2 号药品能否用其他特效药配制出来呢？

第四节　向量空间

本章第一节中把 n 维向量的全体所构成的集合 $\mathbf{R}^n$ 称为 n 维向量空间. 下面介绍向量空间的有关知识.

一、向量空间的概念

定义 3.9　设 $\mathbf{V}$ 为 n 维向量的集合，如果集合 $\mathbf{V}$ 非空，且集合 $\mathbf{V}$ 对于加法及数乘两种运算封闭，那么就称集合 $\mathbf{V}$ 为向量空间.

所谓封闭，是指在集合 $\mathbf{V}$ 中可以进行加法及数乘两种运算. 具体而言：若 $\boldsymbol{a}\in\mathbf{V}, \boldsymbol{b}\in\mathbf{V}$，则 $\boldsymbol{a}+\boldsymbol{b}\in\mathbf{V}$；若 $\lambda\in\mathbf{R}, \boldsymbol{a}\in\mathbf{V}$，则 $\lambda\boldsymbol{a}\in\mathbf{V}$.

例 3.13　下列哪些向量组构成向量空间？

(1) 只含有零向量的集合 $\mathbf{V}=\{\mathbf{0}\}$；

(2) n 维向量的全体 $\mathbf{R}^n$；

(3) 集合 $\mathbf{V}_1=\{(0, x_2, x_3, \cdots, x_n)^T \mid x_2, x_3, \cdots, x_n\in\mathbf{R}\}$；

(4) 集合 $\mathbf{V}_2=\{(1, x_2, x_3, \cdots, x_n)^T \mid x_2, x_3, \cdots, x_n\in\mathbf{R}\}$；

(5) 齐次线性方程组解的集合 $\mathbf{S}_1=\{x \mid \mathbf{A}x=\mathbf{0}\}$；

(6) 非齐次线性方程组解的集合 $\mathbf{S}_2=\{x \mid \mathbf{A}x=\boldsymbol{b}\}$.

解　集合 $\mathbf{V}=\{\mathbf{0}\}$, $\mathbf{R}^n$, $\mathbf{V}_1$, $\mathbf{S}_1$ 是向量空间；集合 $\mathbf{V}_2$, $\mathbf{S}_2$ 不是向量空间. 其中，$\mathbf{V}=\{\mathbf{0}\}$ 可称为**零空间**，$\mathbf{R}^n$ 可称为 **n 维向量空间**，齐次线性方程组解的集合 $\mathbf{S}_1$ 可称为**解空间**.

例 3.14　设 $\boldsymbol{a}, \boldsymbol{b}$ 是两个 n 维向量，则集合

$$L=\{\lambda \boldsymbol{a}+\mu \boldsymbol{b} \mid \lambda, \mu \in \mathbf{R}\}$$

是一个向量空间.

事实上,集合 $\boldsymbol{L}$ 对加法和数乘封闭,并且 $\boldsymbol{L}$ 称为由 $\boldsymbol{a}, \boldsymbol{b}$ 所生成的向量空间.

定义 3.10 设有向量空间 $\boldsymbol{V}_1$ 及 $\boldsymbol{V}_2$,若 $\boldsymbol{V}_1 \subset \boldsymbol{V}_2$,就称 $\boldsymbol{V}_1$ 是 $\boldsymbol{V}_2$ 的子空间.

例如,$\boldsymbol{V}_1, \boldsymbol{S}_1$ 是 $\mathbf{R}^n$ 的子空间.

二、向量空间的基

定义 3.11 设 $\boldsymbol{V}$ 为向量空间,如果 r 个向量 $\boldsymbol{a}_1, \boldsymbol{a}_2, \cdots, \boldsymbol{a}_r \in \boldsymbol{V}$,且满足

(1) $\boldsymbol{a}_1, \boldsymbol{a}_2, \cdots, \boldsymbol{a}_r$ 线性无关;

(2) $\boldsymbol{V}$ 中任一向量都可由 $\boldsymbol{a}_1, \boldsymbol{a}_2, \cdots, \boldsymbol{a}_r$ 线性表示.

那么,向量组 $\boldsymbol{a}_1, \boldsymbol{a}_2, \cdots, \boldsymbol{a}_r$ 就称为向量空间 $\boldsymbol{V}$ 的一个**基**,称基中向量的个数 r 为向量空间 $\boldsymbol{V}$ 的**维数**,并称 $\boldsymbol{V}$ 为 r 维向量空间.

例如,零空间 $\boldsymbol{V}=\{\boldsymbol{0}\}$ 中没有基,那么 $\boldsymbol{V}=\{\boldsymbol{0}\}$ 的维数为 0;空间 $\mathbf{R}^n$ 的维数为 n;空间 $\boldsymbol{V}_1=\{(0, x_2, x_3, \cdots, x_n)^T \mid x_2, x_3, \cdots, x_n \in \mathbf{R}\}$ 的维数为 $n-1$.

又如,由 $\boldsymbol{a}, \boldsymbol{b}$ 生成的向量空间 $\boldsymbol{L}=\{\lambda \boldsymbol{a}+\mu \boldsymbol{b} \mid \lambda, \mu \in \mathbf{R}\}$,与向量组 $\boldsymbol{a}, \boldsymbol{b}$ 等价,若 $\boldsymbol{a}, \boldsymbol{b}$ 线性无关,则向量空间 $\boldsymbol{L}=\{\lambda \boldsymbol{a}+\mu \boldsymbol{b} \mid \lambda, \mu \in \mathbf{R}\}$ 与向量组 $\boldsymbol{a}, \boldsymbol{b}$ 的维数都为 2.

因此,由 $\boldsymbol{a}_1, \boldsymbol{a}_2, \cdots, \boldsymbol{a}_m$ 生成的向量空间 $\boldsymbol{L}=\{\lambda_1 \boldsymbol{a}_1+\lambda_2 \boldsymbol{a}_2+\cdots+\lambda_m \boldsymbol{a}_m \mid \lambda_1, \lambda_2, \cdots, \lambda_m \in \mathbf{R}\}$,与向量组 $\boldsymbol{a}_1, \boldsymbol{a}_2, \cdots, \boldsymbol{a}_m$ 等价,所以向量组 $\boldsymbol{a}_1, \boldsymbol{a}_2, \cdots, \boldsymbol{a}_m$ 的极大无关组就是 $\boldsymbol{L}$ 的一个基,向量组 $\boldsymbol{a}_1, \boldsymbol{a}_2, \cdots, \boldsymbol{a}_m$ 的秩就是 $\boldsymbol{L}$ 的维数.

定义 3.12 如果在向量空间 $\boldsymbol{V}$ 中取定一个基 $\boldsymbol{a}_1, \boldsymbol{a}_2, \cdots, \boldsymbol{a}_r$,那么 $\boldsymbol{V}$ 中任意一个向量可唯一表示为

$$\boldsymbol{x}=\lambda_1 \boldsymbol{a}_1+\lambda_2 \boldsymbol{a}_2+\cdots+\lambda_r \boldsymbol{a}_r.$$

数组 $\lambda_1, \lambda_2, \cdots, \lambda_r$ 称为向量 $\boldsymbol{x}$ 在基 $\boldsymbol{a}_1, \boldsymbol{a}_2, \cdots, \boldsymbol{a}_r$ 中的坐标.

特别地,在 n 维向量空间 $\mathbf{R}^n$ 中取单位向量组 $\boldsymbol{e}_1, \boldsymbol{e}_2, \cdots, \boldsymbol{e}_n$ 为空间的一组基,则向量 $\boldsymbol{x}=(x_1, x_2, \cdots, x_n)^T$ 可表示为

$$\boldsymbol{x}=x_1 \boldsymbol{e}_1+x_2 \boldsymbol{e}_2+\cdots+x_n \boldsymbol{e}_n.$$

很明显,向量在基 $\boldsymbol{e}_1, \boldsymbol{e}_2, \cdots, \boldsymbol{e}_n$ 下的坐标就是该向量的分量,所以,也将基 $\boldsymbol{e}_1, \boldsymbol{e}_2, \cdots, \boldsymbol{e}_n$ 称为向量空间 $\mathbf{R}^n$ 的**自然基**.

例 3.15 求向量 $\boldsymbol{b}=\begin{pmatrix}1\\3\\0\end{pmatrix}$ 在基 $\boldsymbol{a}_1=\begin{pmatrix}1\\1\\0\end{pmatrix}, \boldsymbol{a}_2=\begin{pmatrix}0\\1\\1\end{pmatrix}, \boldsymbol{a}_3=\begin{pmatrix}1\\0\\1\end{pmatrix}$ 下的坐标.

解 设存在系数 k_1, k_2, k_3,使得 $k_1 \boldsymbol{a}_1+k_2 \boldsymbol{a}_2+k_3 \boldsymbol{a}_3=\boldsymbol{b}$,即

$$\begin{cases}k_1+k_3=1, \\ k_1+k_2=3, \\ k_2+k_3=0.\end{cases}$$

解得$\begin{cases} k_1 = 2, \\ k_2 = 1, \\ k_3 = -1. \end{cases}$ 即 $\boldsymbol{b} = 2\boldsymbol{a}_1 + \boldsymbol{a}_2 - \boldsymbol{a}_3 = (\boldsymbol{a}_1, \boldsymbol{a}_2, \boldsymbol{a}_3)\begin{pmatrix} 2 \\ 1 \\ -1 \end{pmatrix}$.

因此,向量 $\boldsymbol{b}$ 在基 $\boldsymbol{a}_1, \boldsymbol{a}_2, \boldsymbol{a}_3$ 下的坐标为$\begin{pmatrix} 2 \\ 1 \\ -1 \end{pmatrix}$.

三、基变换与坐标变换

在 n 维向量空间 $\mathbf{R}^n$ 中,任意 n 个线性无关的向量都是空间的一组基,同一向量在不同基下的坐标也不相同,接下来要讨论两组基之间的线性表示,以及坐标变化情况.

设 $\boldsymbol{\alpha}_1, \boldsymbol{\alpha}_2, \cdots, \boldsymbol{\alpha}_n$ 与 $\boldsymbol{\beta}_1, \boldsymbol{\beta}_2, \cdots, \boldsymbol{\beta}_n$ 都是 n 维向量空间 $\mathbf{R}^n$ 的一组基,因此它们可以互相线性表示,不妨设

$$\begin{cases} \boldsymbol{\beta}_1 = p_{11}\boldsymbol{\alpha}_1 + p_{21}\boldsymbol{\alpha}_2 + \cdots + p_{n1}\boldsymbol{\alpha}_n, \\ \boldsymbol{\beta}_2 = p_{12}\boldsymbol{\alpha}_1 + p_{22}\boldsymbol{\alpha}_2 + \cdots + p_{n2}\boldsymbol{\alpha}_n, \\ \qquad\vdots \\ \boldsymbol{\beta}_n = p_{1n}\boldsymbol{\alpha}_1 + p_{2n}\boldsymbol{\alpha}_2 + \cdots + p_{nn}\boldsymbol{\alpha}_n. \end{cases} \tag{3.2}$$

即
$$(\boldsymbol{\beta}_1, \boldsymbol{\beta}_2, \cdots, \boldsymbol{\beta}_n) = (\boldsymbol{\alpha}_1, \boldsymbol{\alpha}_2, \cdots, \boldsymbol{\alpha}_n)\begin{pmatrix} p_{11} & p_{12} & \cdots & p_{1n} \\ p_{21} & p_{22} & \cdots & p_{2n} \\ \vdots & \vdots & & \vdots \\ p_{n1} & p_{n2} & \cdots & p_{nn} \end{pmatrix}. \tag{3.3}$$

称矩阵 $\boldsymbol{P} = \begin{pmatrix} p_{11} & p_{12} & \cdots & p_{1n} \\ p_{21} & p_{22} & \cdots & p_{2n} \\ \vdots & \vdots & & \vdots \\ p_{n1} & p_{n2} & \cdots & p_{nn} \end{pmatrix}$ 为由基 $\boldsymbol{\alpha}_1, \boldsymbol{\alpha}_2, \cdots, \boldsymbol{\alpha}_n$ 到基 $\boldsymbol{\beta}_1, \boldsymbol{\beta}_2, \cdots, \boldsymbol{\beta}_n$ 的**过渡矩阵**,实际上,矩阵 $\boldsymbol{P}$ 是可逆矩阵,它的每一列元素恰好就是 $\boldsymbol{\beta}_1, \boldsymbol{\beta}_2, \cdots, \boldsymbol{\beta}_n$ 在 $\boldsymbol{\alpha}_1, \boldsymbol{\alpha}_2, \cdots, \boldsymbol{\alpha}_n$ 下的坐标,可将式(3.2)或式(3.3)简记为 $\boldsymbol{B} = \boldsymbol{AP}$,并称其为**基变换公式**.

若向量 $\boldsymbol{\gamma}$ 在这两组基下的坐标分别为$(x_1, x_2, \cdots, x_n)$与$(y_1, y_2, \cdots, y_n)$,即

$$\boldsymbol{\gamma} = (\boldsymbol{\alpha}_1, \boldsymbol{\alpha}_2, \cdots, \boldsymbol{\alpha}_n)\begin{pmatrix} x_1 \\ x_2 \\ \vdots \\ x_n \end{pmatrix} = (\boldsymbol{\beta}_1, \boldsymbol{\beta}_2, \cdots, \boldsymbol{\beta}_n)\begin{pmatrix} y_1 \\ y_2 \\ \vdots \\ y_n \end{pmatrix},$$

则由基变换公式(3.3),有

$$\boldsymbol{\gamma} = (\boldsymbol{\beta}_1, \boldsymbol{\beta}_2, \cdots, \boldsymbol{\beta}_n)\begin{pmatrix} y_1 \\ y_2 \\ \vdots \\ y_n \end{pmatrix} = (\boldsymbol{\alpha}_1, \boldsymbol{\alpha}_2, \cdots, \boldsymbol{\alpha}_n)\boldsymbol{P}\begin{pmatrix} y_1 \\ y_2 \\ \vdots \\ y_n \end{pmatrix}.$$

由于向量在同一组基下的坐标唯一，因此一定有

$$\begin{pmatrix} x_1 \\ x_2 \\ \vdots \\ x_n \end{pmatrix} = \boldsymbol{P} \begin{pmatrix} y_1 \\ y_2 \\ \vdots \\ y_n \end{pmatrix} \text{ 或 } \begin{pmatrix} y_1 \\ y_2 \\ \vdots \\ y_n \end{pmatrix} = \boldsymbol{P}^{-1} \begin{pmatrix} x_1 \\ x_2 \\ \vdots \\ x_n \end{pmatrix}. \tag{3.4}$$

称式(3.4)为坐标变换公式.

例 3.16 在 $\mathbf{R}^3$ 中有两个基

$$\boldsymbol{a}_1 = \begin{pmatrix} 1 \\ 0 \\ 1 \end{pmatrix}, \boldsymbol{a}_2 = \begin{pmatrix} 0 \\ 1 \\ 0 \end{pmatrix}, \boldsymbol{a}_3 = \begin{pmatrix} 1 \\ 2 \\ 2 \end{pmatrix}; \boldsymbol{b}_1 = \begin{pmatrix} 1 \\ 0 \\ 0 \end{pmatrix}, \boldsymbol{b}_2 = \begin{pmatrix} 1 \\ 1 \\ 0 \end{pmatrix}, \boldsymbol{b}_3 = \begin{pmatrix} 1 \\ 1 \\ 1 \end{pmatrix}.$$

求：(1) 由基 $\boldsymbol{a}_1, \boldsymbol{a}_2, \boldsymbol{a}_3$ 到基 $\boldsymbol{b}_1, \boldsymbol{b}_2, \boldsymbol{b}_3$ 的过渡矩阵；

(2) 若向量 $\boldsymbol{c}$ 在基 $\boldsymbol{a}_1, \boldsymbol{a}_2, \boldsymbol{a}_3$ 下的坐标为 $\begin{pmatrix} 2 \\ 5 \\ -1 \end{pmatrix}$，问向量 $\boldsymbol{c}$ 在基 $\boldsymbol{b}_1, \boldsymbol{b}_2, \boldsymbol{b}_3$ 下的坐标.

解 (1) 利用逆矩阵求过渡矩阵：设矩阵 $\boldsymbol{P}$ 是由基 $\boldsymbol{\alpha}_1, \boldsymbol{\alpha}_2, \cdots, \boldsymbol{\alpha}_n$ 到基 $\boldsymbol{\beta}_1, \boldsymbol{\beta}_2, \cdots, \boldsymbol{\beta}_n$ 的过渡矩阵，即 $\boldsymbol{B} = \boldsymbol{AP}$，则有 $\boldsymbol{P} = \boldsymbol{A}^{-1}\boldsymbol{B}$，构造分块矩阵$(\boldsymbol{A}, \boldsymbol{B})$，对矩阵实施初等行变换，一定有$(\boldsymbol{A}, \boldsymbol{B}) \sim (\boldsymbol{E}, \boldsymbol{A}^{-1}\boldsymbol{B})$，即

$$(\boldsymbol{A}, \boldsymbol{B}) = \left(\begin{array}{ccc:ccc} 1 & 0 & 1 & 1 & 1 & 1 \\ 0 & 1 & 2 & 0 & 1 & 1 \\ 1 & 0 & 2 & 0 & 0 & 1 \end{array}\right) \sim \left(\begin{array}{ccc:ccc} 1 & 0 & 0 & 2 & 2 & 1 \\ 0 & 1 & 0 & 2 & 3 & 1 \\ 0 & 0 & 1 & -1 & -1 & 0 \end{array}\right),$$

因此
$$\boldsymbol{P} = \boldsymbol{A}^{-1}\boldsymbol{B} = \begin{pmatrix} 2 & 2 & 1 \\ 2 & 3 & 1 \\ -1 & -1 & 0 \end{pmatrix}.$$

(2) 设向量 $\boldsymbol{c}$ 在基 $\boldsymbol{b}_1, \boldsymbol{b}_2, \boldsymbol{b}_3$ 下的坐标为 $\begin{pmatrix} y_1 \\ y_2 \\ y_3 \end{pmatrix}$，根据坐标变换公式，$\begin{pmatrix} y_1 \\ y_2 \\ y_3 \end{pmatrix} = \boldsymbol{P}^{-1} \begin{pmatrix} 2 \\ 5 \\ -1 \end{pmatrix}$.

又有

$$\boldsymbol{P}^{-1} = \frac{1}{|\boldsymbol{P}|}\boldsymbol{P}^* = 1 \cdot \begin{pmatrix} 1 & -1 & -1 \\ -1 & 1 & 0 \\ 1 & 0 & 2 \end{pmatrix},$$

因此
$$\begin{pmatrix} y_1 \\ y_2 \\ y_3 \end{pmatrix} = \boldsymbol{P}^{-1} \begin{pmatrix} 2 \\ 5 \\ -1 \end{pmatrix} = \begin{pmatrix} 1 & -1 & -1 \\ -1 & 1 & 0 \\ 1 & 0 & 2 \end{pmatrix} \begin{pmatrix} 2 \\ 5 \\ -1 \end{pmatrix} = \begin{pmatrix} -2 \\ 3 \\ 0 \end{pmatrix}.$$

第五节　向量的内积、长度及正交性

在平面解析几何中，有向量的长度、夹角等概念，通过引入向量的内积，就能利用内积来定义 n 维向量的长度和夹角.

一、向量的内积和长度

定义 3.13　设 $\boldsymbol{\alpha}=\begin{pmatrix}a_1\\ \vdots\\ a_n\end{pmatrix}$，$\boldsymbol{\beta}=\begin{pmatrix}b_1\\ \vdots\\ b_n\end{pmatrix}$ 为两个 n 维向量，称 $(\boldsymbol{\alpha},\boldsymbol{\beta})=a_1b_1+\cdots+a_nb_n$ 为 $\boldsymbol{\alpha}$ 与 $\boldsymbol{\beta}$ 的内积，即将两个向量的对应分量相乘相加.

特别地，还可以将内积看成两个向量的乘积，即 $(\boldsymbol{\alpha},\boldsymbol{\beta})=\boldsymbol{\alpha}^T\boldsymbol{\beta}$.

利用内积的定义，设 $\boldsymbol{\alpha},\boldsymbol{\beta},\boldsymbol{\gamma}\in\mathbf{R}^n$，$\lambda$ 是实数，能得到以下性质：

(1) $\boldsymbol{\alpha}\neq\mathbf{0}\Leftrightarrow(\boldsymbol{\alpha},\boldsymbol{\alpha})>0$；

(2) $(\boldsymbol{\alpha},\boldsymbol{\beta})=(\boldsymbol{\beta},\boldsymbol{\alpha})$；

(3) $(\lambda\boldsymbol{\alpha},\boldsymbol{\beta})=\lambda(\boldsymbol{\alpha},\boldsymbol{\beta})$；

(4) $(\boldsymbol{\alpha}+\boldsymbol{\beta},\boldsymbol{\gamma})=(\boldsymbol{\alpha},\boldsymbol{\gamma})+(\boldsymbol{\beta},\boldsymbol{\gamma})$；

(5) 施瓦茨不等式：$(\boldsymbol{\alpha},\boldsymbol{\beta})^2\leqslant(\boldsymbol{\alpha},\boldsymbol{\alpha})\cdot(\boldsymbol{\beta},\boldsymbol{\beta})$.

引入了向量的内积的概念以后，接下来定义向量的长度和夹角的概念. 先来看向量的长度的定义.

定义 3.14　$\|\boldsymbol{\alpha}\|=\sqrt{(\boldsymbol{\alpha},\boldsymbol{\alpha})}=\sqrt{a_1^2+\cdots+a_n^2}$，称为向量 $\boldsymbol{\alpha}$ 的**长度**（或**范数**），其中 $\boldsymbol{\alpha}=\begin{pmatrix}a_1\\ \vdots\\ a_n\end{pmatrix}$.

若 $\|\boldsymbol{\alpha}\|=1$，则 $\boldsymbol{\alpha}$ 称为**单位向量**.

关于向量的长度，有下面的简单性质：

(1)（非负性）$\|\boldsymbol{\alpha}\|\geqslant 0$，且 $\|\boldsymbol{\alpha}\|=0\Leftrightarrow\boldsymbol{\alpha}=\mathbf{0}$；

(2)（齐次性）$\|\lambda\cdot\boldsymbol{\alpha}\|=|\lambda|\cdot\|\boldsymbol{\alpha}\|$，其中 λ 是实数，$\boldsymbol{\alpha}$ 是 n 维向量；

(3)（三角不等式）$\|\boldsymbol{\alpha}+\boldsymbol{\beta}\|\leqslant\|\boldsymbol{\alpha}\|+\|\boldsymbol{\beta}\|$.

对于平面上的向量来说，这个性质的几何意义就是两边之和大于等于第三边.

二、向量的正交

下面利用内积来定义两个向量的夹角.

定义 3.15　若 $\boldsymbol{\alpha}\neq\mathbf{0}$，$\boldsymbol{\beta}\neq\mathbf{0}$，则 $\theta=\arccos\dfrac{(\boldsymbol{\alpha},\boldsymbol{\beta})}{\|\boldsymbol{\alpha}\|\cdot\|\boldsymbol{\beta}\|}$ 称为向量 $\boldsymbol{\alpha}$ 与 $\boldsymbol{\beta}$ 的夹角.

在这个定义里需要说明这个定义是合理的. 事实上，根据施瓦茨不等式，有 $(\boldsymbol{\alpha},\boldsymbol{\beta})^2\leqslant(\boldsymbol{\alpha},\boldsymbol{\alpha})\cdot(\boldsymbol{\beta},\boldsymbol{\beta})$，则 $\|\boldsymbol{\alpha},\boldsymbol{\beta}\|\leqslant\sqrt{(\boldsymbol{\alpha},\boldsymbol{\alpha})\cdot(\boldsymbol{\beta},\boldsymbol{\beta})}=\|\boldsymbol{\alpha}\|\cdot\|\boldsymbol{\beta}\|$. 所以 $\left|\dfrac{(\boldsymbol{\alpha},\boldsymbol{\beta})}{\|\boldsymbol{\alpha}\|\cdot\|\boldsymbol{\beta}\|}\right|\leqslant 1$.

在平面解析几何里有垂直的概念，下面把垂直这个概念推广到向量空间中去.

定义 3.16 若 $(\boldsymbol{\alpha}, \boldsymbol{\beta}) = 0$，则称 $\boldsymbol{\alpha}$ 与 $\boldsymbol{\beta}$ **正交**，零向量与任何向量正交.

同时，若 $\boldsymbol{\alpha} \neq \mathbf{0}, \boldsymbol{\beta} \neq \mathbf{0}$，则 $\boldsymbol{\alpha}$ 与 $\boldsymbol{\beta}$ 正交 $\Leftrightarrow (\boldsymbol{\alpha}, \boldsymbol{\beta}) = 0 \Leftrightarrow \arccos \dfrac{(\boldsymbol{\alpha}, \boldsymbol{\beta})}{\|\boldsymbol{\alpha}\| \cdot \|\boldsymbol{\beta}\|} = 90°$. 也就是说两个非零向量正交当且仅当它们的夹角是 $90°$.

实际上，正交就相当于垂直，因此在 n 维向量空间 $\mathbf{R}^n$ 中，也有类似的勾股定理：

定理 3.8 若 $\boldsymbol{\alpha} \perp \boldsymbol{\beta}$，则 $\|\boldsymbol{\alpha}+\boldsymbol{\beta}\|^2 = \|\boldsymbol{\alpha}\|^2 + \|\boldsymbol{\beta}\|^2$.

事实上，

$$
\begin{aligned}
\|\boldsymbol{\alpha}+\boldsymbol{\beta}\|^2 &= (\boldsymbol{\alpha}+\boldsymbol{\beta}, \boldsymbol{\alpha}+\boldsymbol{\beta}) \\
&= (\boldsymbol{\alpha}, \boldsymbol{\alpha}) + (\boldsymbol{\alpha}, \boldsymbol{\beta}) + (\boldsymbol{\beta}, \boldsymbol{\alpha}) + (\boldsymbol{\beta}, \boldsymbol{\beta}) \\
&= (\boldsymbol{\alpha}, \boldsymbol{\alpha}) + (\boldsymbol{\beta}, \boldsymbol{\beta}) \\
&= \|\boldsymbol{\alpha}\|^2 + \|\boldsymbol{\beta}\|^2.
\end{aligned}
$$

另外，将一组两两正交的非零向量组称为**正交向量组**，下面介绍正交向量组的一些性质：

定理 3.9 若 n 维向量组 $\boldsymbol{a}_1, \boldsymbol{a}_2, \cdots, \boldsymbol{a}_m$ 是正交向量组，则 $\boldsymbol{a}_1, \boldsymbol{a}_2, \cdots, \boldsymbol{a}_m$ 线性无关.

证 设存在常数 $k_1, k_2, \cdots, k_m$，使得 $k_1\boldsymbol{a}_1 + k_2\boldsymbol{a}_2 + \cdots + k_m\boldsymbol{a}_m = \mathbf{0}$.

在方程两端左乘 $\boldsymbol{a}_1^T$，由 $\boldsymbol{a}_1^T\boldsymbol{a}_i = 0, i = 2, 3, \cdots, m$，可将方程化简为 $k_1\boldsymbol{a}_1^T\boldsymbol{a}_1 = 0$，又因为 $\boldsymbol{a}_1 \neq \mathbf{0}$，所以 $\boldsymbol{a}_1^T\boldsymbol{a}_1 \neq 0$，故 $k_1 = 0$.

同理，可证 $k_i = 0, i = 2, 3, \cdots, m$，因此，$\boldsymbol{a}_1, \boldsymbol{a}_2, \cdots, \boldsymbol{a}_m$ 线性无关.

反之，若向量组线性相关，则该向量组一定不是正交向量组，因此，n 维向量空间 $\mathbf{R}^n$ 中，最多有 n 个两两正交的向量.

例 3.17 已知三维向量空间 $\mathbf{R}^3$ 中两个向量 $\boldsymbol{a}_1 = \begin{pmatrix}1\\0\\1\end{pmatrix}, \boldsymbol{a}_2 = \begin{pmatrix}1\\0\\-1\end{pmatrix}$ 正交，试求一个非零向量 $\boldsymbol{a}_3$，使 $\boldsymbol{a}_1, \boldsymbol{a}_2, \boldsymbol{a}_3$ 两两正交.

解 设向量 $\boldsymbol{a}_3 = \begin{pmatrix}x_1\\x_2\\x_3\end{pmatrix}$，由题意可知 $\boldsymbol{a}_1^T\boldsymbol{a}_3 = 0, \boldsymbol{a}_2^T\boldsymbol{a}_3 = 0$，有方程组

$$
\begin{cases}
x_1 + x_3 = 0, \\
x_1 - x_3 = 0.
\end{cases}
$$

解得 $x_1 = x_3 = 0$，所以可取 $\boldsymbol{a}_3 = \begin{pmatrix}0\\1\\0\end{pmatrix}$.

三、标准正交基

定义 3.17 设 n 维向量 $\boldsymbol{a}_1, \boldsymbol{a}_2, \cdots, \boldsymbol{a}_m$ 是向量空间 $\mathbf{V}(\mathbf{V} \subset \mathbf{R}^n)$ 的一个基，如果 $\boldsymbol{a}_1, \boldsymbol{a}_2, \cdots, \boldsymbol{a}_m$ 两两正交，且都是单位向量，则称 $\boldsymbol{a}_1, \boldsymbol{a}_2, \cdots, \boldsymbol{a}_m$ 是 $\mathbf{V}$ 的一组**标准正交基**（也称**规范正交基**）.

例如，$e_2=\begin{pmatrix}0\\1\\\vdots\\0\end{pmatrix}$，…，$e_n=\begin{pmatrix}0\\0\\\vdots\\1\end{pmatrix}$是空间 $\mathbf{V}_1=\{(0,\ x_2,\ x_3,\ \cdots,\ x_n)^T\mid x_2,\ x_3,\ \cdots,\ x_n\in\mathbf{R}\}$ 的一组标准正交基；$e_1=\begin{pmatrix}1\\0\\\vdots\\0\end{pmatrix}$，$e_2=\begin{pmatrix}0\\1\\\vdots\\0\end{pmatrix}$，…，$e_n=\begin{pmatrix}0\\0\\\vdots\\1\end{pmatrix}$是向量空间 $\mathbf{R}^n$ 的一组标准正交基.

例 3.18　在向量空间 $\mathbf{V}(\mathbf{V}\subset\mathbf{R}^n)$ 中，$a_1,\ a_2,\ \cdots,\ a_m$ 是 $\mathbf{V}$ 的一组标准正交基，求 n 维向量 x 在这组基下的坐标.

解　因为 $a_1,\ a_2,\ \cdots,\ a_m$ 是 $\mathbf{V}$ 的一组标准正交基，则向量 x 可由标准正交基 $a_1,\ a_2,\ \cdots,\ a_m$ 表示，设表达式为

$$x=\lambda_1a_1+\lambda_2a_2+\cdots+\lambda_ma_m,$$

若用 a_i^T 左乘上式，则有

$$a_i^Tx=\lambda_ia_i^Ta_i=\lambda_i,$$

即

$$\lambda_i=a_i^Tx=(x,\ a_i).$$

显然，向量在标准正交基下的坐标更易求出，因此，在给向量空间取基时常常取标准正交基，那如何将一组线性无关的基化为标准正交基就显得格外重要了，将这一过程称为把基 $a_1,\ a_2,\ \cdots,\ a_m$ 标准正交化，下面提供一种正交化的方法——施密特正交化法.

$$\begin{aligned}
b_1&=a_1,\\
b_2&=a_2-\frac{(b_1,\ a_2)}{(b_1,\ b_1)}b_1,\\
&\vdots\\
b_m&=a_m-\frac{(b_1,\ a_m)}{(b_1,\ b_1)}b_1-\frac{(b_2,\ a_m)}{(b_2,\ b_2)}b_2-\cdots-\frac{(b_{m-1},\ a_m)}{(b_{m-1},\ b_{m-1})}b_{m-1}.
\end{aligned}$$

容易验证 $b_1,\ b_2,\ \cdots,\ b_m$ 两两正交，且 $b_1,\ b_2,\ \cdots,\ b_m$ 与 $a_1,\ a_2,\ \cdots,\ a_m$ 等价.

然后把它们单位化，即

$$c_1=\frac{1}{\|b_1\|}b_1,\ c_2=\frac{1}{\|b_2\|}b_2,\ \cdots,\ c_m=\frac{1}{\|b_m\|}b_m$$

就是 $\mathbf{V}$ 的一组标准正交基.

例 3.19　已知向量组 $a_1=\begin{pmatrix}1\\0\\1\end{pmatrix}$，$a_2=\begin{pmatrix}1\\-1\\1\end{pmatrix}$，$a_3=\begin{pmatrix}2\\1\\1\end{pmatrix}$是向量空间 $\mathbf{R}^3$，试用施密特正交化过程把这组向量标准正交化.

解 取

$$\boldsymbol{b}_1=\boldsymbol{a}_1,$$

$$\boldsymbol{b}_2=\boldsymbol{a}_2-\frac{(\boldsymbol{b}_1,\boldsymbol{a}_2)}{(\boldsymbol{b}_1,\boldsymbol{b}_1)}\boldsymbol{b}_1=\begin{pmatrix}1\\-1\\1\end{pmatrix}-\frac{2}{2}\begin{pmatrix}1\\0\\1\end{pmatrix}=\begin{pmatrix}0\\-1\\0\end{pmatrix},$$

$$\boldsymbol{b}_3=\boldsymbol{a}_3-\frac{(\boldsymbol{b}_1,\boldsymbol{a}_3)}{(\boldsymbol{b}_1,\boldsymbol{b}_1)}\boldsymbol{b}_1-\frac{(\boldsymbol{b}_2,\boldsymbol{a}_3)}{(\boldsymbol{b}_2,\boldsymbol{b}_2)}\boldsymbol{b}_2=\begin{pmatrix}2\\1\\1\end{pmatrix}-\frac{3}{2}\begin{pmatrix}1\\0\\1\end{pmatrix}-\frac{-1}{1}\begin{pmatrix}0\\-1\\0\end{pmatrix}=\begin{pmatrix}\frac{1}{2}\\0\\-\frac{1}{2}\end{pmatrix}=\frac{1}{2}\begin{pmatrix}1\\0\\-1\end{pmatrix}.$$

再将它们单位化,取

$$\boldsymbol{c}_1=\frac{1}{\|\boldsymbol{b}_1\|}\boldsymbol{b}_1=\frac{\sqrt{2}}{2}\begin{pmatrix}1\\0\\1\end{pmatrix},\ \boldsymbol{c}_2=\frac{1}{\|\boldsymbol{b}_2\|}\boldsymbol{b}_2=\begin{pmatrix}0\\-1\\0\end{pmatrix},\ \boldsymbol{c}_3=\frac{1}{\|\boldsymbol{b}_3\|}\boldsymbol{b}_3=\frac{\sqrt{2}}{2}\begin{pmatrix}1\\0\\-1\end{pmatrix}.$$

四、正交矩阵

定义 3.18 如果 n 阶矩阵 $\boldsymbol{A}$,满足

$$\boldsymbol{A}^T\boldsymbol{A}=\boldsymbol{E}\text{ 或 }\boldsymbol{A}^{-1}=\boldsymbol{A}^T,$$

则称 $\boldsymbol{A}$ 为**正交矩阵**,简称**正交阵**.

事实上,若记 $\boldsymbol{A}=\begin{pmatrix}\boldsymbol{a}_1^T\\\boldsymbol{a}_2^T\\\vdots\\\boldsymbol{a}_n^T\end{pmatrix}$,则可将上式表示为

$$\begin{pmatrix}\boldsymbol{a}_1^T\\\boldsymbol{a}_2^T\\\vdots\\\boldsymbol{a}_n^T\end{pmatrix}(\boldsymbol{a}_1,\boldsymbol{a}_2,\cdots,\boldsymbol{a}_n)=\boldsymbol{E},$$

从而说明

$$\boldsymbol{a}_i^T\boldsymbol{a}_j=\begin{cases}1 & \text{当 } i=j\\0 & \text{当 } i\neq j\end{cases}(i,j=1,2,\cdots,n).$$

因此,可以得到如下结论:

定理 3.10 矩阵 $\boldsymbol{A}$ 是正交矩阵的充分必要条件为 $\boldsymbol{A}$ 的列(行)向量组是向量空间 $\mathbf{R}^n$ 的一组标准正交基.

例 3.20 易验证矩阵

$$P=\begin{pmatrix}\frac{\sqrt{2}}{2} & \frac{\sqrt{2}}{2} & 0\\ 0 & 0 & 1\\ \frac{\sqrt{2}}{2} & -\frac{\sqrt{2}}{2} & 0\end{pmatrix}$$

为正交矩阵.

正交矩阵还具有以下性质：

(1) 若 $\boldsymbol{A}$ 为正交矩阵，则 $\boldsymbol{A}^{-1}=\boldsymbol{A}^{T}$ 也是正交矩阵；

(2) 正交矩阵的行列式 $|\boldsymbol{A}|=\pm 1$；

(3) 若 $\boldsymbol{A}$ 和 $\boldsymbol{B}$ 都是正交矩阵，则 $\boldsymbol{AB}$ 也是正交矩阵.

定义 3.19　若 $\boldsymbol{A}$ 为正交矩阵，则线性变换 $\boldsymbol{y}=\boldsymbol{Ax}$ 称为**正交变换**.

事实上，若 $\boldsymbol{y}=\boldsymbol{Ax}$ 为正交变换，则有

$$\|\boldsymbol{y}\|=\sqrt{\boldsymbol{y}^{T}\boldsymbol{y}}=\sqrt{\boldsymbol{x}^{T}\boldsymbol{A}^{T}\boldsymbol{Ax}}=\sqrt{\boldsymbol{x}^{T}\boldsymbol{x}}=\|\boldsymbol{x}\|.$$

若将 $\|\boldsymbol{x}\|$ 理解为向量的长度或线段的长度，那么上式说明，正交变换能够保持线段长度不变.

第六节　数学实验3：向量组的秩与线性相关性

一、运算符

关于向量组的秩与线性相关性的运算符主要有 rref(A)(化矩阵为行最简形)、format rat(以有理格式输出)、orth(A)(正交规范化)等.

二、实例

例 3.21　求向量组 $\boldsymbol{\alpha}_1=(2,-1,1)^{T}$，$\boldsymbol{\alpha}_2=(-1,2,1)^{T}$，$\boldsymbol{\alpha}_3=(1,1,2)^{T}$ 的秩，并判断其线性相关性.

```
>>A=[2 -1 1;-1 2 1;1 1 2];
>>r=rank(A)
r=
        2
```

由于秩为 2，小于向量个数 3，因此该向量组线性相关.

例 3.22　求向量组 $\boldsymbol{a}_1=(1,-2,2,3)^{T}$，$\boldsymbol{a}_2=(-2,4,-1,3)^{T}$，$\boldsymbol{a}_3=(-1,2,0,3)^{T}$，$\boldsymbol{a}_4=(0,6,2,3)^{T}$，$\boldsymbol{a}_5=(2,-6,3,4)^{T}$ 的一个极大无关组.

```
>>a1=[1 -2 2 3]';
>>a2=[-2 4 -1 3]';
>>a3=[-1 2 0 3]';
```

```
>>a4=[0 6 2 3]';
>>a5=[2 -6 3 4]';
>>A=[a1 a2 a3 a4 a5]
>>format rat
>>B=rref(A)
ans
A=
     1      -2      -1      0      2
    -2       4       2      6     -6
     2      -1       0      2      3
     3       3       3      3      4
B=
     1       0     1/3      0   16/9
     0       1     2/3      0   -1/9
     0       0       0      1   -1/3
     0       0       0      0      0
```

由 B 中得：向量 a1，a2，a4 为其中一个极大无关组.

```
注：[R,s]=rref(A);        %把矩阵 A 的行最简形阶梯矩阵赋给了 R
                          %而 R 的所有基准元素在矩阵中的列号构成了行向量 s
                          %向量 s 中的元素即为极大无关组向量的下标
r=length(s);              %极大无关组所含向量个数赋给 r
```

例 3.23 求矩阵 $\boldsymbol{A}$ 的列向量组的一个极大无关组，并用极大无关组表示其余向量，其中

$$\boldsymbol{A}=\begin{pmatrix}1 & 3 & 0 & 1 & 2\\ -1 & 0 & 3 & -1 & 1\\ 2 & 7 & 1 & 2 & 5\\ 4 & 14 & 2 & 0 & 6\end{pmatrix}(例\ 3.11).$$

```
>>format rat
>>A=[1 3 0 1 2;-1 0 3 -1 1;2 7 1 2 5;4 14 2 0 6];
>>B=rref(A)
B=
     1       0      -3      0     -2
     0       1       1      0      1
     0       0       0      1      1
     0       0       0      0      0
```

记矩阵 $\boldsymbol{A}$ 的 5 个列向量依次为 $\boldsymbol{a}_1$，$\boldsymbol{a}_2$，$\boldsymbol{a}_3$，$\boldsymbol{a}_4$，$\boldsymbol{a}_5$，则 $\boldsymbol{a}_1$，$\boldsymbol{a}_2$，$\boldsymbol{a}_4$ 是列向量组的一个极大无关组，且有 $\boldsymbol{a}_3=-3\boldsymbol{a}_1+\boldsymbol{a}_2$，$\boldsymbol{a}_5=-2\boldsymbol{a}_1+\boldsymbol{a}_2+\boldsymbol{a}_4$.

例 3.24 药方配置问题(例 3.12).

```
>>a1=[10;12;5;7;0;25;9;6;8];
>> a2=[2;0;3;9;1;5;4;5;2];
>>a3=[14;12;11;25;2;35;17;16;12];
>>a4=[12;25;0;5;25;5;25;10;0];
>>a5=[20;35;5;15;5;35;2;10;2];
>>a6=[38;60;14;47;33;55;39;35;6];
>>a7=[100;55;0;35;6;50;25;10;20];
>>A=[a1,a2,a3,a4,a5,a6,a7]
>>[U,r]=rref(A)
ans
U=
        1  0  1  0  0  0  0
        0  1  2  0  0  3  0
        0  0  0  1  0  1  0
        0  0  0  0  1  1  0
        0  0  0  0  0  0  1
        0  0  0  0  0  0  0
        0  0  0  0  0  0  0
        0  0  0  0  0  0  0
        0  0  0  0  0  0  0
r=
  1        2        4        5        7
```

知 $R(\boldsymbol{A})=5$，故列向量组的极大无关组含 5 个向量.

(1) 由于要配置 3 号药品，因此可以取 $\boldsymbol{a}_1$，$\boldsymbol{a}_2$，$\boldsymbol{a}_4$，$\boldsymbol{a}_5$，$\boldsymbol{a}_7$ 为向量组的极大无关组，并有 $\boldsymbol{a}_3=\boldsymbol{a}_1+2\boldsymbol{a}_2$；

(2) 无法配置 7 号药品，因为向量组的任意极大无关组都包含向量 $\boldsymbol{a}_7$.

例 3.25　求 $\boldsymbol{A}=\begin{pmatrix}4&0&0\\0&3&1\\0&1&3\end{pmatrix}$ 的正交矩阵.

```
>>A=[4 0 0; 0 3 1; 0 1 3];
>>P=orth(A)
ans=
P=
     1.0000          0          0
          0     0.7071    -0.7071
          0     0.7071     0.7071
```

本章小结

一、思维导图

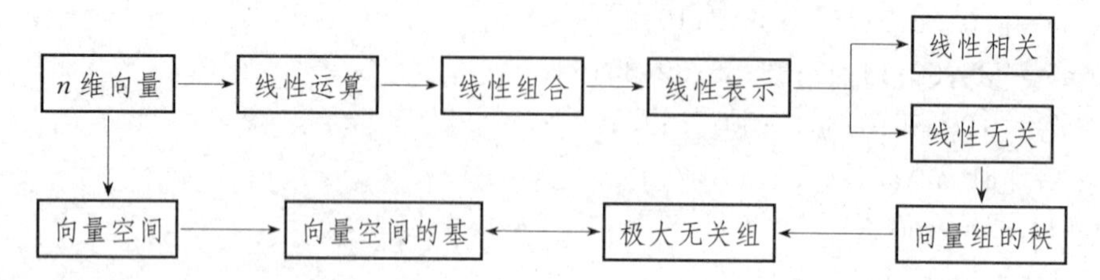

二、知识总结

(一) n 维向量的线性运算

向量的加法和数乘运算统称为向量的线性运算,它们具有以下性质:

(1) $\boldsymbol{a}+\boldsymbol{b}=\boldsymbol{b}+\boldsymbol{a}$;

(2) $\boldsymbol{a}+\boldsymbol{b}+\boldsymbol{c}=\boldsymbol{a}+(\boldsymbol{b}+\boldsymbol{c})$;

(3) $\boldsymbol{a}+\boldsymbol{0}=\boldsymbol{a}$;

(4) $\boldsymbol{a}+(-\boldsymbol{a})=\boldsymbol{0}$;

(5) $1\boldsymbol{a}=\boldsymbol{a}$;

(6) $(\lambda\mu)\boldsymbol{a}=\lambda(\mu\boldsymbol{a})=\mu(\lambda\boldsymbol{a})$;

(7) $(\lambda+\mu)\boldsymbol{a}=\lambda\boldsymbol{a}+\mu\boldsymbol{a}$;

(8) $\lambda(\boldsymbol{a}+\boldsymbol{b})=\lambda\boldsymbol{a}+\lambda\boldsymbol{b}$.

(二) n 维向量的线性表示的判定定理

1. 向量 $\boldsymbol{b}$ 可由向量组 $\boldsymbol{A}$ 线性表示的充分必要条件

(1) 方程组 $x_1\boldsymbol{a}_1+x_2\boldsymbol{a}_2+\cdots+x_m\boldsymbol{a}_m=\boldsymbol{b}$ 有解;

(2) 矩阵 $\boldsymbol{A}=(\boldsymbol{a}_1,\boldsymbol{a}_2,\cdots,\boldsymbol{a}_m)$ 的秩等于矩阵 $\boldsymbol{B}=(\boldsymbol{a}_1,\boldsymbol{a}_2,\cdots,\boldsymbol{a}_m,\boldsymbol{b})$ 的秩.

2. 向量组 $\boldsymbol{B}$ 可由向量组 $\boldsymbol{A}$ 线性表示的充分必要条件

(1) 存在矩阵 $\boldsymbol{K}$,使 $\boldsymbol{B}=\boldsymbol{AK}$;

(2) 矩阵方程 $\boldsymbol{B}=\boldsymbol{AX}$ 有解;

(3) $R(\boldsymbol{A})\leqslant R(\boldsymbol{A},\boldsymbol{B})$.

3. 向量组 $\boldsymbol{B}$ 与向量组 $\boldsymbol{A}$ 等价的充分必要条件

(1) $R(\boldsymbol{A})=R(\boldsymbol{B})=R(\boldsymbol{A},\boldsymbol{B})$;

(2) 矩阵方程 $\boldsymbol{B}=\boldsymbol{AX}$ 及 $\boldsymbol{A}=\boldsymbol{BX}$ 有解.

(三) n 维向量的线性相关性

1. 线性相关性的判定定理

线性相关	线性无关
存在不全为零的数 $k_1,k_2,\cdots,k_m$,使 $k_1\boldsymbol{a}_1+k_2\boldsymbol{a}_2+\cdots+k_m\boldsymbol{a}_m=\boldsymbol{0}$	当且仅当 $k_1=k_2=\cdots=k_m=0$ 时,$k_1\boldsymbol{a}_1+k_2\boldsymbol{a}_2+\cdots+k_m\boldsymbol{a}_m=\boldsymbol{0}$ 才能成立

（续表）

线 性 相 关	线 性 无 关
方程组 $\boldsymbol{Ax}=\boldsymbol{0}$ 有非零解	方程组 $\boldsymbol{Ax}=\boldsymbol{0}$ 仅有零解
$R(\boldsymbol{A})<m$	$R(\boldsymbol{A})=m$
$\boldsymbol{A}$ 中至少有一个向量可由其余向量线性表示	$\boldsymbol{A}$ 中任意向量都不能由其余向量线性表示

特别地，当向量组 $\boldsymbol{A}$: $\boldsymbol{a}_1, \boldsymbol{a}_2, \cdots, \boldsymbol{a}_n$ 是 n 个 n 维向量的向量组时，则其线性相关的充分必要条件为 $|\boldsymbol{A}|=0$；线性无关的充分必要条件为 $|\boldsymbol{A}|\neq 0$.

2. 线性相关性的性质

(1) 若向量组 $\boldsymbol{A}$: $\boldsymbol{a}_1, \boldsymbol{a}_2, \cdots, \boldsymbol{a}_m$ 线性相关，则向量组 $\boldsymbol{B}$: $\boldsymbol{a}_1, \boldsymbol{a}_2, \cdots, \boldsymbol{a}_m, \boldsymbol{a}_{m+1}$ 也线性相关；反之，线性无关的向量组的任何非空的部分向量组都线性无关；

(2) 当 $m>n$ 时，向量组 $\boldsymbol{A}$: $\boldsymbol{a}_1, \boldsymbol{a}_2, \cdots, \boldsymbol{a}_m$ 一定线性相关；

(3) 若向量组 $\boldsymbol{A}$: $\boldsymbol{a}_1, \boldsymbol{a}_2, \cdots, \boldsymbol{a}_m$ 线性无关，而向量组 $\boldsymbol{B}$: $\boldsymbol{a}_1, \boldsymbol{a}_2, \cdots, \boldsymbol{a}_m, \boldsymbol{b}$ 线性相关，则向量 $\boldsymbol{b}$ 必能由向量组 $\boldsymbol{A}$ 线性表示，且表达式唯一.

（四）向量组的秩

1. 极大无关组的性质

设向量组 $\boldsymbol{A}$ 由 n 维向量构成，若子向量组 $\boldsymbol{A}_0$: $\boldsymbol{a}_1, \boldsymbol{a}_2, \cdots, \boldsymbol{a}_r$ 是向量组 $\boldsymbol{A}$ 的一个极大无关组，则以下性质成立：

(1) 极大无关组自身线性无关；

(2) $R(\boldsymbol{A})=R(\boldsymbol{A}_0)=r$；

(3) 向量组 $\boldsymbol{A}$ 中任意 $r+1$ 个向量（如果有的话）都线性相关；

(4) 向量组 $\boldsymbol{A}$ 的任一向量都能由向量组 $\boldsymbol{A}_0$: $\boldsymbol{a}_1, \boldsymbol{a}_2, \cdots, \boldsymbol{a}_r$ 线性表示.

2. 矩阵的秩

矩阵的秩等于它的列向量组的秩，也等于它的行向量组的秩.

3. 求解向量组的极大无关组

(1) 若是有限个向量组，则根据上面的性质，可以先确定向量组的秩 r，再找 r 个线性无关的向量组成极大无关组；

(2) 若是无穷多个向量组成的向量组，则要按照定义来求向量组的极大无关组.

（五）向量空间

(1) 对加法和数乘封闭的向量组才被称为向量空间；

(2) 向量空间的极大无关组被称为向量空间的一组基，它的秩被称为向量空间的维数；

(3) 单位向量组 $\boldsymbol{e}_1, \boldsymbol{e}_2, \cdots, \boldsymbol{e}_n$ 是 n 维向量空间 $\mathbf{R}^n$ 中的一组自然基，也是一组标准正交基.

（六）向量的内积、长度及正交性

1. 内积的性质

(1) $\boldsymbol{\alpha}\neq\boldsymbol{0}\Leftrightarrow(\boldsymbol{\alpha}, \boldsymbol{\alpha})>0$；

(2) $(\boldsymbol{\alpha}, \boldsymbol{\beta})=(\boldsymbol{\beta}, \boldsymbol{\alpha})$；

(3) $(\lambda\boldsymbol{\alpha}, \boldsymbol{\beta})=\lambda(\boldsymbol{\alpha}, \boldsymbol{\beta})$；

(4) $(\boldsymbol{\alpha}+\boldsymbol{\beta}, \boldsymbol{\gamma})=(\boldsymbol{\alpha}, \boldsymbol{\gamma})+(\boldsymbol{\beta}, \boldsymbol{\gamma})$;

(5) 施瓦茨不等式：$(\boldsymbol{\alpha}, \boldsymbol{\beta})^2 \leqslant (\boldsymbol{\alpha}, \boldsymbol{\alpha}) \cdot (\boldsymbol{\beta}, \boldsymbol{\beta})$.

2. 长度的性质

(1)（非负性）$\|\boldsymbol{\alpha}\| \geqslant 0$，且 $\|\boldsymbol{\alpha}\|=0 \Leftrightarrow \boldsymbol{\alpha}=\mathbf{0}$;

(2)（齐次性）$\|\lambda \cdot \boldsymbol{\alpha}\|=|\lambda| \cdot \|\boldsymbol{\alpha}\|$，其中 λ 是实数，$\boldsymbol{\alpha}$ 是 n 维向量;

(3)（三角不等式）$\|\boldsymbol{\alpha}+\boldsymbol{\beta}\| \leqslant \|\boldsymbol{\alpha}\|+\|\boldsymbol{\beta}\|$.

3. 向量正交的性质

(1) 若 $(\boldsymbol{\alpha}, \boldsymbol{\beta})=0$，则称 $\boldsymbol{\alpha}$ 与 $\boldsymbol{\beta}$ 正交;

(2) 零向量与任何向量正交;

(3) 若 $\boldsymbol{\alpha} \perp \boldsymbol{\beta}$，则 $\|\boldsymbol{\alpha}+\boldsymbol{\beta}\|^2=\|\boldsymbol{\alpha}\|^2+\|\boldsymbol{\beta}\|^2$;

(4) 若 n 维向量组 $\boldsymbol{a}_1, \boldsymbol{a}_2, \cdots, \boldsymbol{a}_m$ 是正交向量组，则 $\boldsymbol{a}_1, \boldsymbol{a}_2, \cdots, \boldsymbol{a}_m$ 线性无关.

4. 施密特正交化法

将线性无关的向量组 $\boldsymbol{a}_1, \boldsymbol{a}_2, \cdots, \boldsymbol{a}_m$ 正交化法——施密特正交化法.

习题三

一、选择题

1. 设 $\boldsymbol{a}_1, \boldsymbol{a}_2, \boldsymbol{b}_1, \boldsymbol{b}_2$ 都是三维列向量，且三阶行列式 $|\boldsymbol{a}_1 \quad \boldsymbol{a}_2 \quad \boldsymbol{b}_1|=m$，$|\boldsymbol{b}_2 \quad \boldsymbol{a}_1 \quad \boldsymbol{a}_2|=n$，则行列式 $|\boldsymbol{a}_1 \quad \boldsymbol{b}_1+\boldsymbol{b}_2 \quad \boldsymbol{a}_2|=$（　　）.

A. $m+n$　　B. $m-n$　　C. $-m+n$　　D. $-m-n$

2. 设向量组 $\boldsymbol{a}_1=\begin{pmatrix}1\\0\\0\end{pmatrix}$，$\boldsymbol{a}_2=\begin{pmatrix}1\\1\\0\end{pmatrix}$，则可以被向量组线性表示的为（　　）.

A. $\begin{pmatrix}1\\0\\1\end{pmatrix}$　　B. $\begin{pmatrix}2\\1\\0\end{pmatrix}$　　C. $\begin{pmatrix}2\\1\\2\end{pmatrix}$　　D. $\begin{pmatrix}0\\1\\-2\end{pmatrix}$

3. 已知 3×4 矩阵 $\boldsymbol{A}$ 的行向量组线性无关，则 $R(\boldsymbol{A})=$（　　）.

A. 1　　B. 2　　C. 3　　D. 4

4. 向量组 $\boldsymbol{a}_1, \boldsymbol{a}_2, \cdots, \boldsymbol{a}_m$ 线性相关，且秩为 s，则（　　）.

A. $m=s$　　B. $m \leqslant s$　　C. $m \geqslant s$　　D. $m>s$

5. 设有 n 维向量组 $\boldsymbol{a}_1, \boldsymbol{a}_2, \cdots, \boldsymbol{a}_m$，则（　　）.

A. 当 $m<n$ 时，该向量组一定线性相关

B. 当 $m>n$ 时，该向量组一定线性相关

C. 当 $m<n$ 时，该向量组一定线性无关

D. 当 $m>n$ 时，该向量组一定线性无关

6. n 阶方阵 $\boldsymbol{A}$ 可逆的充分必要条件是（　　）.

A. $R(\boldsymbol{A})=r<n$　　B. $\boldsymbol{A}$ 列向量组的秩为 n

C. $\boldsymbol{A}$ 的每一个行向量都是非零向量　　D. 方程组 $\boldsymbol{Ax}=\mathbf{0}$ 有非零解

7. 设 $\boldsymbol{A}$ 为 n 阶方阵，且 $|\boldsymbol{A}|=0$，则（　　）.

A. $\boldsymbol{A}$ 中任意一行是其他行的线性组合

B. $\boldsymbol{A}$ 中至少有一行元素全为零

C. $\boldsymbol{A}$ 中必有一行为其他行的线性组合

D. $\boldsymbol{A}$ 中两行(列)对应元素成比例

8. n 维向量组 $\boldsymbol{a}_1, \boldsymbol{a}_2, \cdots, \boldsymbol{a}_m$ 线性无关的充分条件是(　　).

A. $\boldsymbol{a}_1, \boldsymbol{a}_2, \cdots, \boldsymbol{a}_m$ 都不是零向量

B. $\boldsymbol{a}_1, \boldsymbol{a}_2, \cdots, \boldsymbol{a}_m$ 中任意向量均不能由其他向量线性表示

C. $\boldsymbol{a}_1, \boldsymbol{a}_2, \cdots, \boldsymbol{a}_m$ 中有一部分向量组线性无关

D. $\boldsymbol{a}_1, \boldsymbol{a}_2, \cdots, \boldsymbol{a}_m$ 中任意两个向量都不成比例

9. 设有向量组 $\boldsymbol{a}_1 = \begin{pmatrix} 1 \\ 4 \\ 1 \\ 0 \end{pmatrix}, \boldsymbol{a}_2 = \begin{pmatrix} 2 \\ 9 \\ -1 \\ -3 \end{pmatrix}, \boldsymbol{a}_3 = \begin{pmatrix} 1 \\ 0 \\ -3 \\ -1 \end{pmatrix}, \boldsymbol{a}_4 = \begin{pmatrix} 3 \\ 10 \\ -7 \\ -7 \end{pmatrix}$，则该向量组的极大线性无关组为(　　).

A. $\boldsymbol{a}_1, \boldsymbol{a}_2, \boldsymbol{a}_3, \boldsymbol{a}_4$　　B. $\boldsymbol{a}_1, \boldsymbol{a}_2, \boldsymbol{a}_3$

C. $\boldsymbol{a}_1, \boldsymbol{a}_2$　　D. $\boldsymbol{a}_1, \boldsymbol{a}_3, \boldsymbol{a}_4$

10. 设 $\boldsymbol{a}_1, \boldsymbol{a}_2, \cdots, \boldsymbol{a}_m$ 均为 n 维向量，那么下列结论正确的是(　　).

A. 若对于任意一组不全为零的数 $k_1, k_2, \cdots, k_m$，都有 $k_1\boldsymbol{a}_1 + k_2\boldsymbol{a}_2 + \cdots + k_m\boldsymbol{a}_m \neq \boldsymbol{0}$，则 $\boldsymbol{a}_1, \boldsymbol{a}_2, \cdots, \boldsymbol{a}_m$ 线性无关

B. 若 $k_1\boldsymbol{a}_1 + k_2\boldsymbol{a}_2 + \cdots + k_m\boldsymbol{a}_m = \boldsymbol{0}$，则 $\boldsymbol{a}_1, \boldsymbol{a}_2, \cdots, \boldsymbol{a}_m$ 线性相关

C. 若 $\boldsymbol{a}_1, \boldsymbol{a}_2, \cdots, \boldsymbol{a}_m$ 线性相关，则对任意不全为零的数 $k_1, k_2, \cdots, k_m$，都有 $k_1\boldsymbol{a}_1 + k_2\boldsymbol{a}_2 + \cdots + k_m\boldsymbol{a}_m = \boldsymbol{0}$

D. 若 $0\boldsymbol{a}_1 + 0\boldsymbol{a}_2 + \cdots + 0\boldsymbol{a}_m = \boldsymbol{0}$，则 $\boldsymbol{a}_1, \boldsymbol{a}_2, \cdots, \boldsymbol{a}_m$ 线性无关

11. 空间 $\mathbf{V}_1 = \{(0, x_2, x_3, \cdots, x_{n-1}, 0)^T \mid x_2, x_3, \cdots, x_{n-1} \in \mathbf{R}\}$ 的维数为(　　).

A. n　　B. $n+1$　　C. $n-1$　　D. $n-2$

12. 与向量 $\begin{pmatrix} 1 \\ 1 \\ 1 \end{pmatrix}$ 正交的向量为(　　).

A. $\begin{pmatrix} 1 \\ -1 \\ 1 \end{pmatrix}$　　B. $\begin{pmatrix} 0 \\ 1 \\ 0 \end{pmatrix}$　　C. $\begin{pmatrix} 1 \\ 0 \\ -1 \end{pmatrix}$　　D. $\begin{pmatrix} 1 \\ 1 \\ -1 \end{pmatrix}$

二、填空题

1. 设 $\boldsymbol{a} - \boldsymbol{b} = \begin{pmatrix} 0 \\ 3 \\ 2 \end{pmatrix}, 2\boldsymbol{a} + \boldsymbol{b} = \begin{pmatrix} 3 \\ 6 \\ 4 \end{pmatrix}$，则 $\boldsymbol{a} =$ ________.

2. 设向量组 $\boldsymbol{a}_1 = \begin{pmatrix} 1 \\ 1 \\ 1 \end{pmatrix}, \boldsymbol{a}_2 = \begin{pmatrix} 0 \\ 0 \\ 0 \end{pmatrix}, \boldsymbol{a}_3 = \begin{pmatrix} 1 \\ 2 \\ 3 \end{pmatrix}$，则该向量组线性________.

3. 若向量组 $\boldsymbol{a}_1, \boldsymbol{a}_2, \cdots, \boldsymbol{a}_m$ 可由向量组 $\boldsymbol{b}_1, \boldsymbol{b}_2, \cdots, \boldsymbol{b}_t$ 线性表示，则 $R(\boldsymbol{a}_1, \boldsymbol{a}_2, \cdots, \boldsymbol{a}_m)$

________$R(\boldsymbol{b}_1, \boldsymbol{b}_2, \cdots, \boldsymbol{b}_t)$.

4. 若向量组 $\boldsymbol{a}=\begin{pmatrix}a_1\\a_2\\a_3\end{pmatrix}$, $\boldsymbol{b}=\begin{pmatrix}b_1\\b_2\\b_3\end{pmatrix}$ 线性相关,则向量组 $\boldsymbol{a}_1=\begin{pmatrix}a_2\\a_3\end{pmatrix}$, $\boldsymbol{b}_1=\begin{pmatrix}b_2\\b_3\end{pmatrix}$ 的线性关系是________.

5. 两向量线性相关的充分必要条件是________.

6. 方阵 $\boldsymbol{A}$ 的行向量组线性无关是 $\boldsymbol{A}$ 可逆的________条件.

7. 设向量组 $\boldsymbol{a}_1, \boldsymbol{a}_2, \boldsymbol{a}_3$ 线性无关,则向量组 $\boldsymbol{a}_1+\boldsymbol{a}_2, \boldsymbol{a}_1-\boldsymbol{a}_2, 2\boldsymbol{a}_3$ 线性________.

8. 设向量组 $\boldsymbol{a}_1, \boldsymbol{a}_2, \boldsymbol{a}_3, \boldsymbol{a}_4$ 线性无关,则向量组 $\boldsymbol{a}_1+\boldsymbol{a}_2, \boldsymbol{a}_2+\boldsymbol{a}_3, \boldsymbol{a}_3+\boldsymbol{a}_4, \boldsymbol{a}_4+\boldsymbol{a}_1$ 线性________.

9. 设二维向量空间 $\boldsymbol{V}$ 中的向量 $\boldsymbol{b}$,在基 $\{\boldsymbol{a}_1, \boldsymbol{a}_2\}$ 下的坐标为 $\begin{pmatrix}1\\2\end{pmatrix}$,则其在基 $\{\boldsymbol{a}_1+\boldsymbol{a}_2, \boldsymbol{a}_2\}$ 下的坐标为________.

10. 设 $\boldsymbol{a}_1=\begin{pmatrix}1\\2\\-1\\0\end{pmatrix}$, $\boldsymbol{a}_2=\begin{pmatrix}1\\1\\0\\2\end{pmatrix}$, $\boldsymbol{a}_3=\begin{pmatrix}2\\1\\1\\a\end{pmatrix}$,若由 $\boldsymbol{a}_1, \boldsymbol{a}_2, \boldsymbol{a}_3$ 生成的向量空间的维数是 2,则 $a=$________.

11. 向量 $\begin{pmatrix}1\\2\\-2\end{pmatrix}$ 对应的单位向量为________.

12. 正交向量组一定线性________.

13. 设向量 $\boldsymbol{a}_1=\begin{pmatrix}1\\0\\1\end{pmatrix}$, $\boldsymbol{a}_2=\begin{pmatrix}1\\1\\a\end{pmatrix}$ 正交,则 $a=$________.

14. 若 $\boldsymbol{A}=\begin{pmatrix}a_1&b_1&c_1\\a_2&b_2&c_2\\a_3&b_3&c_3\end{pmatrix}$ 是正交矩阵,则 $\boldsymbol{A}^{-1}=$________.

三、计算题

1. 设 $\boldsymbol{a}_1=\begin{pmatrix}0\\1\\1\end{pmatrix}$, $\boldsymbol{a}_2=\begin{pmatrix}1\\2\\0\end{pmatrix}$, $\boldsymbol{a}_3=\begin{pmatrix}1\\-1\\2\end{pmatrix}$.

(1) 计算 $2\boldsymbol{a}_1-\boldsymbol{a}_2+3\boldsymbol{a}_3$;

(2) 若有 $\boldsymbol{a}_1+\boldsymbol{a}_2-2\boldsymbol{a}_3-2\boldsymbol{x}=\boldsymbol{0}$,求 $\boldsymbol{x}$.

2. 判断下列各组中的向量能否表示为其他向量的线性组合,若可以,试写出其表达式.

(1) $\boldsymbol{b}=\begin{pmatrix}0\\4\\3\end{pmatrix}$, $\boldsymbol{a}_1=\begin{pmatrix}1\\3\\2\end{pmatrix}$, $\boldsymbol{a}_2=\begin{pmatrix}1\\1\\2\end{pmatrix}$, $\boldsymbol{a}_3=\begin{pmatrix}2\\0\\1\end{pmatrix}$;

(2) $\boldsymbol{b}=\begin{pmatrix}3\\6\\-2\\2\end{pmatrix}$, $\boldsymbol{a}_1=\begin{pmatrix}1\\0\\1\\0\end{pmatrix}$, $\boldsymbol{a}_2=\begin{pmatrix}2\\3\\1\\4\end{pmatrix}$, $\boldsymbol{a}_3=\begin{pmatrix}1\\3\\-1\\2\end{pmatrix}$;

(3) $\boldsymbol{b}=\begin{pmatrix}1\\2\\-1\\5\end{pmatrix}$, $\boldsymbol{a}_1=\begin{pmatrix}4\\3\\-1\\11\end{pmatrix}$, $\boldsymbol{a}_2=\begin{pmatrix}4\\3\\0\\11\end{pmatrix}$.

3. 设 $\boldsymbol{a}_1=\begin{pmatrix}2+\lambda\\2\\2\end{pmatrix}$, $\boldsymbol{a}_2=\begin{pmatrix}2\\2+\lambda\\2\end{pmatrix}$, $\boldsymbol{a}_3=\begin{pmatrix}2\\2\\2+\lambda\end{pmatrix}$, $\boldsymbol{b}=\begin{pmatrix}0\\\lambda\\\lambda^2\end{pmatrix}$，则：

(1) λ 为何值时，$\boldsymbol{b}$ 能由 $\boldsymbol{a}_1$, $\boldsymbol{a}_2$, $\boldsymbol{a}_3$ 唯一线性表示?

(2) λ 为何值时，$\boldsymbol{b}$ 能由 $\boldsymbol{a}_1$, $\boldsymbol{a}_2$, $\boldsymbol{a}_3$ 线性表示，但表达式不唯一?

(3) λ 为何值时，$\boldsymbol{b}$ 不能由 $\boldsymbol{a}_1$, $\boldsymbol{a}_2$, $\boldsymbol{a}_3$ 线性表示?

4. 设有向量组 $\boldsymbol{A}$: $\boldsymbol{a}_1=\begin{pmatrix}m\\2\\10\end{pmatrix}$, $\boldsymbol{a}_2=\begin{pmatrix}-2\\1\\5\end{pmatrix}$, $\boldsymbol{a}_3=\begin{pmatrix}-1\\1\\4\end{pmatrix}$ 及向量 $\boldsymbol{b}=\begin{pmatrix}1\\1\\-1\end{pmatrix}$，问 m 为何值时，

(1) 向量 $\boldsymbol{b}$ 不能由向量组 $\boldsymbol{A}$ 线性表示；

(2) 向量 $\boldsymbol{b}$ 能由向量组 $\boldsymbol{A}$ 线性表示，并写出表达式.

5. 证明：向量组 $\boldsymbol{a}_1=\begin{pmatrix}1\\1\\1\end{pmatrix}$, $\boldsymbol{a}_2=\begin{pmatrix}1\\0\\-1\end{pmatrix}$, $\boldsymbol{a}_3=\begin{pmatrix}1\\0\\1\end{pmatrix}$ 与向量组 $\boldsymbol{b}_1=\begin{pmatrix}1\\2\\1\end{pmatrix}$, $\boldsymbol{b}_2=\begin{pmatrix}2\\3\\4\end{pmatrix}$, $\boldsymbol{b}_3=\begin{pmatrix}3\\4\\3\end{pmatrix}$ 等价.

6. 判断下列各向量组是否线性相关，并说明理由.

(1) $\boldsymbol{a}_1=\begin{pmatrix}1\\1\\2\\1\end{pmatrix}$, $\boldsymbol{a}_2=\begin{pmatrix}1\\4\\8\\0\end{pmatrix}$, $\boldsymbol{a}_3=\begin{pmatrix}1\\0\\0\\2\end{pmatrix}$;

(2) $\boldsymbol{a}_1=\begin{pmatrix}1\\2\\3\\4\end{pmatrix}$, $\boldsymbol{a}_2=\begin{pmatrix}2\\3\\4\\5\end{pmatrix}$, $\boldsymbol{a}_3=\begin{pmatrix}3\\4\\5\\6\end{pmatrix}$, $\boldsymbol{a}_4=\begin{pmatrix}5\\6\\7\\8\end{pmatrix}$;

(3) $\boldsymbol{a}_1=\begin{pmatrix}1\\2\\1\\3\end{pmatrix}$, $\boldsymbol{a}_2=\begin{pmatrix}2\\1\\1\\4\end{pmatrix}$, $\boldsymbol{a}_3=\begin{pmatrix}2\\6\\2\\6\end{pmatrix}$, $\boldsymbol{a}_4=\begin{pmatrix}3\\1\\1\\5\end{pmatrix}$.

7. 设 $\boldsymbol{a}_1=\begin{pmatrix}1\\1\\1\end{pmatrix}$，$\boldsymbol{a}_2=\begin{pmatrix}1\\2\\t\end{pmatrix}$，$\boldsymbol{a}_3=\begin{pmatrix}1\\3\\7\end{pmatrix}$，$t$ 为何值时 $\boldsymbol{a}_1$，$\boldsymbol{a}_2$，$\boldsymbol{a}_3$ 线性相关；t 为何值时 $\boldsymbol{a}_1$，$\boldsymbol{a}_2$，$\boldsymbol{a}_3$ 线性无关？

8. 若 $\boldsymbol{b}_1=\boldsymbol{a}_1-\boldsymbol{a}_2$，$\boldsymbol{b}_2=2\boldsymbol{a}_1+\boldsymbol{a}_2$，$\boldsymbol{b}_3=\boldsymbol{a}_1-3\boldsymbol{a}_2$，试证：$\boldsymbol{b}_1$，$\boldsymbol{b}_2$，$\boldsymbol{b}_3$ 线性相关.

9. 设 $\mathbf{A}$ 为 n 阶方阵，$\boldsymbol{\alpha}$ 为 n 维列向量，若存在正整数 k，使得 $\mathbf{A}^k\boldsymbol{\alpha}=\mathbf{0}$，且 $\mathbf{A}^{k-1}\boldsymbol{\alpha}\neq\mathbf{0}$，证明：向量组 $\boldsymbol{\alpha}$，$\mathbf{A}\boldsymbol{\alpha}$，$\cdots$，$\mathbf{A}^{k-1}\boldsymbol{\alpha}$ 线性无关.

10. 设 $\boldsymbol{a}_1$，$\boldsymbol{a}_2$，$\cdots$，$\boldsymbol{a}_m$ 线性无关，证明：$\boldsymbol{a}_1+\boldsymbol{a}_2$，$\boldsymbol{a}_2+\boldsymbol{a}_3$，$\cdots$，$\boldsymbol{a}_m+\boldsymbol{a}_1$ 在 m 为奇数时线性无关，在 m 为偶数时线性相关.

11. 求下述列向量组的秩、极大无关组，并将其余向量用这个极大无关组线性表示.

(1) $\boldsymbol{a}_1=\begin{pmatrix}1\\1\\0\end{pmatrix}$，$\boldsymbol{a}_2=\begin{pmatrix}1\\2\\1\end{pmatrix}$，$\boldsymbol{a}_3=\begin{pmatrix}2\\1\\-1\end{pmatrix}$，$\boldsymbol{a}_4=\begin{pmatrix}3\\4\\1\end{pmatrix}$；

(2) $\boldsymbol{a}_1=\begin{pmatrix}1\\1\\1\\1\end{pmatrix}$，$\boldsymbol{a}_2=\begin{pmatrix}-3\\1\\-1\\2\end{pmatrix}$，$\boldsymbol{a}_3=\begin{pmatrix}-3\\4\\3\\4\end{pmatrix}$，$\boldsymbol{a}_4=\begin{pmatrix}-1\\2\\3\\1\end{pmatrix}$；

(3) $\boldsymbol{a}_1=\begin{pmatrix}1\\0\\-1\\4\end{pmatrix}$，$\boldsymbol{a}_2=\begin{pmatrix}2\\5\\1\\6\end{pmatrix}$，$\boldsymbol{a}_3=\begin{pmatrix}1\\5\\2\\2\end{pmatrix}$，$\boldsymbol{a}_4=\begin{pmatrix}1\\-2\\-1\\0\end{pmatrix}$；

(4) $\boldsymbol{a}_1=\begin{pmatrix}3\\-1\\2\\4\end{pmatrix}$，$\boldsymbol{a}_2=\begin{pmatrix}1\\-1\\-2\\1\end{pmatrix}$，$\boldsymbol{a}_3=\begin{pmatrix}4\\-2\\3\\-1\end{pmatrix}$，$\boldsymbol{a}_4=\begin{pmatrix}5\\-3\\1\\2\end{pmatrix}$.

12. 证明：集合 $\mathbf{V}=\{(x_1,\ x_2,\ x_3,\ \cdots,\ x_n)^T\mid x_1,\ x_2,\ x_3,\ \cdots,\ x_n\in\mathbf{R},\ x_1+x_2+x_3+\cdots+x_n=0\}$ 是向量空间.

13. 证明：集合 $\mathbf{V}=\{(x_1,\ x_2,\ x_3,\ \cdots,\ x_n)^T\mid x_1,\ x_2,\ x_3,\ \cdots,\ x_n\in\mathbf{R},\ x_1=x_2=x_3=\cdots=x_n=0\}$ 是向量空间.

14. 求向量 $\boldsymbol{b}=\begin{pmatrix}-2\\4\\-1\end{pmatrix}$ 在基 $\boldsymbol{a}_1=\begin{pmatrix}2\\0\\0\end{pmatrix}$，$\boldsymbol{a}_2=\begin{pmatrix}4\\-4\\1\end{pmatrix}$，$\boldsymbol{a}_3=\begin{pmatrix}-2\\1\\0\end{pmatrix}$ 下的坐标.

15. 求从 $\mathbf{R}^2$ 的基 $\boldsymbol{a}_1=\begin{pmatrix}1\\0\end{pmatrix}$，$\boldsymbol{a}_2=\begin{pmatrix}1\\-1\end{pmatrix}$ 到基 $\boldsymbol{b}_1=\begin{pmatrix}1\\1\end{pmatrix}$，$\boldsymbol{b}_2=\begin{pmatrix}1\\2\end{pmatrix}$ 的过渡矩阵.

16. 已知向量组 $\boldsymbol{a}_1=\begin{pmatrix}1\\0\\0\end{pmatrix}$，$\boldsymbol{a}_2=\begin{pmatrix}0\\3\\5\end{pmatrix}$，$\boldsymbol{a}_3=\begin{pmatrix}0\\1\\2\end{pmatrix}$ 和向量组 $\boldsymbol{b}_1=\begin{pmatrix}4\\2\\-1\end{pmatrix}$，$\boldsymbol{b}_2=\begin{pmatrix}-2\\3\\0\end{pmatrix}$，$\boldsymbol{b}_3=\begin{pmatrix}0\\1\\4\end{pmatrix}$.

(1) 证明：$\boldsymbol{a}_1, \boldsymbol{a}_2, \boldsymbol{a}_3$ 与 $\boldsymbol{b}_1, \boldsymbol{b}_2, \boldsymbol{b}_3$ 都是 $\mathbf{R}^3$ 的基；

(2) 求从基 $\boldsymbol{a}_1, \boldsymbol{a}_2, \boldsymbol{a}_3$ 到基 $\boldsymbol{b}_1, \boldsymbol{b}_2, \boldsymbol{b}_3$ 的过渡矩阵.

17. 设 $\boldsymbol{a}_1 = \begin{pmatrix} 1 \\ 1 \\ 1 \\ 1 \end{pmatrix}, \boldsymbol{a}_2 = \begin{pmatrix} 3 \\ 3 \\ -1 \\ -1 \end{pmatrix}, \boldsymbol{a}_3 = \begin{pmatrix} -2 \\ 0 \\ 6 \\ 8 \end{pmatrix}$，证明其线性无关，并用施密特正交化法将向量组正交化.

18. 将向量组 $\boldsymbol{a}_1 = \begin{pmatrix} 1 \\ 2 \\ 0 \end{pmatrix}, \boldsymbol{a}_2 = \begin{pmatrix} -1 \\ 0 \\ 2 \end{pmatrix}, \boldsymbol{a}_3 = \begin{pmatrix} 0 \\ 1 \\ 2 \end{pmatrix}$ 标准正交化.

19. 设 $\boldsymbol{A}$ 为奇数阶正交矩阵，且 $|\boldsymbol{A}| = 1$，证明：$|\boldsymbol{E} - \boldsymbol{A}| = 0$.

第四章

线性方程组

【学习目标】

1. 理解非齐次线性方程组有解的充分必要条件.
2. 理解齐次线性方程组有非零解的充分必要条件.
3. 掌握线性方程组解的存在性的判定方法、用初等行变换求线性方程组全部解的方法.
4. 会求齐次线性方程组的基础解系.
5. 会用齐次线性方程组的基础解系来表示非齐次线性方程组的通解.

初等数学中介绍了二元、三元一次方程组的求解，而现在学习的线性代数的主要内容就是线性方程组，将在本章中讲述线性方程组的解的存在条件，以及在无穷多解的情况下，如何通过向量来表示线性方程组的通解.

第一节　线性方程组解的存在条件

一、线性方程组解的基本概念

先来看这样一个问题：某城市部分单行道，构成了一个包含五个节点 A, B, C, D, E 的路口，如下图所示. 现给出此路口某一时段的交通流量(每小时的车流数)，试确定该交通网络未知部分的具体流量 x_1, x_2, x_3, x_4, x_5, x_6.

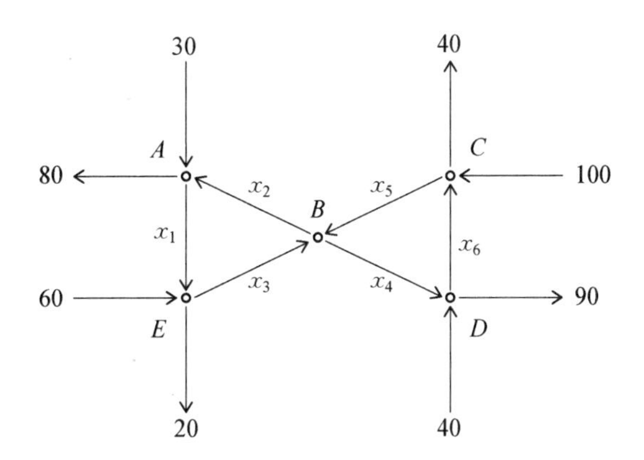

某城市部分单行道

不妨设，全部流入交通网络的流量等于全部流出交通网络的流量，全部流入一个节点的流量等于全部流出此节点的流量.

根据假设，有

对于节点 A：$x_2+30=x_1+80$；

对于节点 B：$x_3+x_5=x_2+x_4$；

对于节点 C：$x_6+100=x_5+40$；

对于节点 D：$x_4+40=x_6+90$；

对于节点 E：$x_1+60=x_3+20$.

于是，该交通网络问题可归结为如下方程组的求解：

$$\begin{cases}-x_1+x_2=50,\\-x_2+x_3-x_4+x_5=0,\\-x_5+x_6=-60,\\x_4-x_6=50,\\x_1-x_3=-40.\end{cases}$$

在本书第一章克拉默法则一节中，讨论了含有 n 个方程、n 个未知量的线性方程组解的情况，而上面的线性方程组却是 6 个未知量、5 个方程的方程组，很明显，不能用克拉默法则判断方程组解的情况. 因此为了解决这一类问题，首先给出线性方程组更一般的定义：

定义 4.1 将含有 m 个方程、n 个未知量的线性方程的组称为 n 元线性方程组，常被表示为以下形式

$$\begin{cases} a_{11}x_1 + a_{12}x_2 + \cdots + a_{1n}x_n = b_1, \\ a_{21}x_1 + a_{22}x_2 + \cdots + a_{2n}x_n = b_2, \\ \quad\vdots \\ a_{m1}x_1 + a_{m2}x_2 + \cdots + a_{mn}x_n = b_m, \end{cases} \tag{4.1}$$

其中，a_{ij} $(i = 1, 2, \cdots, m, j = 1, 2, \cdots, n)$ 称为方程组的**系数**，b_j $(j = 1, 2, \cdots, m)$ 称为方程组的**常数项**，当 $b_1, b_2, \cdots, b_m$ 不全为零时，称方程组为 n 元**非齐次**线性方程组；当 $b_1, b_2, \cdots, b_m$ 全为零时，称为**齐次**线性方程组.

若记

$$\boldsymbol{A} = \begin{pmatrix} a_{11} & a_{12} & \cdots & a_{1n} \\ a_{21} & a_{22} & \cdots & a_{2n} \\ \vdots & \vdots & & \vdots \\ a_{m1} & a_{m2} & \cdots & a_{mn} \end{pmatrix}, \boldsymbol{x} = \begin{pmatrix} x_1 \\ x_2 \\ \vdots \\ x_n \end{pmatrix}, \boldsymbol{b} = \begin{pmatrix} b_1 \\ b_2 \\ \vdots \\ b_m \end{pmatrix},$$

则可以得到方程组(4.1)的另一种表达形式

$$\boldsymbol{Ax} = \boldsymbol{b}.$$

并称矩阵 $\boldsymbol{A}$ 为方程组(4.1)的系数矩阵，$\boldsymbol{x}$ 为未知数的向量，$\boldsymbol{b}$ 为常数项向量，分块矩阵 $\boldsymbol{B} = (\boldsymbol{A}, \boldsymbol{b})$ 为增广矩阵.

进一步地，若将矩阵 $\boldsymbol{A}$ 按列分块，即 $\boldsymbol{A} = (\boldsymbol{a}_1, \boldsymbol{a}_2, \cdots, \boldsymbol{a}_n)$，其中 $\boldsymbol{a}_i$ 恰为方程组中第 i $(i = 1, 2, \cdots, n)$ 个未知数的系数，此时方程组(4.1) 又可以得出另一向量表示：

$$x_1\boldsymbol{a}_1 + x_2\boldsymbol{a}_2 + \cdots + x_n\boldsymbol{a}_n = \boldsymbol{b}$$

定义 4.2 若 $x_1 = k_1, x_2 = k_2, \cdots, x_n = k_n$ 满足方程组(4.1)的所有方程，则称 $k_1, k_2, \cdots, k_n$ 是方程组(4.1)的一个解，同时称 $\boldsymbol{\xi} = (k_1, k_2, \cdots, k_n)^T$ 是方程组(4.1)的一个**解向量**.

方程组(4.1)解的全体被称为解集合，或解向量组，记作 $\boldsymbol{S}$.

二、解线性方程组

在初等数学中，曾利用代入法、消元法等方法来求解方程组，在本章中，为了应用矩阵的知识来判断方程组解的情况，着重探讨用消元法求解方程组.

在下面求解方程组的过程中，常常用到以下三种方法：

(1) 在某一方程的两边同时乘以一个非零常数；

(2) 交换两个方程的前后位置；

(3) 将某一方程的若干倍加到另一方程上(即消元法).

显然，这三种变换不改变方程组的解，即线性方程组经过上述任意一种变换，所得的方

程组与原线性方程组同解.仿照矩阵的初等变换,可将上述三种方法称为线性方程组的**初等变换**.

例 4.1 解线性方程组:

$$\begin{cases}2x_1+x_2-5x_3=1,\\2x_1+2x_2-6x_3=0,\\x_1-x_2-x_3=2.\end{cases}$$

解 解线性方程组的基本思路是:利用对方程组的同解变换,逐步消元,最后得到只含一个未知数的方程,求出这个未知数后,再逐步回代,求出其他未知数.为了讨论线性方程组与矩阵的联系,将给出每步所对应的增广矩阵,并将求解过程分为三部分.

(1) 第二个方程除以 2,即

$$\begin{cases}2x_1+x_2-5x_3=1,\\x_1+x_2-3x_3=0,\\x_1-x_2-x_3=2.\end{cases}\leftrightarrow\begin{pmatrix}2&1&-5&1\\1&1&-3&0\\1&-1&-1&2\end{pmatrix}\qquad \boldsymbol{B}_1$$

交换第一个方程和第二个方程的位置,即

$$\begin{cases}x_1+x_2-3x_3=0,\\2x_1+x_2-5x_3=1,\\x_1-x_2-x_3=2.\end{cases}\leftrightarrow\begin{pmatrix}1&1&-3&0\\2&1&-5&1\\1&-1&-1&2\end{pmatrix}\qquad \boldsymbol{B}_2$$

第二个方程减去第一个方程的 2 倍,第三个方程减去第一个方程,即

$$\begin{cases}x_1+x_2-3x_3=0,\\-x_2+x_3=1,\\-2x_2+2x_3=2.\end{cases}\leftrightarrow\begin{pmatrix}1&1&-3&0\\0&-1&1&1\\0&-2&2&2\end{pmatrix}\qquad \boldsymbol{B}_3$$

第三个方程减去第二个方程的 2 倍,即

$$\begin{cases}x_1+x_2-3x_3=0,\\-x_2+x_3=1,\\0=0.\end{cases}\leftrightarrow\begin{pmatrix}1&1&-3&0\\0&-1&1&1\\0&0&0&0\end{pmatrix}\qquad \boldsymbol{B}_4$$

此时的增广矩阵 $\boldsymbol{B}_4$ 已化为行阶梯形矩阵,而此时所对应的方程组也具有如下特点:

① 从上向下,方程中未知数的个数逐行减少;

② 最下方有可能出现"$0=0$"的方程.

可将这样的方程组称为**阶梯形方程组**.

(2) 上一步中最后一个有效方程为第二个方程,其中包含 2 个未知数,需要在此方程组基础上,开始回代的过程.

第一个方程加上第二个方程,即

$$\begin{cases}x_1-2x_3=1,\\-x_2+x_3=1,\\0=0.\end{cases}\leftrightarrow\begin{pmatrix}1&0&-2&1\\0&-1&1&1\\0&0&0&0\end{pmatrix}\qquad \boldsymbol{B}_5$$

第二个方程乘以-1，即

$$\begin{cases} x_1 - 2x_3 = 1, \\ x_2 - x_3 = -1, \\ 0 = 0. \end{cases} \leftrightarrow \begin{pmatrix} 1 & 0 & -2 & 1 \\ 0 & 1 & -1 & -1 \\ 0 & 0 & 0 & 0 \end{pmatrix} \qquad \boldsymbol{B}_6$$

此时的增广矩阵$\boldsymbol{B}_6$已化为行最简形矩阵，而此时所对应的方程组也具有如下特点：

① 方程组是阶梯形方程组；

② 方程组已是最简形式(未知数出现的次数最少)；

③ 每个方程中第一个未知数的系数为1.

类似地，可将这样的方程组称为**最简方程组**.

(3) 对最后一个同解方程组进行化简：

$$\begin{cases} x_1 - 2x_3 = 1, \\ x_2 - x_3 = -1, \\ 0 = 0. \end{cases} \Leftrightarrow \begin{cases} x_1 = 2x_3 + 1, \\ x_2 = x_3 - 1. \end{cases}$$

很明显，该方程组有无穷多组解，而未知数x_1，x_2的值由x_3决定，不妨设$x_3 = c$，则

$$\begin{pmatrix} x_1 \\ x_2 \\ x_3 \end{pmatrix} = \begin{pmatrix} 2c+1 \\ c-1 \\ c \end{pmatrix} = c\begin{pmatrix} 2 \\ 1 \\ 1 \end{pmatrix} + \begin{pmatrix} 1 \\ -1 \\ 0 \end{pmatrix} (c\text{ 为任意常数}). \tag{4.2}$$

即该方程组的解集$\boldsymbol{S} = \left\{ \begin{pmatrix} x_1 \\ x_2 \\ x_3 \end{pmatrix} \middle| \begin{pmatrix} x_1 \\ x_2 \\ x_3 \end{pmatrix} = c\begin{pmatrix} 2 \\ 1 \\ 1 \end{pmatrix} + \begin{pmatrix} 1 \\ -1 \\ 0 \end{pmatrix} \right\}$($c$为任意常数)，将式(4.2)称为该方程组的**通解**.

从上面的求解过程，不难得出以下结论：

(1) 求解方程组的最终目的就是将方程组化为最简方程组；

(2) 线性方程组的初等变换与矩阵的行初等变换一一对应；

(3) 从求解过程中方程组和增广矩阵的对应情况可看出，求解线性方程组就是在对未知数的系数进行化简，那么不妨用增广矩阵化为行最简形的过程代替方程组的求解过程.

例4.2 解线性方程组：

$$\begin{cases} x_1 + 2x_2 + x_3 = 8, \\ 2x_1 - x_2 - x_3 = -3, \\ 3x_1 + 4x_2 - 3x_3 = 2. \end{cases}$$

解 用矩阵的行初等变换将增广矩阵化为行最简形：

$$\boldsymbol{B} = (\boldsymbol{A}, \boldsymbol{b}) = \begin{pmatrix} 1 & 2 & 1 & 8 \\ 2 & -1 & -1 & -3 \\ 3 & 4 & -3 & 2 \end{pmatrix} \sim \begin{pmatrix} 1 & 2 & 1 & 8 \\ 0 & -5 & -3 & -19 \\ 0 & -2 & -6 & -22 \end{pmatrix} \sim \begin{pmatrix} 1 & 2 & 1 & 8 \\ 0 & 1 & 3 & 11 \\ 0 & -5 & -3 & -19 \end{pmatrix}$$

$$\sim \begin{pmatrix} 1 & 2 & 1 & 8 \\ 0 & 1 & 3 & 11 \\ 0 & 0 & 1 & 3 \end{pmatrix} \sim \begin{pmatrix} 1 & 2 & 0 & 5 \\ 0 & 1 & 0 & 2 \\ 0 & 0 & 1 & 3 \end{pmatrix} \sim \begin{pmatrix} 1 & 0 & 0 & 1 \\ 0 & 1 & 0 & 2 \\ 0 & 0 & 1 & 3 \end{pmatrix}.$$

即 $\begin{pmatrix} x_1 \\ x_2 \\ x_3 \end{pmatrix} = \begin{pmatrix} 1 \\ 2 \\ 3 \end{pmatrix}$，该方程组只有唯一解.

例 4.3　解线性方程组：

$$\begin{cases} x_1 + 2x_2 + x_3 = 8, \\ 2x_1 - x_2 - x_3 = -3, \\ 3x_1 + x_2 = 4. \end{cases}$$

解　对增广矩阵化简：

$$\boldsymbol{B} = (\boldsymbol{A}, \boldsymbol{b}) = \begin{pmatrix} 1 & 2 & 1 & 8 \\ 2 & -1 & -1 & -3 \\ 3 & 1 & 0 & 4 \end{pmatrix} \sim \begin{pmatrix} 1 & 2 & 1 & 8 \\ 0 & -5 & -3 & -19 \\ 0 & -5 & -3 & -20 \end{pmatrix} \sim \begin{pmatrix} 1 & 2 & 1 & 8 \\ 0 & -5 & -3 & -19 \\ 0 & 0 & 0 & -1 \end{pmatrix}.$$

即

$$\begin{cases} x_1 + 2x_2 + x_3 = 8, \\ -5x_2 - 3x_3 = -19, \\ 0 = -1. \end{cases}$$

最后一个方程是矛盾方程，所以该方程组无解.

三、线性方程组解的判定定理

从上面的三个例子可以发现：

(1) 若 $R(\boldsymbol{A}) \neq R(\boldsymbol{B})$，方程组包含矛盾方程，所以方程组一定无解；

(2) 若 $R(\boldsymbol{A}) = R(\boldsymbol{B})$，则方程组有解.

事实上，线性方程组(4.1)的增广矩阵都可以化为如下形式的行最简形矩阵(有时还需要进行除最后一列以外的列交换才能满足)，就以下面这种特殊情况为例：

$$\boldsymbol{B} = (\boldsymbol{A}, \boldsymbol{b}) \sim \begin{pmatrix} 1 & 0 & \cdots & 0 & c_{1,r+1} & \cdots & c_{1n} & d_1 \\ 0 & 1 & \cdots & 0 & c_{2,r+1} & \cdots & c_{2n} & d_2 \\ \vdots & \vdots & \ddots & \vdots & \vdots & \ddots & \vdots & \vdots \\ 0 & 0 & \cdots & 1 & c_{r,r+1} & \cdots & c_{rn} & d_r \\ 0 & 0 & \cdots & 0 & 0 & \cdots & 0 & d_{r+1} \\ \vdots & \vdots & \ddots & \vdots & \vdots & \ddots & \vdots & \vdots \\ 0 & 0 & \cdots & 0 & 0 & \cdots & 0 & 0 \end{pmatrix}.$$

方程组化为如下同解方程组：

$$\begin{cases} x_1 + c_{1,r+1}x_{r+1} + \cdots + c_{1n}x_n = d_1, \\ x_2 + c_{2,r+1}x_{r+1} + \cdots + c_{2n}x_n = d_2, \\ \qquad \vdots \\ x_r + c_{r,r+1}x_{r+1} + \cdots + c_{rn}x_n = d_r, \\ 0 = d_{r+1}. \end{cases}$$

当 $d_{r+1} \neq 0$ 时，$R(\boldsymbol{A}) \neq R(\boldsymbol{B})$，而方程组包含矛盾方程，所以方程组 $\boldsymbol{Ax} = \boldsymbol{b}$ 无解；

当 $d_{r+1} = 0$ 时，$R(\boldsymbol{A}) = R(\boldsymbol{B}) = r$，分两种情况讨论：

(1) 若 $R(\boldsymbol{A}) = R(\boldsymbol{B}) = r = n$，即方程组可化简为

$$\begin{cases} x_1 = d_1, \\ x_2 = d_2, \\ \quad \vdots \\ x_n = d_n. \end{cases}$$

方程组有唯一解.

(2) 若 $R(\boldsymbol{A}) = R(\boldsymbol{B}) = r < n$，即方程组可化简为

$$\begin{cases} x_1 = -c_{1,\,r+1}x_{r+1} - \cdots - c_{1n}x_n + d_1, \\ x_2 = -c_{2,\,r+1}x_{r+1} - \cdots - c_{2n}x_n + d_2, \\ \qquad \vdots \\ x_r = -c_{r,\,r+1}x_{r+1} - \cdots - c_{rn}x_n + d_r. \end{cases} \tag{4.3}$$

显然，只要未知量 x_{r+1}，…，x_n 分别任意取定一个值，代入表达式(4.3)中均可以得到 x_1，…，x_r 的一组对应的值，从而得到方程组(4.1)的一个解.

由于未知量 x_{r+1}，…，x_n 的取值是任意实数，故方程组(4.1)的解有无穷多个. 由此可知，表达式(4.3)表示了方程组(4.1)的所有解. 表达式(4.3)中等号右端的未知量 x_{r+1}，…，x_n 称为**自由未知量**，用自由未知量表示其他未知量的表达式(4.3)称为方程组(4.1)的**通解**.

还可以用向量来表示方程组(4.1)的通解，如下：

$$\begin{pmatrix} x_1 \\ \vdots \\ x_r \\ x_{r+1} \\ x_{r+2} \\ \vdots \\ x_n \end{pmatrix} = k_1 \begin{pmatrix} -c_{1,\,r+1} \\ \vdots \\ -c_{r,\,r+1} \\ 1 \\ 0 \\ \vdots \\ 0 \end{pmatrix} + k_2 \begin{pmatrix} -c_{1,\,r+2} \\ \vdots \\ -c_{r,\,r+2} \\ 0 \\ 1 \\ \vdots \\ 0 \end{pmatrix} + \cdots + k_{n-r} \begin{pmatrix} -c_{1n} \\ \vdots \\ -c_{rn} \\ 0 \\ 0 \\ \vdots \\ 1 \end{pmatrix} + \begin{pmatrix} d_1 \\ \vdots \\ d_r \\ 0 \\ 0 \\ \vdots \\ 0 \end{pmatrix}.$$

其中，k_1，k_2，…，k_{n-r} 为任意常数.

特殊地，当 x_{r+1}，…，x_n 取定某组具体值时，可以得到方程组的一组具体的解，称为方程组的一个**特解**，例如 $(d_1, \cdots, d_r, 0, \cdots, 0)^T$ 就是一个特解.

综上所述，线性方程组解的情况与系数矩阵和增广矩阵的秩有关，可以给出下面重要的定理：

定理 4.1 n 元线性方程组 $\boldsymbol{Ax} = \boldsymbol{b}$，

(1) 方程组无解的充分必要条件是 $R(\boldsymbol{A}) \neq R(\boldsymbol{B})$；

(2) 方程组有唯一解的充分必要条件是 $R(\boldsymbol{A}) = R(\boldsymbol{B}) = n$；

(3) 方程组有无穷多解的充分必要条件是 $R(\boldsymbol{A}) = R(\boldsymbol{B}) < n$.

注：克拉默法则是定理 4.1 的特殊情况.

事实上，当 $m = n$ 时，系数矩阵 $\boldsymbol{A}$ 为 n 阶方阵，若 $R(\boldsymbol{A}) = n$，则 $|\boldsymbol{A}| \neq 0$. 也就是说，当系

数行列式不等于零时,方程组有唯一解,这就是克拉默法则.

接下来解决本节一开始提出的交通网络问题:由于该交通网络问题可归结为下面方程组的求解:

$$\begin{cases} -x_1+x_2=50, \\ -x_2+x_3-x_4+x_5=0, \\ -x_5+x_6=-60, \\ x_4-x_6=50, \\ x_1-x_3=-40. \end{cases}$$

于是设该线性方程组的增广矩阵为 $\boldsymbol{B}$,用矩阵的初等行变换将增广矩阵 $\boldsymbol{B}$ 化为行最简形:

$$\boldsymbol{B}=(\boldsymbol{A},\boldsymbol{b})=\begin{pmatrix} -1 & 1 & 0 & 0 & 0 & 0 & 50 \\ 0 & -1 & 1 & -1 & 1 & 0 & 0 \\ 0 & 0 & 0 & 0 & -1 & 1 & -60 \\ 0 & 0 & 0 & 1 & 0 & -1 & 50 \\ 1 & 0 & -1 & 0 & 0 & 0 & -40 \end{pmatrix} \sim \begin{pmatrix} 1 & 0 & -1 & 0 & 0 & 0 & -40 \\ 0 & 1 & -1 & 0 & 0 & 0 & 10 \\ 0 & 0 & 0 & 1 & 0 & -1 & 50 \\ 0 & 0 & 0 & 0 & 1 & -1 & 60 \\ 0 & 0 & 0 & 0 & 0 & 0 & 0 \end{pmatrix}.$$

故原方程组的同解方程组为 $\begin{cases} x_1-x_3=-40, \\ x_2-x_3=10, \\ x_4-x_6=50, \\ x_5-x_6=60. \end{cases}$

取 x_3, x_6 为自由未知量,x_1, x_2, x_4, x_5 为非自由未知量,则有

$$\begin{cases} x_1=x_3-40, \\ x_2=x_3+10, \\ x_4=x_6+50, \\ x_5=x_6+60. \end{cases}$$

令 $x_3=c_1$, $x_6=c_2$,则方程组的通解为

$$\begin{pmatrix} x_1 \\ x_2 \\ x_3 \\ x_4 \\ x_5 \\ x_6 \end{pmatrix}=\begin{pmatrix} c_1-40 \\ c_1+10 \\ c_1 \\ c_2+50 \\ c_2+60 \\ c_2 \end{pmatrix}=c_1\begin{pmatrix} 1 \\ 1 \\ 1 \\ 0 \\ 0 \\ 0 \end{pmatrix}+c_2\begin{pmatrix} 0 \\ 0 \\ 0 \\ 1 \\ 1 \\ 1 \end{pmatrix}+\begin{pmatrix} -40 \\ 10 \\ 0 \\ 50 \\ 60 \\ 0 \end{pmatrix},$$

其中,c_1, c_2 为任意常数.

注:虽然 x_3, x_6 被称为自由变量,实际上它的取值也不能完全自由,因为规定了这些路段都是单行道,x_1, x_2, x_3, x_4, x_5, x_6 都不能取负值.

另外,除了这里提到的交通网络问题,还有许多实际问题可化为线性方程组,例如数字滤波器系统函数、电路网络分析及价格平衡模型等. 在解决这类问题时,之所以采用线性方

程组构建数学模型，主要是因为线性代数的方法适用于任何复杂系统，并能用计算机程序解决问题，例如本书提到的 MATLAB 软件.

例 4.4 解线性方程组：

$$\begin{cases} x_1 + x_2 + 4x_3 - x_4 = 1, \\ -3x_1 - 3x_2 + 14x_3 + 29x_4 = -16, \\ -x_1 - x_2 + 2x_3 + 7x_4 = -4. \end{cases}$$

解 对增广矩阵实施初等行变换，将其化为行简化阶梯形矩阵：

$$\boldsymbol{B} = \begin{pmatrix} 1 & 1 & 4 & -1 & 1 \\ -3 & -3 & 14 & 29 & -16 \\ -1 & -1 & 2 & 7 & -4 \end{pmatrix} \sim \begin{pmatrix} 1 & 1 & 4 & -1 & 1 \\ 0 & 0 & 2 & 2 & -1 \\ 0 & 0 & 6 & 6 & -3 \end{pmatrix} \sim \begin{pmatrix} 1 & 1 & 4 & -1 & 1 \\ 0 & 0 & 1 & 1 & -\frac{1}{2} \\ 0 & 0 & 0 & 0 & 0 \end{pmatrix}$$

$$\sim \begin{pmatrix} 1 & 1 & 0 & -5 & 3 \\ 0 & 0 & 1 & 1 & -\frac{1}{2} \\ 0 & 0 & 0 & 0 & 0 \end{pmatrix}.$$

故原方程组的同解方程组为 $\begin{cases} x_1 + x_2 - 5x_4 = 3, \\ x_3 + x_4 = -\frac{1}{2}. \end{cases}$

取 x_2，x_4 为自由未知量，x_1，x_3 为非自由未知量，则有

$$\begin{cases} x_1 = -x_2 + 5x_4 + 3, \\ x_3 = -x_4 - \frac{1}{2}. \end{cases}$$

令 $x_2 = c_1$，$x_4 = c_2$，则方程组的通解为

$$\begin{pmatrix} x_1 \\ x_2 \\ x_3 \\ x_4 \end{pmatrix} = \begin{pmatrix} -c_1 + 5c_2 + 3 \\ c_1 \\ -c_2 - \frac{1}{2} \\ c_2 \end{pmatrix} = c_1 \begin{pmatrix} -1 \\ 1 \\ 0 \\ 0 \end{pmatrix} + c_2 \begin{pmatrix} 5 \\ 0 \\ -1 \\ 1 \end{pmatrix} + \begin{pmatrix} 3 \\ 0 \\ -\frac{1}{2} \\ 0 \end{pmatrix},$$

其中，c_1，c_2 为任意常数.

例 4.5 设有线性方程组

$$\begin{cases} x_1 + 3x_2 + x_3 = 0, \\ 3x_1 + 2x_2 + 3x_3 = -1, \\ -x_1 + 4x_2 + \mu x_3 = k. \end{cases}$$

问 μ，k 为何值时，方程组无解，有唯一解，有无穷多组解？有无穷多组解时，求出其通解.

解法 1 将方程组的增广矩阵化为行最简形：

$$\boldsymbol{B}=\begin{pmatrix}1&3&1&0\\3&2&3&-1\\-1&4&\mu&k\end{pmatrix}\sim\begin{pmatrix}1&3&1&0\\0&-7&0&-1\\0&7&\mu+1&k\end{pmatrix}\sim\begin{pmatrix}1&3&1&0\\0&-7&0&-1\\0&0&\mu+1&k-1\end{pmatrix}.$$

(1) 当 $\mu=-1$, $k\neq1$ 时,$R(\boldsymbol{A})=2$, $R(\boldsymbol{B})=3$, $R(\boldsymbol{A})\neq R(\boldsymbol{B})$, 则方程组无解;

(2) 当 $\mu\neq-1$ 时,$R(\boldsymbol{A})=R(\boldsymbol{B})=3$, 则方程组有唯一解;

(3) 当 $\mu=-1$, $k=1$ 时,$R(\boldsymbol{A})=R(\boldsymbol{B})=2<3$, 则方程组有无穷多解. 此时,

$$\boldsymbol{B}=\begin{pmatrix}1&3&1&0\\3&2&3&-1\\-1&4&\mu&k\end{pmatrix}\sim\begin{pmatrix}1&0&1&-\frac{3}{7}\\0&1&0&\frac{1}{7}\\0&0&0&0\end{pmatrix},$$

对应方程组为 $\begin{cases}x_1=-x_3-\dfrac{3}{7},\\x_2=\dfrac{1}{7}.\end{cases}$

令 $x_3=c$ 为自由未知量,则方程组的通解为

$$\begin{pmatrix}x_1\\x_2\\x_3\end{pmatrix}=c\begin{pmatrix}-1\\0\\1\end{pmatrix}+\begin{pmatrix}-\frac{3}{7}\\\frac{1}{7}\\0\end{pmatrix}(c\text{ 为任意常数}).$$

解法 2 本题中未知数的个数与方程的个数相同,也可以根据克拉默法则给出部分结果.

系数矩阵的行列式为 $|\boldsymbol{A}|=\begin{vmatrix}1&3&1\\3&2&3\\-1&4&\mu\end{vmatrix}=-7\mu-7$.

(1) 当 $\mu\neq-1$ 时, $|\boldsymbol{A}|\neq0$, 则方程组有唯一解;

(2) 当 $\mu=-1$ 时, $|\boldsymbol{A}|=0$, 方程组没有唯一解:

$$\boldsymbol{B}=\begin{pmatrix}1&3&1&0\\3&2&3&-1\\-1&4&-1&k\end{pmatrix}\sim\begin{pmatrix}1&0&1&-\frac{3}{7}\\0&1&0&\frac{1}{7}\\0&0&0&k-1\end{pmatrix}.$$

① 若 $k\neq1$, 则方程组无解;

② 若 $k=1$, $R(\boldsymbol{A})=R(\boldsymbol{B})=2<3$, 则方程组有无穷多解,其通解为

$$\begin{pmatrix}x_1\\x_2\\x_3\end{pmatrix}=c\begin{pmatrix}-1\\0\\1\end{pmatrix}+\begin{pmatrix}-\frac{3}{7}\\\frac{1}{7}\\0\end{pmatrix}(c\text{ 为任意常数}).$$

第二节　齐次线性方程组解的结构

一、齐次线性方程组解的判定条件

设齐次线性方程组为

$$\begin{cases} a_{11}x_1 + a_{12}x_2 + \cdots + a_{1n}x_n = 0, \\ a_{21}x_1 + a_{22}x_2 + \cdots + a_{2n}x_n = 0, \\ \quad\quad\quad \vdots \\ a_{m1}x_1 + a_{m2}x_2 + \cdots + a_{mn}x_n = 0. \end{cases} \tag{4.4}$$

可简记为 $\boldsymbol{A}\boldsymbol{x} = \boldsymbol{0}$.

根据矩阵秩的性质可知，$R(\boldsymbol{A}) = R(\boldsymbol{A}, \boldsymbol{0})$，即齐次线性方程组一定有解，因此给出如下定义和定理：

定义 4.3　称 $x_1 = 0$，$x_2 = 0$，…，$x_n = 0$ 这组解为齐次线性方程组的零解；如果一组不全为零的数是齐次线性方程组的解，则称为齐次线性方程组的非零解.

因此，齐次线性方程组有唯一解即为方程组仅有零解；有无穷多解即为方程组有非零解.

定理 4.2　n 元齐次线性方程组 $\boldsymbol{A}\boldsymbol{x} = \boldsymbol{0}$，

(1) 方程组仅有零解的充分必要条件是 $R(\boldsymbol{A}) = n$；

(2) 方程组有非零解的充分必要条件是 $R(\boldsymbol{A}) < n$.

例 4.6　解线性方程组：

$$\begin{cases} x_1 + x_2 - 3x_3 = 0, \\ x_1 - x_2 + x_3 - 2x_4 = 0, \\ 2x_1 - 3x_2 + 4x_3 - 5x_4 = 0. \end{cases}$$

解　方程组中未知数的个数大于方程的个数，所以 $R(\boldsymbol{A}) \leqslant 3 < 4$，即该方程组一定有非零解.

$$\boldsymbol{A} = \begin{pmatrix} 1 & 1 & -3 & 0 \\ 1 & -1 & 1 & -2 \\ 2 & -3 & 4 & -5 \end{pmatrix} \sim \begin{pmatrix} 1 & 1 & -3 & 0 \\ 0 & -2 & 4 & -2 \\ 0 & -5 & 10 & -5 \end{pmatrix} \sim \begin{pmatrix} 1 & 1 & -3 & 0 \\ 0 & 1 & -2 & 1 \\ 0 & 0 & 0 & 0 \end{pmatrix} \sim \begin{pmatrix} 1 & 0 & -1 & -1 \\ 0 & 1 & -2 & 1 \\ 0 & 0 & 0 & 0 \end{pmatrix}.$$

对应方程组为 $\begin{cases} x_1 = x_3 + x_4, \\ x_2 = 2x_3 - x_4. \end{cases}$

取 x_3，x_4 为自由未知量，x_1，x_2 为非自由未知量，令 $x_3 = c_1$，$x_4 = c_2$，则方程组的通解为

$$\begin{pmatrix} x_1 \\ x_2 \\ x_3 \\ x_4 \end{pmatrix} = \begin{pmatrix} c_1 + c_2 \\ 2c_1 - c_2 \\ c_1 \\ c_2 \end{pmatrix} = c_1 \begin{pmatrix} 1 \\ 2 \\ 1 \\ 0 \end{pmatrix} + c_2 \begin{pmatrix} 1 \\ -1 \\ 0 \\ 1 \end{pmatrix},$$

其中，c_1，c_2 为任意常数.

二、齐次线性方程组解的性质

设 n 元齐次线性方程组 $\boldsymbol{Ax}=\boldsymbol{0}$，其解向量组为 $\boldsymbol{S}_0$.

性质 4.1　若 $\boldsymbol{\xi}_1$，$\boldsymbol{\xi}_2$ 是齐次线性方程组 $\boldsymbol{Ax}=\boldsymbol{0}$ 的解，则 $\boldsymbol{\xi}_1+\boldsymbol{\xi}_2$ 也是齐次线性方程组 $\boldsymbol{Ax}=\boldsymbol{0}$ 的解.

证　因为 $\boldsymbol{\xi}_1$，$\boldsymbol{\xi}_2$ 都是齐次线性方程组 $\boldsymbol{Ax}=\boldsymbol{0}$ 的解，所以 $\boldsymbol{A\xi}_1=\boldsymbol{0}$，$\boldsymbol{A\xi}_2=\boldsymbol{0}$. 故有 $\boldsymbol{A}(\boldsymbol{\xi}_1+\boldsymbol{\xi}_2)=\boldsymbol{A\xi}_1+\boldsymbol{A\xi}_2=\boldsymbol{0}$，即 $\boldsymbol{\xi}_1+\boldsymbol{\xi}_2$ 也是齐次线性方程组 $\boldsymbol{Ax}=\boldsymbol{0}$ 的解.

性质 4.2　若 $\boldsymbol{\xi}$ 是齐次线性方程组 $\boldsymbol{Ax}=\boldsymbol{0}$ 的解，k 是任意实数，则 $k\boldsymbol{\xi}$ 也是齐次线性方程组 $\boldsymbol{Ax}=\boldsymbol{0}$ 的解.

证　因为 $\boldsymbol{\xi}$ 是齐次线性方程组 $\boldsymbol{Ax}=\boldsymbol{0}$ 的解，所以 $\boldsymbol{A\xi}=\boldsymbol{0}$. 故有 $\boldsymbol{A}(k\boldsymbol{\xi})=k\boldsymbol{A\xi}=k\boldsymbol{0}=\boldsymbol{0}$，即 $k\boldsymbol{\xi}$ 也是齐次线性方程组 $\boldsymbol{Ax}=\boldsymbol{0}$ 的解.

性质 4.3　若 $\boldsymbol{\xi}_1$，$\boldsymbol{\xi}_2$，…，$\boldsymbol{\xi}_s$ 是齐次线性方程组 $\boldsymbol{Ax}=\boldsymbol{0}$ 的解，则它们的任意一个线性组合 $k_1\boldsymbol{\xi}_1+k_2\boldsymbol{\xi}_2+\cdots+k_s\boldsymbol{\xi}_s$ 也是齐次线性方程组 $\boldsymbol{Ax}=\boldsymbol{0}$ 的解.

由以上三个性质可以说明，齐次线性方程组的解集 $\boldsymbol{S}_0$ 对加法和数乘封闭，是一个解空间.

三、齐次线性方程组的基础解系

定义 4.4　如果 $\boldsymbol{\xi}_1$，$\boldsymbol{\xi}_2$，…，$\boldsymbol{\xi}_s$ 是齐次线性方程组 $\boldsymbol{Ax}=\boldsymbol{0}$ 的解空间 $\boldsymbol{S}_0$ 的一组基，则称 $\boldsymbol{\xi}_1$，$\boldsymbol{\xi}_2$，…，$\boldsymbol{\xi}_s$ 是齐次线性方程组 $\boldsymbol{Ax}=\boldsymbol{0}$ 的一个**基础解系**.

定理 4.3　如果齐次线性方程组 $\boldsymbol{Ax}=\boldsymbol{0}$ 的系数矩阵 $\boldsymbol{A}$ 的秩 $R(\boldsymbol{A})=r<n$，则该齐次线性方程组解空间 $\boldsymbol{S}_0$ 的秩为 $n-r$，即每组基础解系中含有 $n-r$ 个线性无关的解向量.

证　因为 $R(\boldsymbol{A})=r<n$，所以对方程组 $\boldsymbol{Ax}=\boldsymbol{0}$ 的系数矩阵 $\boldsymbol{A}$ 施以初等行变换，可以化为如下形式：

$$\boldsymbol{A}\sim\begin{pmatrix}1&0&\cdots&0&c_{1,r+1}&\cdots&c_{1n}\\0&1&\cdots&0&c_{2,r+1}&\cdots&c_{2n}\\\vdots&\vdots&\ddots&\vdots&\vdots&\ddots&\vdots\\0&0&\cdots&1&c_{r,r+1}&\cdots&c_{rn}\\0&0&\cdots&0&0&\cdots&0\\\vdots&\vdots&\ddots&\vdots&\vdots&\ddots&\vdots\\0&0&\cdots&0&0&\cdots&0\end{pmatrix}.$$

则其对应的方程组可化简为

$$\begin{cases}x_1=-c_{1,r+1}x_{r+1}-\cdots-c_{1n}x_n,\\x_2=-c_{2,r+1}x_{r+1}-\cdots-c_{2n}x_n,\\\qquad\vdots\\x_r=-c_{r,r+1}x_{r+1}-\cdots-c_{rn}x_n,\end{cases}$$

其中，x_{r+1}，…，x_n 为自由未知量. 对这 $n-r$ 个自由未知量分别取

$$\begin{pmatrix}1\\0\\\vdots\\0\end{pmatrix},\begin{pmatrix}0\\1\\\vdots\\0\end{pmatrix},\cdots,\begin{pmatrix}0\\0\\\vdots\\1\end{pmatrix},$$

计算其余非自由未知数的取值,合并可得方程组的 $n-r$ 个解为

$$\boldsymbol{\xi}_1=\begin{pmatrix}-c_{1,r+1}\\\vdots\\-c_{r,r+1}\\1\\0\\\vdots\\0\end{pmatrix},\boldsymbol{\xi}_2=\begin{pmatrix}-c_{1,r+2}\\\vdots\\-c_{r,r+2}\\0\\1\\\vdots\\0\end{pmatrix},\cdots,\boldsymbol{\xi}_{n-r}=\begin{pmatrix}-c_{1n}\\\vdots\\-c_{rn}\\0\\0\\\vdots\\1\end{pmatrix}.$$

而方程组的通解为

$$\begin{pmatrix}x_1\\\vdots\\x_r\\x_{r+1}\\x_{r+2}\\\vdots\\x_n\end{pmatrix}=k_1\begin{pmatrix}-c_{1,r+1}\\\vdots\\-c_{r,r+1}\\1\\0\\\vdots\\0\end{pmatrix}+k_2\begin{pmatrix}-c_{1,r+2}\\\vdots\\-c_{r,r+2}\\0\\1\\\vdots\\0\end{pmatrix}+\cdots+k_{n-r}\begin{pmatrix}-c_{1n}\\\vdots\\-c_{rn}\\0\\0\\\vdots\\1\end{pmatrix},$$

其中,$k_1, k_2, \cdots, k_{n-r}$为任意常数.

下面说明 $\boldsymbol{\xi}_1, \boldsymbol{\xi}_2, \cdots, \boldsymbol{\xi}_{n-r}$就是方程组的一个基础解系.

首先,从方程组 $\boldsymbol{Ax}=\boldsymbol{0}$ 的通解中可以看出任意一个解 $\boldsymbol{\xi}$ 都是 $\boldsymbol{\xi}_1, \boldsymbol{\xi}_2, \cdots, \boldsymbol{\xi}_{n-r}$ 的线性组合.

其次,$\boldsymbol{\xi}_1, \boldsymbol{\xi}_2, \cdots, \boldsymbol{\xi}_{n-r}$线性无关,设

$$\boldsymbol{P}=\begin{pmatrix}-c_{1,r+1}&-c_{1,r+2}&\cdots&-c_{1n}\\\vdots&\vdots&&\vdots\\-c_{r,r+1}&-c_{r,r+2}&\cdots&-c_{rn}\\1&0&\cdots&0\\0&1&\cdots&0\\\vdots&\vdots&&\vdots\\0&0&\cdots&1\end{pmatrix}.$$

显然,$n\times(n-r)$ 矩阵 $\boldsymbol{P}$ 有一个 $n-r$ 阶子式 $\begin{vmatrix}1&0&\cdots&0\\0&1&\cdots&0\\\vdots&\vdots&&\vdots\\0&0&\cdots&1\end{vmatrix}=1\neq0$,因此 $R(\boldsymbol{P})=n$

$-r$.

则由定理 3.6 可知, $\boldsymbol{\xi}_1, \boldsymbol{\xi}_2, \cdots, \boldsymbol{\xi}_{n-r}$ 线性无关.

所以,由极大无关组的等价定义可知, $\boldsymbol{\xi}_1, \boldsymbol{\xi}_2, \cdots, \boldsymbol{\xi}_{n-r}$ 是解集 $\boldsymbol{S}_0$ 的一个极大无关组,又因为解集 $\boldsymbol{S}_0$ 是一个向量空间,因此 $\boldsymbol{\xi}_1, \boldsymbol{\xi}_2, \cdots, \boldsymbol{\xi}_{n-r}$ 就是解空间的一组基础解系.

根据上面定理的证明过程,可以给出求齐次线性方程组的基础解系的步骤:

(1) 把齐次线性方程组的系数矩阵化为行最简形矩阵;

(2) 把行最简形矩阵中每个非零行的首个非零元所对应的未知量作为非自由未知量,剩余的为自由未知量;

(3) 分别令自由未知量中的一个为1、其余全部为0,求出 $n-r$ 个解向量,这 $n-r$ 个解向量构成一个基础解系.

要注意的是,基础解系并不唯一,上面的方法也不一定是基础解系最简便的求解方法.

例 4.7 求例 4.6 中方程组的基础解系.

解 化简系数矩阵:

$$\boldsymbol{A} \sim \begin{pmatrix} 1 & 0 & -1 & -1 \\ 0 & 1 & -2 & 1 \\ 0 & 0 & 0 & 0 \end{pmatrix},$$

所以 $R(\boldsymbol{A}) = 2$, 基础解系所含解向量个数为 $4-2=2$, 其对应方程组为

$$\begin{cases} x_1 = x_3 + x_4, \\ x_2 = 2x_3 - x_4. \end{cases}$$

取 x_3, x_4 为自由未知量, x_1, x_2 为非自由未知量,令 $\begin{pmatrix} x_3 \\ x_4 \end{pmatrix} = \begin{pmatrix} 1 \\ 0 \end{pmatrix}$ 及 $\begin{pmatrix} 0 \\ 1 \end{pmatrix}$, 则对应的 $\begin{pmatrix} x_1 \\ x_2 \end{pmatrix} = \begin{pmatrix} 1 \\ 2 \end{pmatrix}$ 及 $\begin{pmatrix} 1 \\ -1 \end{pmatrix}$.

于是方程组的基础解系为

$$\boldsymbol{\xi}_1 = \begin{pmatrix} 1 \\ 2 \\ 1 \\ 0 \end{pmatrix}, \boldsymbol{\xi}_2 = \begin{pmatrix} 1 \\ -1 \\ 0 \\ 1 \end{pmatrix}.$$

例 4.8 用基础解系表示方程组的通解:

$$\begin{cases} x_1 - 5x_2 + 2x_3 - 3x_4 = 0, \\ -3x_1 + x_2 - 4x_3 + 2x_4 = 0, \\ 5x_1 + 3x_2 + 6x_3 - x_4 = 0. \end{cases}$$

解 化简系数矩阵:

$$\boldsymbol{A} = \begin{pmatrix} 1 & -5 & 2 & -3 \\ -3 & 1 & -4 & 2 \\ 5 & 3 & 6 & -1 \end{pmatrix} \sim \begin{pmatrix} 1 & -5 & 2 & -3 \\ 0 & -14 & 2 & -7 \\ 0 & 28 & -4 & 14 \end{pmatrix} \sim \begin{pmatrix} 1 & -5 & 2 & -3 \\ 0 & 14 & -2 & 7 \\ 0 & 0 & 0 & 0 \end{pmatrix}.$$

所以 $R(\boldsymbol{A})=2$，基础解系所含解向量个数为 $4-2=2$.

继续化简 $\boldsymbol{A}\sim\begin{pmatrix}1&-5&2&-3\\0&14&-2&7\\0&0&0&0\end{pmatrix}\sim\begin{pmatrix}1&0&\frac{9}{7}&-\frac{1}{2}\\0&1&-\frac{1}{7}&\frac{1}{2}\\0&0&0&0\end{pmatrix}$，所对应的方程组为

$$\begin{cases}x_1=-\dfrac{9}{7}x_3+\dfrac{1}{2}x_4,\\x_2=\dfrac{1}{7}x_3-\dfrac{1}{2}x_4.\end{cases}$$

取 x_3，x_4 为自由未知量，x_1，x_2 为非自由未知量，令 $\begin{pmatrix}x_3\\x_4\end{pmatrix}=\begin{pmatrix}1\\0\end{pmatrix}$ 及 $\begin{pmatrix}0\\1\end{pmatrix}$，则对应的 $\begin{pmatrix}x_1\\x_2\end{pmatrix}=\begin{pmatrix}-\frac{9}{7}\\\frac{1}{7}\end{pmatrix}$ 及 $\begin{pmatrix}\frac{1}{2}\\-\frac{1}{2}\end{pmatrix}$.

得到方程组的一组基础解系为

$$\boldsymbol{\xi}_1=\begin{pmatrix}-\frac{9}{7}\\\frac{1}{7}\\1\\0\end{pmatrix},\ \boldsymbol{\xi}_2=\begin{pmatrix}\frac{1}{2}\\-\frac{1}{2}\\0\\1\end{pmatrix}.$$

因此，方程组的通解为 $\boldsymbol{x}=k_1\boldsymbol{\xi}_1+k_2\boldsymbol{\xi}_2$，其中 k_1，k_2 为任意常数.

注：如果对矩阵 $\boldsymbol{A}$ 做如下化简，可以得到另一组更简单的基础解系：

$$\boldsymbol{A}\sim\begin{pmatrix}1&-5&2&-3\\0&14&-2&7\\0&0&0&0\end{pmatrix}\sim\begin{pmatrix}1&9&0&4\\0&14&-2&7\\0&0&0&0\end{pmatrix},$$

所对应的方程组为

$$\begin{cases}x_1+9x_2+4x_4=0,\\14x_2-2x_3+7x_4=0.\end{cases}$$

取 x_2，x_4 为自由未知量，x_1，x_3 为非自由未知量，令 $\begin{pmatrix}x_2\\x_4\end{pmatrix}=\begin{pmatrix}1\\0\end{pmatrix}$ 及 $\begin{pmatrix}0\\1\end{pmatrix}$，则对应的 $\begin{pmatrix}x_1\\x_3\end{pmatrix}=\begin{pmatrix}-9\\7\end{pmatrix}$ 及 $\begin{pmatrix}-4\\\frac{7}{2}\end{pmatrix}$.

则方程组的另一组基础解系可表示为

$$\boldsymbol{\xi}_1 = \begin{pmatrix} -9 \\ 1 \\ 7 \\ 0 \end{pmatrix}, \boldsymbol{\xi}_2 = \begin{pmatrix} -4 \\ 0 \\ \frac{7}{2} \\ 1 \end{pmatrix}.$$

第三节　非齐次线性方程组解的结构

一、非齐次线性方程组解的性质

设非齐次线性方程组

$$\begin{cases} a_{11}x_1 + a_{12}x_2 + \cdots + a_{1n}x_n = b_1, \\ a_{21}x_1 + a_{22}x_2 + \cdots + a_{2n}x_n = b_2, \\ \quad \vdots \\ a_{m1}x_1 + a_{m2}x_2 + \cdots + a_{mn}x_n = b_m. \end{cases}$$

与齐次线性方程组

$$\begin{cases} a_{11}x_1 + a_{12}x_2 + \cdots + a_{1n}x_n = 0, \\ a_{21}x_1 + a_{22}x_2 + \cdots + a_{2n}x_n = 0, \\ \quad \vdots \\ a_{m1}x_1 + a_{m2}x_2 + \cdots + a_{mn}x_n = 0. \end{cases}$$

的系数矩阵相同,分别简记为 $\boldsymbol{Ax} = \boldsymbol{b}$ 与 $\boldsymbol{Ax} = \boldsymbol{0}$,解集分别表示为 $\boldsymbol{S}$ 与 $\boldsymbol{S}_0$,这两个方程组的解之间有下面的性质.

性质 4.4　若 $\boldsymbol{\eta}_1, \boldsymbol{\eta}_2$ 都是非齐次线性方程组 $\boldsymbol{Ax} = \boldsymbol{b}$ 的解,则 $\boldsymbol{\eta}_1 - \boldsymbol{\eta}_2$ 是对应的齐次线性方程组 $\boldsymbol{Ax} = \boldsymbol{0}$ 的解.

证　若 $\boldsymbol{\eta}_1, \boldsymbol{\eta}_2 \in \boldsymbol{S}$,则 $\boldsymbol{A\eta}_1 = \boldsymbol{b}$, $\boldsymbol{A\eta}_2 = \boldsymbol{b}$.

因此,$\boldsymbol{A}(\boldsymbol{\eta}_1 - \boldsymbol{\eta}_2) = \boldsymbol{A\eta}_1 - \boldsymbol{A\eta}_2 = \boldsymbol{b} - \boldsymbol{b} = \boldsymbol{0}$,即 $\boldsymbol{\eta}_1 - \boldsymbol{\eta}_2 \in \boldsymbol{S}_0$.

性质 4.5　若 $\boldsymbol{\eta}$ 是非齐次线性方程组 $\boldsymbol{Ax} = \boldsymbol{b}$ 的解,$\boldsymbol{\xi}$ 是对应的齐次线性方程组 $\boldsymbol{Ax} = \boldsymbol{0}$ 的解,则 $\boldsymbol{\xi} + \boldsymbol{\eta}$ 是非齐次线性方程组 $\boldsymbol{Ax} = \boldsymbol{b}$ 的解.

证　若 $\boldsymbol{\eta} \in \boldsymbol{S}$, $\boldsymbol{\xi} \in \boldsymbol{S}_0$,则 $\boldsymbol{A\eta} = \boldsymbol{b}$, $\boldsymbol{A\xi} = \boldsymbol{0}$.

因此,$\boldsymbol{A}(\boldsymbol{\xi} + \boldsymbol{\eta}) = \boldsymbol{A\xi} + \boldsymbol{A\eta} = \boldsymbol{b}$,即 $\boldsymbol{\xi} + \boldsymbol{\eta} \in \boldsymbol{S}$.

二、非齐次线性方程组解的结构

根据上面两条性质可得:

定理 4.4　如果 $\boldsymbol{\eta}^*$ 是非齐次线性方程组 $\boldsymbol{Ax} = \boldsymbol{b}$ 的一个解,$\bar{\boldsymbol{\xi}}$是对应的齐次线性方程组 $\boldsymbol{Ax} = \boldsymbol{0}$ 的全部解,则 $\boldsymbol{x} = \boldsymbol{\eta}^* + \bar{\boldsymbol{\xi}}$ 是非齐次线性方程组 $\boldsymbol{Ax} = \boldsymbol{b}$ 的全部解.

证　由性质 4.5 易知 $\boldsymbol{x} = \boldsymbol{\eta}^* + \bar{\boldsymbol{\xi}}$ 是非齐次线性方程组 $\boldsymbol{Ax} = \boldsymbol{b}$ 的解.

只需证明,非齐次线性方程组 $\boldsymbol{Ax} = \boldsymbol{b}$ 的任意一个解 $\boldsymbol{\eta}$,一定能表示成 $\boldsymbol{\eta}^*$ 与对应的齐次

线性方程组的某一解的和即可.

构造向量$\boldsymbol{\zeta}=\boldsymbol{\eta}-\boldsymbol{\eta}^*$，由性质 4.4 知$\boldsymbol{\zeta}$是对应齐次方程组$\boldsymbol{Ax}=\boldsymbol{0}$的一个解.

于是得到$\boldsymbol{\eta}=\boldsymbol{\zeta}+\boldsymbol{\eta}^*$，即非齐次线性方程组的任意解都可以表示为其一个特解与对应的齐次线性方程组某一解的和.

例 4.9 用基础解系表示非齐次线性方程组的通解：

$$\begin{cases}x_1+2x_2-x_3-x_4=-5,\\x_1+2x_2-3x_4=-10,\\4x_2-x_3-2x_4=-11.\end{cases}$$

解 对方程组的增广矩阵进行化简：

$$\boldsymbol{B}=\begin{pmatrix}1&2&-1&-1&-5\\1&2&0&-3&-10\\0&4&-1&-2&-11\end{pmatrix}\sim\begin{pmatrix}1&2&-1&-1&-5\\0&4&-1&-2&-11\\0&0&1&-2&-5\end{pmatrix}$$

$$\sim\begin{pmatrix}1&2&0&-3&-10\\0&4&0&-4&-16\\0&0&1&-2&-5\end{pmatrix}\sim\begin{pmatrix}1&0&0&-1&-2\\0&1&0&-1&-4\\0&0&1&-2&-5\end{pmatrix}.$$

于是，得最简方程组为

$$\begin{cases}x_1=x_4-2,\\x_2=x_4-4,\\x_3=2x_4-5.\end{cases}$$

取x_4为自由未知量，令$x_4=0$，得方程组的一个特解$\boldsymbol{\eta}^*=\begin{pmatrix}-2\\-4\\-5\\0\end{pmatrix}$.

另外，其对应的齐次线性方程组为

$$\begin{cases}x_1=x_4,\\x_2=x_4,\\x_3=2x_4.\end{cases}$$

取x_4为自由未知量，令$x_4=1$，得到齐次方程组的基础解系$\boldsymbol{\xi}=\begin{pmatrix}1\\1\\2\\1\end{pmatrix}$.

因此，该方程组的通解为

$$\boldsymbol{x}=\boldsymbol{\eta}^*+c\boldsymbol{\xi}=\begin{pmatrix}-2\\-4\\-5\\0\end{pmatrix}+c\begin{pmatrix}1\\1\\2\\1\end{pmatrix},\ c\in\mathbf{R}.$$

第四节 数学实验4：线性方程组的求解

一、运算符

函数 factor( )表示分解因式，null(A)表示方程组 Ax = 0 的基础解系等.

注：null(A)的运算是一个矩阵，其列向量组为 A 的一组正交规范基，而 null(A,'r')的列向量组为 A 的一组有理基，一般不是单位向量组，也未必是两两正交的，这种格式对符号矩阵不成立.

二、实例

例 4.10 问λ取何值时，齐次线性方程组 $\begin{cases}(1-\lambda)x_1-2x_2+4x_3=0,\\2x_1+(3-\lambda)x_2+x_3=0,\\x_1+x_2+(1-\lambda)x_3=0\end{cases}$ 有非零解.

```
>>syms  λ
>>A=[1-λ -2 4;2 3-λ 1;1 1 1-λ];
>>D=det(A)
ans
D=
    -6*λ+5*λ^2-λ^3
>>factor(D)
ans=
     -λ*(λ-2)*(-3+λ)             %当λ=0、λ=2或λ=3时，有非零解
```

例 4.11 求齐次方程组的基础解系：

$$\begin{cases}x_1+x_2-x_3-x_4=0,\\2x_1-5x_2+3x_3+2x_4=0,\\7x_1-7x_2+3x_3+x_4=0.\end{cases}$$

```
>> A=[1 1 -1 -1;2 -5 3 2;7 -7 3 1];
>>format  rat             %以有理格式输出
>>B=null(A,'r')
ans
B=
    2/7        3/7
    5/7        4/7
     1          0
     0          1
>> syms  k1  k2
```

```
>> X=k1*B(:,1)+k2*B(:,2)
X=
    2/7*k1+3/7*k2
    5/7*k1+4/7*k2
```

例 4.12 求方程组$\begin{cases} x_1 - x_2 + x_3 - x_4 = 1, \\ x_1 - x_2 - x_3 + x_4 = 0, \\ x_1 - x_2 - 2x_3 + 2x_4 = -\dfrac{1}{2} \end{cases}$的通解.

```
>>A=[1 -1 1 -1;1 -1 -1 1;1 -1 -2 2];
>>b=[1 0 -1/2]';
>>B=[A b];
>> X=A\b
ans
X=
      0
   -1/2
    1/2
      0
```

又

```
>> A=[1 -1 1 -1;1 -1 -1 1;1 -1 -2 2];
>> B=[A b];
>> format  rat
>> B=null(A,'r')
ans
B=
   1      0
   1      0
   0      1
   0      1
```

所以原方程组的通解为

$$\begin{pmatrix} x_1 \\ x_2 \\ x_3 \\ x_4 \end{pmatrix} = c_1 \begin{pmatrix} 1 \\ 1 \\ 0 \\ 0 \end{pmatrix} + c_2 \begin{pmatrix} 0 \\ 0 \\ 1 \\ 1 \end{pmatrix} + \begin{pmatrix} 0 \\ -\dfrac{1}{2} \\ \dfrac{1}{2} \\ 0 \end{pmatrix},$$

其中,c_1, c_2 为任意常数.

例 4.13 本章开始的城市交通流量问题.求解如下方程组:

$$\begin{cases}-x_1+x_2=50,\\-x_2+x_3-x_4+x_5=0,\\-x_5+x_6=-60,\\x_4-x_6=50,\\x_1-x_3=-40.\end{cases}$$

```
>>A=[-1,1,0,0,0,0;0,-1,1,-1,1,0;0,0,0,0,-1,1;0,0,0,1,0,-1;
     1,0,-1,0,0,0];
>>b=[50;0;-60;50;-40];
>>[R,s]=rref([A,b]);          %把增广矩阵的最简行阶梯矩阵赋给R
                              %而R的所有基准元素在矩阵中的列号构成了行向量s
>>[m,n]=size(A);
>>x0=zeros(n,1);
>>r=length(s);
>>x0(s,:)=R(1:r,end)          %将矩阵R的最后一列按基准元素的位置给特解x0赋值
ans
x0=
    -40
     10
      0
     50
     60
      0
>>x=null(A,'r')
ans
x=
    1      0
    1      0
    1      0
    0      1
    0      1
    0      1
```

所以通解为

$$\begin{pmatrix}x_1\\x_2\\x_3\\x_4\\x_5\\x_6\end{pmatrix}=c_1\begin{pmatrix}1\\1\\1\\0\\0\\0\end{pmatrix}+c_2\begin{pmatrix}0\\0\\0\\1\\1\\1\end{pmatrix}+\begin{pmatrix}-40\\10\\0\\50\\60\\0\end{pmatrix},$$

其中，c_1，c_2 为任意常数.

本章小结

一、思维导图

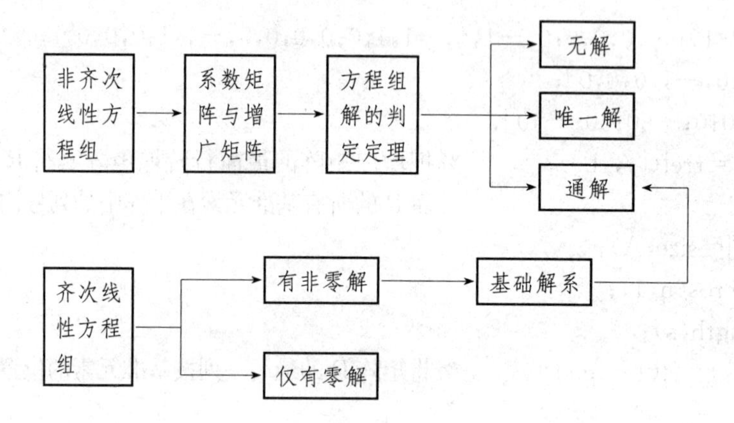

二、知识总结

（一）线性方程组的四种表达形式

1. 一般形式

$$\begin{cases}2x_1+x_2-5x_3=1,\\2x_1+2x_2-6x_3=0,\\x_1-x_2-x_3=2.\end{cases}$$

2. 增广矩阵的形式

$$\begin{pmatrix}2&1&-5&1\\1&1&-3&0\\1&-1&-1&2\end{pmatrix}.$$

3. 矩阵方程的形式

$$\begin{pmatrix}2&1&-5\\1&1&-3\\1&-1&-1\end{pmatrix}\begin{pmatrix}x_1\\x_2\\x_3\end{pmatrix}=\begin{pmatrix}1\\0\\2\end{pmatrix}.$$

方程组可简化为 $\boldsymbol{Ax}=\boldsymbol{b}$.

4. 向量组线性组合的形式

$$\begin{pmatrix}2\\1\\1\end{pmatrix}x_1+\begin{pmatrix}1\\1\\-1\end{pmatrix}x_2+\begin{pmatrix}-5\\-3\\-1\end{pmatrix}x_3=\begin{pmatrix}1\\0\\2\end{pmatrix}.$$

（二）线性方程组解的求解方法

(1) 通过消元法求线性方程组的解；

(2) 用增广矩阵化为行最简形的过程代替方程组的求解过程.

(三) 线性方程组解的判定定理

1. 非齐次线性方程组解的判定定理

(1) 方程组无解的充分必要条件是 $R(\boldsymbol{A}) \neq R(\boldsymbol{B})$;

(2) 方程组有唯一解的充分必要条件是 $R(\boldsymbol{A}) = R(\boldsymbol{B}) = n$;

(3) 方程组有无穷多解的充分必要条件是 $R(\boldsymbol{A}) = R(\boldsymbol{B}) < n$.

2. 齐次线性方程组解的判定定理

(1) 方程组仅有零解的充分必要条件是 $R(\boldsymbol{A}) = n$;

(2) 方程组有非零解的充分必要条件是 $R(\boldsymbol{A}) < n$;

(3) n 元齐次线性方程组中若方程的个数少于未知数的个数,则该方程组必有非零解.

(四) 线性方程组解的性质

1. 齐次线性方程组解的性质

(1) 若 $\boldsymbol{\xi}_1$, $\boldsymbol{\xi}_2$ 是齐次线性方程组 $\boldsymbol{Ax} = \boldsymbol{0}$ 的解,则 $\boldsymbol{\xi}_1 + \boldsymbol{\xi}_2$ 也是齐次线性方程组 $\boldsymbol{Ax} = \boldsymbol{0}$ 的解;

(2) 若 $\boldsymbol{\xi}$ 是齐次线性方程组 $\boldsymbol{Ax} = \boldsymbol{0}$ 的解,k 是任意实数,则 $k\boldsymbol{\xi}$ 也是齐次线性方程组 $\boldsymbol{Ax} = \boldsymbol{0}$ 的解;

(3) 若 $\boldsymbol{\xi}_1, \boldsymbol{\xi}_2, \cdots, \boldsymbol{\xi}_s$ 是齐次线性方程组 $\boldsymbol{Ax} = \boldsymbol{0}$ 的解,则它们的任意一个线性组合 $k_1\boldsymbol{\xi}_1 + k_2\boldsymbol{\xi}_2 + \cdots + k_s\boldsymbol{\xi}_s$ 也是齐次线性方程组 $\boldsymbol{Ax} = \boldsymbol{0}$ 的解.

2. 非齐次线性方程组解的性质

(1) 若 $\boldsymbol{\eta}_1$, $\boldsymbol{\eta}_2$ 都是非齐次线性方程组 $\boldsymbol{Ax} = \boldsymbol{b}$ 的解,则 $\boldsymbol{\eta}_1 - \boldsymbol{\eta}_2$ 是对应的齐次线性方程组 $\boldsymbol{Ax} = \boldsymbol{0}$ 的解;

(2) 若 $\boldsymbol{\eta}$ 是非齐次线性方程组 $\boldsymbol{Ax} = \boldsymbol{b}$ 的解,$\boldsymbol{\xi}$ 是对应的齐次线性方程组 $\boldsymbol{Ax} = \boldsymbol{0}$ 的解,则 $\boldsymbol{\xi} + \boldsymbol{\eta}$ 是非齐次线性方程组 $\boldsymbol{Ax} = \boldsymbol{b}$ 的解;

(3) 非齐次线性方程组的任意解都可以表示为其一个特解与对应的齐次线性方程组某一解的和.

(五) 基础解系

如果 $\boldsymbol{\xi}_1, \boldsymbol{\xi}_2, \cdots, \boldsymbol{\xi}_s$ 是齐次线性方程组 $\boldsymbol{Ax} = \boldsymbol{0}$ 的解空间 $\boldsymbol{S}_0$ 的一组基,则称 $\boldsymbol{\xi}_1, \boldsymbol{\xi}_2, \cdots, \boldsymbol{\xi}_s$ 是齐次线性方程组 $\boldsymbol{Ax} = \boldsymbol{0}$ 的一个基础解系.

1. 求齐次线性方程组的基础解系的步骤

(1) 把齐次线性方程组的系数矩阵化为行最简形矩阵;

(2) 把行最简形矩阵中每个非零行的首个非零元所对应的未知量作为非自由未知量,剩余的为自由未知量;

(3) 分别令自由未知量中的一个为 1、其余全部为 0,求出 $n-r$ 个解向量,这 $n-r$ 个解向量构成一个基础解系.

2. 利用基础解系表达非齐次线性方程组的通解步骤

(1) 把非齐次线性方程组的增广矩阵化为行最简形矩阵;

(2) 把行简化阶梯形矩阵中每个非零行的首个非零元所对应的未知量作为非自由未知量,剩余的为自由未知量;

(3) 令自由未知量取一组值,代入方程组,得到非齐次线性方程组的一个特解;

(4) 找到对应的齐次线性方程组的基础解系；

(5) 用特解与基础解系的线性组合表示非齐次线性方程组的通解.

习题四

一、选择题

1. 若线性方程组 $\boldsymbol{Ax}=\boldsymbol{b}$ 中方程的个数少于未知量的个数，则方程组(　　).

A. 有无穷多解　　B. 有唯一解　　C. 无解　　D. 无法确定

2. 若线性方程组 $\boldsymbol{Ax}=\boldsymbol{0}$ 中方程的个数少于未知量的个数，则方程组(　　).

A. 有无穷多解　　B. 有唯一解　　C. 无解　　D. 无法确定

3. 若 $|\boldsymbol{A}|\neq 0$，则线性方程组 $\boldsymbol{Ax}=\boldsymbol{b}$(　　).

A. 有无穷多解　　B. 有唯一解　　C. 无解　　D. 无法确定

4. 设 n 元齐次线性方程组 $\boldsymbol{Ax}=\boldsymbol{0}$ 的系数矩阵 $\boldsymbol{A}$ 的秩为 r，则方程组仅有零解的充分必要条件为(　　).

A. $n=r$　　B. $n>r$　　C. $n<r$　　D. $n\neq r$

5. 设矩阵 $\boldsymbol{A}$ 是 4×3 矩阵，则齐次线性方程组 $\boldsymbol{Ax}=\boldsymbol{0}$ 仅有零解的充分必要条件为(　　).

A. $\boldsymbol{A}$ 的行向量组线性无关　　B. $\boldsymbol{A}$ 的列向量组线性无关

C. $\boldsymbol{A}$ 的行向量组线性相关　　D. $\boldsymbol{A}$ 的列向量组线性相关

6. 方程组 $\begin{cases}x_1+2x_2-x_3=4,\\ x_2+2x_3=2,\\ \lambda x_3=2(\lambda-1)\end{cases}$ 无解的充分条件是 $\lambda=$(　　).

A. 0　　B. 1　　C. 2　　D. 3

7. 设 $\boldsymbol{Ax}=\boldsymbol{b}$ 是一非齐次线性方程组，$\boldsymbol{x}_1$，$\boldsymbol{x}_2$ 是其任意两个解，则下列结论错误的是(　　).

A. $\frac{1}{3}\boldsymbol{x}_1+\frac{2}{3}\boldsymbol{x}_2$ 是 $\boldsymbol{Ax}=\boldsymbol{b}$ 的一个解　　B. $\boldsymbol{x}_1+\boldsymbol{x}_2$ 是 $\boldsymbol{Ax}=\boldsymbol{0}$ 的一个解

C. $\boldsymbol{x}_1-\boldsymbol{x}_2$ 是 $\boldsymbol{Ax}=\boldsymbol{0}$ 的一个解　　D. $2\boldsymbol{x}_1-\boldsymbol{x}_2$ 是 $\boldsymbol{Ax}=\boldsymbol{b}$ 的一个解

8. 若 $\boldsymbol{x}_1$ 是方程组 $\boldsymbol{Ax}=\boldsymbol{b}$ 的解，$\boldsymbol{x}_2$ 是方程组 $\boldsymbol{Ax}=\boldsymbol{0}$ 的解，则(　　)是方程组 $\boldsymbol{Ax}=\boldsymbol{b}$ 的解(c 为任意常数).

A. $\boldsymbol{x}_1+c\boldsymbol{x}_2$　　B. $c\boldsymbol{x}_1+c\boldsymbol{x}_2$　　C. $c\boldsymbol{x}_1-c\boldsymbol{x}_2$　　D. $c\boldsymbol{x}_1+\boldsymbol{x}_2$

9. 已知 n 元齐次线性方程组 $\boldsymbol{Ax}=\boldsymbol{0}$ 的系数矩阵 $\boldsymbol{A}$ 的秩为 $n-3$，且 $\boldsymbol{x}_1$，$\boldsymbol{x}_2$，$\boldsymbol{x}_3$ 是 $\boldsymbol{Ax}=\boldsymbol{0}$ 的三个线性无关的解向量，则 $\boldsymbol{Ax}=\boldsymbol{0}$ 的基础解系可为(　　).

A. $\boldsymbol{x}_1+\boldsymbol{x}_2$，$\boldsymbol{x}_2+\boldsymbol{x}_3$，$\boldsymbol{x}_3-\boldsymbol{x}_1$　　B. $\boldsymbol{x}_3$，$\boldsymbol{x}_1+\boldsymbol{x}_2$，$\boldsymbol{x}_1+\boldsymbol{x}_2+\boldsymbol{x}_3$

C. $\boldsymbol{x}_1-\boldsymbol{x}_2$，$\boldsymbol{x}_2-\boldsymbol{x}_3$，$\boldsymbol{x}_3-\boldsymbol{x}_1$　　D. $\boldsymbol{x}_1+\boldsymbol{x}_2$，$\boldsymbol{x}_2+\boldsymbol{x}_3$，$\boldsymbol{x}_3+\boldsymbol{x}_1$

二、填空题

1. 若线性方程组 $\boldsymbol{A}_{m\times n}\boldsymbol{x}=\boldsymbol{b}$ 的系数矩阵 $\boldsymbol{A}$ 的秩为 m，则其增广矩阵的秩为________.

2. 当 $k=$________，齐次线性方程组 $\begin{cases}kx_1+x_3=0,\\ 2x_1+kx_2+x_3=0,\\ kx_1-2x_2+x_3=0\end{cases}$ 有非零解.

3. 若非齐次线性方程组有唯一解，则其对应的齐次线性方程组解的情况是________.

4. 齐次线性方程组 $\begin{cases} x_1 + tx_2 = 0, \\ -3x_1 + 6x_2 = 0 \end{cases}$ 有非零解，则 $t =$ ________.

5. 若 $R(2\boldsymbol{A}) = R(\boldsymbol{A}, \boldsymbol{b})$，则方程组 $\boldsymbol{Ax} = 3\boldsymbol{b}$ 的解的情况为________.

6. n 元齐次线性方程组 $\boldsymbol{Ax} = \boldsymbol{0}$ 的系数矩阵 $\boldsymbol{A}$ 的秩 $R(\boldsymbol{A})$ 是 r，则其解空间的维数是________.

7. 线性方程组 $x_1 + x_2 + x_3 + x_4 = 0$ 的解空间的维数是________.

8. 设 $\boldsymbol{A}$ 为五阶矩阵，且对任意 5 维的非零列向量 $\boldsymbol{x}$，均有 $\boldsymbol{Ax} \neq \boldsymbol{0}$，则 $R(\boldsymbol{A}) =$ ________.

9. 若四阶方阵 $\boldsymbol{A}$ 的各行元素之和均为 0，且 $R(\boldsymbol{A}) = 3$，则齐次线性方程组 $\boldsymbol{Ax} = \boldsymbol{0}$ 的通解为________.

10. 若三元齐次线性方程组 $\boldsymbol{Ax} = \boldsymbol{0}$ 有三个线性无关的解向量，则矩阵 $\boldsymbol{A} =$ ________.

11. 设 $\boldsymbol{A} = \begin{pmatrix} 1 & 2 & -2 \\ 4 & t & 3 \\ 3 & -1 & 1 \end{pmatrix}$，$\boldsymbol{B}$ 为三阶非零矩阵，且 $\boldsymbol{AB} = \boldsymbol{O}$，则 $t =$ ________.

12. 设 $\boldsymbol{x}_1, \boldsymbol{x}_2, \cdots, \boldsymbol{x}_s$ 和 $c_1\boldsymbol{x}_1 + c_2\boldsymbol{x}_2 + \cdots + c_s\boldsymbol{x}_s$ 均为非齐次线性方程组 $\boldsymbol{Ax} = \boldsymbol{b}$ 的解，其中 c_1，$c_2, \cdots, c_s$ 均为常数，则 $c_1 + c_2 + \cdots + c_s =$ ________.

13. 设 5×4 矩阵 $\boldsymbol{A}$ 的秩为 3，$\boldsymbol{x}_1, \boldsymbol{x}_2, \boldsymbol{x}_3$ 是非齐次线性方程组 $\boldsymbol{Ax} = \boldsymbol{b}$ 的三个不同的解向量，若 $3\boldsymbol{x}_1 + \boldsymbol{x}_2 = \begin{pmatrix} 2 \\ 4 \\ 6 \\ 8 \end{pmatrix}$，$\boldsymbol{x}_1 + \boldsymbol{x}_2 + 2\boldsymbol{x}_3 = \begin{pmatrix} 4 \\ 0 \\ 0 \\ 0 \end{pmatrix}$，则 $\boldsymbol{Ax} = \boldsymbol{b}$ 的通解为________.

三、计算题

1. 设四元非齐次线性方程组 $\boldsymbol{Ax} = \boldsymbol{b}$ 的系数矩阵 $\boldsymbol{A}$ 的秩为 3，已知它的两个解向量为 $\boldsymbol{x}_1 = \begin{pmatrix} 1 \\ -2 \\ 3 \\ 4 \end{pmatrix}$，$\boldsymbol{x}_2 = \begin{pmatrix} -1 \\ 1 \\ 2 \\ 3 \end{pmatrix}$，求该方程组的通解.

2. 判断下列线性方程组是否有解：

(1) $\begin{cases} x_1 - x_2 + 3x_3 - x_4 = 1, \\ 2x_1 - x_2 - x_3 + 4x_4 = 2, \\ x_1 - 4x_3 + 5x_4 = -1; \end{cases}$

(2) $\begin{cases} x_1 + x_2 + x_3 = 1, \\ x_1 + 2x_2 + 3x_3 = 0, \\ 4x_1 + 7x_2 + 10x_3 = 2. \end{cases}$

3. 解下列齐次线性方程组：

(1) $\begin{cases} x_1 + 5x_2 - x_3 - x_4 = 0, \\ x_1 - 2x_2 + x_3 + 3x_4 = 0, \\ 3x_1 + 8x_2 - x_3 + x_4 = 0, \\ x_1 - 9x_2 + 3x_3 + 7x_4 = 0; \end{cases}$

(2) $\begin{cases} x_1+x_2+4x_3=0, \\ -x_1+4x_2+x_3=0, \\ x_1-x_2+2x_3=0. \end{cases}$

4. 解下列非齐次线性方程组：

(1) $x_1+5x_2-3x_3=1$；

(2) $\begin{cases} x_1+x_2+x_3=2, \\ x_1+x_2+2x_3=3, \\ x_1+x_2+3x_3=4. \end{cases}$

5. 设四元齐次线性方程组为(Ⅰ)：$\begin{cases} x_1+x_2=0, \\ x_2-x_4=0; \end{cases}$

(1) 求(Ⅰ)的一个基础解系；

(2) 如果 $c_1\begin{pmatrix}0\\1\\1\\0\end{pmatrix}+c_2\begin{pmatrix}-1\\2\\2\\1\end{pmatrix}$ 是某齐次线性方程组(Ⅱ)的通解，问方程组(Ⅰ)和(Ⅱ)是否有非零的公共解？若有，求出其全部非零公共解；若无，说明理由.

6. 设矩阵 $\boldsymbol{B}$ 是秩为 2 的 5×4 矩阵，$\boldsymbol{\alpha}_1=\begin{pmatrix}1\\1\\2\\3\end{pmatrix}$，$\boldsymbol{\alpha}_2=\begin{pmatrix}-1\\1\\4\\-1\end{pmatrix}$，$\boldsymbol{\alpha}_3=\begin{pmatrix}5\\-1\\-8\\9\end{pmatrix}$ 是齐次线性方程组 $\boldsymbol{Bx}=\boldsymbol{0}$ 的解向量，求方程组 $\boldsymbol{Bx}=\boldsymbol{0}$ 的解空间中的一组标准正交基.

7. 求一个齐次线性方程组，使它的基础解系为

$$\boldsymbol{\xi}_1=\begin{pmatrix}0\\1\\0\\4\end{pmatrix},\ \boldsymbol{\xi}_2=\begin{pmatrix}-4\\0\\1\\-3\end{pmatrix}.$$

8. 求一个非齐次线性方程组，使它的通解为

$$\boldsymbol{x}=c\begin{pmatrix}-2\\1\\1\end{pmatrix}+\begin{pmatrix}-1\\2\\0\end{pmatrix}\ (c\text{ 为任意实数}).$$

9. 求齐次线性方程组的基础解系与通解：

(1) $\begin{cases} x_1+2x_2+2x_3+x_4=0, \\ 2x_1+x_2-2x_3-x_4=0, \\ x_1-x_2-4x_3-2x_4=0; \end{cases}$

(2) $\begin{cases} x_1+x_2+x_3+x_4=0, \\ 2x_1+3x_2+x_3+x_4=0, \\ x_1+2x_3+2x_4=0. \end{cases}$

10. 用基础解系表示非齐次线性方程组的通解:

(1) $\begin{cases} 2x_1 - x_2 + x_3 + 2x_4 = 3, \\ x_1 - x_3 + x_4 = 2, \\ 3x_1 - x_2 + 3x_4 = 5; \end{cases}$

(2) $\begin{cases} 2x_1 + 4x_2 + x_3 + x_4 = 5, \\ x_1 + 2x_2 - x_3 + 2x_4 = 1, \\ x_1 + 2x_2 + 2x_3 - x_4 = 4, \\ x_1 + 2x_2 + x_4 = 2. \end{cases}$

11. 问 λ 取何值时,非齐次线性方程组

$$\begin{cases} x_1 + (\lambda - 1)x_2 - 2x_3 = 1, \\ (\lambda - 2)x_2 + (\lambda + 1)x_3 = 3, \\ (2\lambda + 1)x_3 = 5, \end{cases}$$

有唯一解、无解、无穷多解? 在有无穷多解时,求其通解.

12. 求 k 取何值时,线性方程组

$$\begin{cases} x_1 + x_2 + kx_3 = 4, \\ -x_1 + kx_2 + x_3 = k^2, \\ x_1 - x_2 + 2x_3 = -4, \end{cases}$$

有唯一解、无解、无穷多解? 在有无穷多解时,求其通解.

13. 求 a 取何值时,线性方程组

$$\begin{cases} x_1 + 2x_2 + x_3 + x_4 = 2, \\ 2x_1 + 5x_2 + x_3 + 4x_4 = a, \\ x_2 - x_3 + 2x_4 = 1, \\ x_1 + 3x_2 + 3x_4 = 3, \end{cases}$$

有解,并求其通解.

14. 当 a 为何值时,线性方程组

$$\begin{cases} 2x_1 + x_2 - x_3 + x_4 = -2, \\ x_1 + 2x_2 + x_3 + x_4 = 3, \\ -x_1 + x_2 + 2x_3 - 2x_4 = a, \\ x_1 - x_3 + x_4 = -1, \end{cases}$$

有解,并求其通解.

15. 当 a 为何值时,线性方程组

$$\begin{cases} x_1 + ax_2 = 1, \\ x_2 + ax_3 = -1, \\ x_3 + ax_4 = 0, \\ ax_1 + x_4 = 0, \end{cases}$$

有无穷多解,并求其通解.

16. 设 $\boldsymbol{A}=\begin{pmatrix}\lambda & 1 & 1\\ 0 & \lambda-1 & 0\\ 1 & 1 & \lambda\end{pmatrix}$, $\boldsymbol{b}=\begin{pmatrix}a\\ 1\\ 1\end{pmatrix}$, 已知线性方程组 $\boldsymbol{Ax}=\boldsymbol{b}$ 存在两个不同的解,

(1) 求 λ, a;

(2) 求方程组 $\boldsymbol{Ax}=\boldsymbol{b}$ 的通解.

17. 已知齐次线性方程组

$$\begin{cases}(a_1+b)x_1+a_2x_2+a_3x_3+\cdots+a_nx_n=0,\\ a_1x_1+(a_2+b)x_2+a_3x_3+\cdots+a_nx_n=0,\\ a_1x_1+a_2x_2+(a_3+b)x_3+\cdots+a_nx_n=0,\\ \qquad\qquad\vdots\\ a_1x_1+a_2x_2+a_3x_3+\cdots+(a_n+b)x_n=0.\end{cases}$$

其中, $\sum_{i=1}^{n}a_i\neq 0$, 试讨论 a_1, a_2, a_3, $\cdots$, a_n 和 b 满足何种关系时,

(1) 方程组仅有零解;

(2) 方程组有非零解,并求此方程组的一个基础解系.

第五章

矩阵的特征值及相似矩阵

【学习目标】

1. 理解矩阵的特征值与特征向量的概念及性质，并掌握其求法.
2. 掌握相似矩阵的概念和主要性质；掌握矩阵与对角矩阵相似的条件.
3. 了解对称矩阵的特征值与特征向量的性质；会将实对称矩阵对角化.

矩阵的特征值问题的理论是线性代数的重要组成部分，在矩阵理论上占有重要的地位，在实际领域也有极其广泛的应用.

本章主要介绍方阵的特征值与特征向量、相似矩阵、矩阵的对角化等.

第一节　矩阵的特征值与特征向量

工程技术中的一些问题，如振动问题、稳定性问题，常可归结为求一个方阵的特征值和特征向量的问题.

一、矩阵的特征值与特征向量的概念

定义 5.1　设 $\boldsymbol{A}$ 是 n 阶矩阵，如果数 λ 和 n 维非零列向量 $\boldsymbol{x}$ 使得

$$\boldsymbol{A}\boldsymbol{x}=\lambda\boldsymbol{x}. \tag{5.1}$$

那么，数 λ 称为方阵 $\boldsymbol{A}$ 的**特征值**（或**特征根**），非零向量 $\boldsymbol{x}$ 称为 $\boldsymbol{A}$ 的对应于（或属于）特征值 λ 的**特征向量**.

注：特征值问题是对方阵而言的. 特征向量一定为非零向量.

为求矩阵 $\boldsymbol{A}$ 的特征值和特征向量，也可将式(5.1)写成

$$(\boldsymbol{A}-\lambda\boldsymbol{E})\boldsymbol{x}=\boldsymbol{0}. \tag{5.2}$$

这是关于 $\boldsymbol{x}$ 的齐次线性方程组，它有非零解的充分必要条件是其系数行列式

$$|\boldsymbol{A}-\lambda\boldsymbol{E}|=0,$$

即

$$\begin{vmatrix} a_{11}-\lambda & a_{12} & \cdots & a_{1n} \\ a_{21} & a_{22}-\lambda & \cdots & a_{2n} \\ \vdots & \vdots & \ddots & \vdots \\ a_{n1} & a_{n2} & \cdots & a_{nn}-\lambda \end{vmatrix}=0. \tag{5.3}$$

式(5.3)称为矩阵 $\boldsymbol{A}$ 的**特征方程**，其左端展开是一个关于 λ 的 n 次多项式，称为方阵 $\boldsymbol{A}$ 的**特征多项式**，记作 $f(\lambda)$. 显然，$\boldsymbol{A}$ 的特征值就是特征方程的解.

在复数范围内，n 阶矩阵 $\boldsymbol{A}$ 有 n 个特征值.

二、矩阵的特征值与特征向量的求法

由上述定义知，特征方程式(5.3)可求得特征值，然后，将这些特征值逐一代入齐次方程(5.2)，解出的非零解向量，就是对应于该特征值的全部特征向量.

因而求 n 阶方阵 $\boldsymbol{A}$ 的特征值与特征向量的步骤如下：

(1) 写出特征多项式 $|\boldsymbol{A}-\lambda\boldsymbol{E}|$；

(2) 求出特征方程 $f(\lambda)=|\boldsymbol{A}-\lambda\boldsymbol{E}|=0$ 的全部特征根；

(3) 对于 $\boldsymbol{A}$ 的每一特征值 λ_i，求出齐次方程组 $(\boldsymbol{A}-\lambda_i\boldsymbol{E})\boldsymbol{x}=\boldsymbol{0}$ 的一个基础解系

$$\boldsymbol{p}_1,\ \boldsymbol{p}_2,\ \cdots,\ \boldsymbol{p}_t.$$

而线性组合

$$k_1\boldsymbol{p}_1+k_2\boldsymbol{p}_2+\cdots+k_t\boldsymbol{p}_t(k_1,\ k_2,\ \cdots,\ k_t \text{ 不全为零})$$

就是矩阵 $\boldsymbol{A}$ 对应于 λ_i 的全部特征向量.

例 5.1　求 $\boldsymbol{A}=\begin{pmatrix}3&-1\\-1&3\end{pmatrix}$ 的特征值和特征向量.

解　$\boldsymbol{A}$ 的特征多项式为

$$|\boldsymbol{A}-\lambda\boldsymbol{E}|=\begin{vmatrix}3-\lambda&-1\\-1&3-\lambda\end{vmatrix}=(3-\lambda)^2-1=8-6\lambda+\lambda^2=(2-\lambda)(4-\lambda),$$

解得 $\boldsymbol{A}$ 的特征值为 $\lambda_1=2$，$\lambda_2=4$. 下面求特征向量：

当 $\lambda_1=2$ 时，解齐次方程 $(\boldsymbol{A}-2\boldsymbol{E})\boldsymbol{x}=\boldsymbol{0}$，即 $\begin{pmatrix}3-2&-1\\-1&3-2\end{pmatrix}\begin{pmatrix}x_1\\x_2\end{pmatrix}=\begin{pmatrix}0\\0\end{pmatrix}$，得基础解系 $\boldsymbol{p}_1=\begin{pmatrix}1\\1\end{pmatrix}$，因此属于 $\lambda_1=2$ 的全部特征向量为 $k_1\boldsymbol{p}_1(k_1\neq 0)$.

当 $\lambda_2=4$ 时，解齐次方程 $(\boldsymbol{A}-4\boldsymbol{E})\boldsymbol{x}=\boldsymbol{0}$，即 $\begin{pmatrix}3-4&-1\\-1&3-4\end{pmatrix}\begin{pmatrix}x_1\\x_2\end{pmatrix}=\begin{pmatrix}0\\0\end{pmatrix}$，得基础解系 $\boldsymbol{p}_2=\begin{pmatrix}1\\-1\end{pmatrix}$，因此属于 $\lambda_2=4$ 的全部特征向量为 $k_2\boldsymbol{p}_2(k_2\neq 0)$.

例 5.2　求矩阵 $\boldsymbol{A}=\begin{pmatrix}-1&1&0\\-4&3&0\\1&0&2\end{pmatrix}$ 的特征值和特征向量.

解　$\boldsymbol{A}$ 的特征多项式为

$$|\boldsymbol{A}-\lambda\boldsymbol{E}|=\begin{vmatrix}-1-\lambda&1&0\\-4&3-\lambda&0\\1&0&2-\lambda\end{vmatrix}=(2-\lambda)(1-\lambda)^2,$$

解得 $\boldsymbol{A}$ 的特征值为 $\lambda_1=2$，$\lambda_2=\lambda_3=1$.

当 $\lambda_1=2$ 时，解方程 $(\boldsymbol{A}-2\boldsymbol{E})\boldsymbol{x}=\boldsymbol{0}$. 由

$$\boldsymbol{A}-2\boldsymbol{E}=\begin{pmatrix}-3&1&0\\-4&1&0\\1&0&0\end{pmatrix}\sim\begin{pmatrix}1&0&0\\0&1&0\\0&0&0\end{pmatrix},$$

得基础解系

$$\boldsymbol{p}_1=\begin{pmatrix}0\\0\\1\end{pmatrix}.$$

所以 $k\boldsymbol{p}_1(k\neq 0)$ 是对应于 $\lambda_1=2$ 的全部特征向量.

当 $\lambda_2=\lambda_3=1$ 时，解方程 $(\boldsymbol{A}-\boldsymbol{E})\boldsymbol{x}=\boldsymbol{0}$. 由

$$\boldsymbol{A}-\boldsymbol{E}=\begin{pmatrix}-2&1&0\\-4&2&0\\1&0&1\end{pmatrix}\sim\begin{pmatrix}1&0&1\\0&1&2\\0&0&0\end{pmatrix},$$

得基础解系

$$\boldsymbol{p}_2=\begin{pmatrix}-1\\-2\\1\end{pmatrix}.$$

所以 $k\boldsymbol{p}_2(k\neq 0)$ 是对应于 $\lambda_2=\lambda_3=1$ 的全部特征向量.

例 5.3 求矩阵 $\boldsymbol{A}=\begin{pmatrix}-2&1&1\\0&2&0\\-4&1&3\end{pmatrix}$ 的特征值和特征向量.

解 $\boldsymbol{A}$ 的特征多项式为

$$|\boldsymbol{A}-\lambda\boldsymbol{E}|=\begin{vmatrix}-2-\lambda&1&1\\0&2-\lambda&0\\-4&1&3-\lambda\end{vmatrix}=(2-\lambda)\begin{vmatrix}-2-\lambda&1\\-4&3-\lambda\end{vmatrix}=-(\lambda+1)(\lambda-2)^2,$$

解得 $\boldsymbol{A}$ 的特征值为 $\lambda_1=-1$, $\lambda_2=\lambda_3=2$.

当 $\lambda_1=-1$ 时，解方程 $(\boldsymbol{A}+\boldsymbol{E})\boldsymbol{x}=\boldsymbol{0}$，由

$$\boldsymbol{A}+\boldsymbol{E}=\begin{pmatrix}-1&1&1\\0&3&0\\-4&1&4\end{pmatrix}\sim\begin{pmatrix}-1&0&1\\0&1&0\\0&0&0\end{pmatrix},$$

得基础解系

$$\boldsymbol{p}_1=\begin{pmatrix}1\\0\\1\end{pmatrix}.$$

则对应于 $\lambda_1=-1$ 的全部特征向量为 $k_1\boldsymbol{p}_1(k_1\neq 0)$.

当 $\lambda_2=\lambda_3=2$ 时，解方程 $(\boldsymbol{A}-2\boldsymbol{E})\boldsymbol{x}=\boldsymbol{0}$，由

$$\boldsymbol{A}-2\boldsymbol{E}=\begin{pmatrix}-4&1&1\\0&0&0\\-4&1&1\end{pmatrix}\sim\begin{pmatrix}-4&1&1\\0&0&0\\0&0&0\end{pmatrix},$$

得基础解系

$$\boldsymbol{p}_2=\begin{pmatrix}0\\1\\-1\end{pmatrix},\ \boldsymbol{p}_3=\begin{pmatrix}1\\0\\4\end{pmatrix}.$$

则对应于 $\lambda_2=\lambda_3=2$ 的全部特征向量为 $k_2\boldsymbol{p}_2+k_3\boldsymbol{p}_3$($k_2$, k_3 不同时为 0).

三、特征值与特征向量的性质

性质 5.1 若 $\boldsymbol{A}=\begin{pmatrix}a_{11}&\cdots&a_{1n}\\\vdots&&\vdots\\a_{n1}&\cdots&a_{nn}\end{pmatrix}$ 的特征值为 $\lambda_1, \lambda_2, \cdots, \lambda_n$，则有

(1) $\sum_{i=1}^{n}\lambda_i = \sum_{i=1}^{n}a_{ii}$;

(2) $\prod_{i=1}^{n}\lambda_i = |\boldsymbol{A}| = \det(\boldsymbol{A})$.

比如,二阶矩阵 $\boldsymbol{A} = (a_{ij})_{2\times 2}$,有

$$f(\lambda) = |\boldsymbol{A} - \lambda\boldsymbol{E}| = \begin{vmatrix} a_{11}-\lambda & a_{12} \\ a_{21} & a_{22}-\lambda \end{vmatrix} = (a_{11}-\lambda)(a_{22}-\lambda) - a_{12}a_{21}$$
$$= \lambda^2 - (a_{11}+a_{22})\lambda + (a_{11}a_{22} - a_{12}a_{21}),$$
$$|\boldsymbol{A}| = a_{11}a_{22} - a_{12}a_{21}.$$

假设 λ_1, λ_2 是矩阵 $\boldsymbol{A}$ 的特征值,即 λ_1, λ_2 是特征方程 $f(\lambda) = |\boldsymbol{A} - \lambda\boldsymbol{E}| = 0$ 的根,则由二次方程根与系数的关系,有

$$\lambda_1 + \lambda_2 = a_{11} + a_{22},\ \lambda_1\lambda_2 = |\boldsymbol{A}|.$$

性质 5.2　设 λ 是矩阵 $\boldsymbol{A}$ 的特征值,则 λ 也是矩阵 $\boldsymbol{A}^T$ 的特征值.

证　由于 $|\boldsymbol{A}^T - \lambda\boldsymbol{E}| = |(\boldsymbol{A} - \lambda\boldsymbol{E})^T| = |\boldsymbol{A} - \lambda\boldsymbol{E}|^T = |\boldsymbol{A} - \lambda\boldsymbol{E}|$,可见 $\boldsymbol{A}^T$ 与 $\boldsymbol{A}$ 有相同的特征多项式,因而有相同的特征值.

性质 5.3　设 λ 是矩阵 $\boldsymbol{A}$ 的特征值,则:

(1) λ^2 是矩阵 $\boldsymbol{A}^2$ 的特征值;

(2) 当 $\boldsymbol{A}$ 可逆时,λ^{-1}是逆矩阵 $\boldsymbol{A}^{-1}$的特征值.

证　因为 λ 是 $\boldsymbol{A}$ 的特征值,所以存在 $\boldsymbol{p} \neq \boldsymbol{0}$,使 $\boldsymbol{A}\boldsymbol{p} = \lambda\boldsymbol{p}$.

(1) $\boldsymbol{A}^2\boldsymbol{p} = \boldsymbol{A}(\boldsymbol{A}\boldsymbol{p}) = \lambda\boldsymbol{A}\boldsymbol{p} = \lambda^2\boldsymbol{p}$,所以 λ^2 是矩阵 $\boldsymbol{A}^2$ 的特征值.

(2) 当 $\boldsymbol{A}$ 可逆时,则 $\lambda \neq 0$,则由 $\boldsymbol{A}\boldsymbol{p} = \lambda\boldsymbol{p}$ 可得,$\boldsymbol{p} = \boldsymbol{A}^{-1}\boldsymbol{A}\boldsymbol{p} = \lambda\boldsymbol{A}^{-1}\boldsymbol{p}$. 所以 $\boldsymbol{A}^{-1}\boldsymbol{p} = \lambda^{-1}\boldsymbol{p}$. 所以 λ^{-1} 是逆矩阵 $\boldsymbol{A}^{-1}$ 的特征值.

依此类推,不难证明:若 λ 是矩阵 $\boldsymbol{A}$ 的特征值,则 λ^k 是矩阵 $\boldsymbol{A}^k$ 的特征值,$\varphi(\lambda)$是 $\varphi(\boldsymbol{A})$的特征值[其中 $\varphi(\lambda) = a_0 + a_1\lambda + \cdots + a_m\lambda^m$ 是 λ 的多项式,$\varphi(\boldsymbol{A}) = a_0\boldsymbol{E} + a_1\boldsymbol{A} + \cdots + a_m\boldsymbol{A}^m$ 是 $\boldsymbol{A}$ 的多项式].

例 5.4　设三阶矩阵 $\boldsymbol{A}$ 的特征值为 1, −1, 2,求 $\boldsymbol{A}^* + \boldsymbol{A} - 2\boldsymbol{E}$ 的特征值,并求 $|\boldsymbol{A}^* + \boldsymbol{A} - 2\boldsymbol{E}|$.

解　因 $\boldsymbol{A}$ 的特征值全不为 0,故 $\boldsymbol{A}$ 可逆,且 $\boldsymbol{A}^* = |\boldsymbol{A}|\boldsymbol{A}^{-1}$,而 $|\boldsymbol{A}| = \lambda_1\lambda_2\lambda_3 = -2$,所以

$$\boldsymbol{A}^* + \boldsymbol{A} - 2\boldsymbol{E} = -2\boldsymbol{A}^{-1} + \boldsymbol{A} - 2\boldsymbol{E}.$$

把上式记作 $\varphi(\boldsymbol{A})$,有

$$\varphi(\lambda) = -2\lambda^{-1} + \lambda - 2,$$

可得 $\varphi(\boldsymbol{A})$的特征值分别是 $\varphi(1) = -3$, $\varphi(-1) = \varphi(2) = -1$.

所以　$$|\boldsymbol{A}^* + \boldsymbol{A} - 2\boldsymbol{E}| = (-3)\times(-1)\times(-1) = -3.$$

性质 5.4　方阵 $\boldsymbol{A}$ 的 m 个各不相等的特征值 λ_1, λ_2, …, λ_m 所对应的特征向量 $\boldsymbol{p}_1$, $\boldsymbol{p}_2$, …, $\boldsymbol{p}_m$ 线性无关(即属于不同特征值的特征向量线性无关).

证　对特征值的个数 m 用数学归纳法.

由于特征向量是非零向量,所以,$m=1$ 时定理成立.

假设 $m-1$ 个不同的特征值的特征向量是线性无关的,令 $\boldsymbol{p}_1, \boldsymbol{p}_2, \cdots, \boldsymbol{p}_m$ 依次为 m 个不等的特征值 $\lambda_1, \lambda_2, \cdots, \lambda_m$ 对应的特征向量. 下面证明 $\boldsymbol{p}_1, \boldsymbol{p}_2, \cdots, \boldsymbol{p}_m$ 线性无关.

设有一组数 $x_1, x_2, \cdots, x_m$ 使得

$$x_1\boldsymbol{p}_1+x_2\boldsymbol{p}_2+\cdots+x_m\boldsymbol{p}_m=\boldsymbol{0} \tag{5.4}$$

成立. 以 λ_m 乘等式(5.4)两端,得

$$x_1\lambda_m\boldsymbol{p}_1+\cdots+x_{m-1}\lambda_m\boldsymbol{p}_{m-1}+x_m\lambda_m\boldsymbol{p}_m=\boldsymbol{0}. \tag{5.5}$$

以矩阵 $\boldsymbol{A}$ 左乘式(5.4)两端,得

$$x_1\lambda_1\boldsymbol{p}_1+\cdots+x_{m-1}\lambda_{m-1}\boldsymbol{p}_{m-1}+x_m\lambda_m\boldsymbol{p}_m=\boldsymbol{0}. \tag{5.6}$$

式(5.6)减式(5.5),得

$$x_1(\lambda_1-\lambda_m)\boldsymbol{p}_1+\cdots+x_{m-1}(\lambda_{m-1}-\lambda_m)\boldsymbol{p}_{m-1}=\boldsymbol{0}.$$

根据归纳法假设,$\boldsymbol{p}_1, \boldsymbol{p}_2, \cdots, \boldsymbol{p}_{m-1}$ 线性无关,于是 $x_1(\lambda_1-\lambda_m)=\cdots=x_{m-1}(\lambda_{m-1}-\lambda_m)=0$. 但 $\lambda_1-\lambda_m\neq 0, \cdots, \lambda_{m-1}-\lambda_m\neq 0$,所以,$x_1=0, \cdots, x_{m-1}=0$. 这时式(5.4)变成 $x_m\boldsymbol{p}_m=\boldsymbol{0}$.

因为 $\boldsymbol{p}_m\neq\boldsymbol{0}$,所以只有 $x_m=0$. 这就证明了 $\boldsymbol{p}_1, \boldsymbol{p}_2, \cdots, \boldsymbol{p}_m$ 线性无关.

第二节　相似矩阵及其对角化

一、相似矩阵及其性质

定义 5.2　设 $\boldsymbol{A}, \boldsymbol{B}$ 都是 n 阶矩阵,若有可逆矩阵 $\boldsymbol{P}$,使 $\boldsymbol{P}^{-1}\boldsymbol{A}\boldsymbol{P}=\boldsymbol{B}$,则称矩阵 $\boldsymbol{A}$ 与 $\boldsymbol{B}$ **相似**.

对 $\boldsymbol{A}$ 进行运算 $\boldsymbol{P}^{-1}\boldsymbol{A}\boldsymbol{P}=\boldsymbol{B}$ 称为对 $\boldsymbol{A}$ 进行**相似变换**,可逆矩阵 $\boldsymbol{P}$ 称为把 $\boldsymbol{A}$ 变成 $\boldsymbol{B}$ 的相似变换矩阵.

由定义易证,相似矩阵具有以下性质:

(1) (反身性)任意一个方阵 $\boldsymbol{A}$,都有 $\boldsymbol{A}$ 与 $\boldsymbol{A}$ 相似;

(2) (对称性)若 $\boldsymbol{A}$ 与 $\boldsymbol{B}$ 相似,则 $\boldsymbol{B}$ 与 $\boldsymbol{A}$ 相似;

(3) (传递性)若 $\boldsymbol{A}$ 与 $\boldsymbol{B}$ 相似,$\boldsymbol{B}$ 与 $\boldsymbol{C}$ 相似,则 $\boldsymbol{A}$ 与 $\boldsymbol{C}$ 相似.

可见,矩阵相似也是一种等价关系.

性质 5.5　若 n 阶矩阵 $\boldsymbol{A}$ 与 $\boldsymbol{B}$ 相似,则 $\boldsymbol{A}$ 与 $\boldsymbol{B}$ 的特征多项式相同,从而 $\boldsymbol{A}$ 与 $\boldsymbol{B}$ 的特征值也相同.

证　因为 $\boldsymbol{A}$ 与 $\boldsymbol{B}$ 相似,所以有可逆矩阵 $\boldsymbol{P}$,使 $\boldsymbol{P}^{-1}\boldsymbol{A}\boldsymbol{P}=\boldsymbol{B}$,故

$$\begin{aligned}|\boldsymbol{B}-\lambda\boldsymbol{E}|&=|\boldsymbol{P}^{-1}\boldsymbol{A}\boldsymbol{P}-\boldsymbol{P}^{-1}(\lambda\boldsymbol{E})\boldsymbol{P}|=|\boldsymbol{P}^{-1}(\boldsymbol{A}-\lambda\boldsymbol{E})\boldsymbol{P}|\\&=|\boldsymbol{P}^{-1}||\boldsymbol{A}-\lambda\boldsymbol{E}||\boldsymbol{P}|=|\boldsymbol{A}-\lambda\boldsymbol{E}|.\end{aligned}$$

即 $\boldsymbol{A}$ 与 $\boldsymbol{B}$ 的特征多项式相同,从而 $\boldsymbol{A}$ 与 $\boldsymbol{B}$ 的特征值也相同.

注：相似矩阵有相同的行列式、相同的秩；具有相同的可逆性，可逆时，逆矩阵也相似.

二、相似矩阵的对角化

相似矩阵具有许多共同的性质，而形式较简单的矩阵是对角矩阵，因此，对于 n 阶矩阵 $\boldsymbol{A}$，寻求相似变换矩阵 $\boldsymbol{P}$，使 $\boldsymbol{P}^{-1}\boldsymbol{A}\boldsymbol{P}=\boldsymbol{B}$ 为对角矩阵，即 $\boldsymbol{P}^{-1}\boldsymbol{A}\boldsymbol{P}=\boldsymbol{\Lambda}$，这就称为**把方阵 $\boldsymbol{A}$ 对角化**.

若 n 阶矩阵 $\boldsymbol{A}$ 能相似于对角矩阵，则称**矩阵 $\boldsymbol{A}$ 可对角化**.

下面讨论矩阵可对角化的条件.

定理 5.1　n 阶矩阵 $\boldsymbol{A}$ 与对角矩阵 $\boldsymbol{\Lambda}=\mathrm{diag}(\lambda_1,\lambda_2,\cdots,\lambda_n)=\begin{pmatrix}\lambda_1&&&\\&\lambda_2&&\\&&\ddots&\\&&&\lambda_n\end{pmatrix}$ 相似（即 $\boldsymbol{A}$ 可对角化）的充分必要条件是 $\boldsymbol{A}$ 有 n 个线性无关的特征向量.

证　必要性　由 $\boldsymbol{A}$ 与对角矩阵相似得，存在可逆矩阵 $\boldsymbol{P}$，使 $\boldsymbol{P}^{-1}\boldsymbol{A}\boldsymbol{P}=\boldsymbol{\Lambda}=\mathrm{diag}(\lambda_1,\lambda_2,\cdots,\lambda_n)$ 为对角矩阵，把 $\boldsymbol{P}$ 用其列向量表示为

$$\boldsymbol{P}=(\boldsymbol{p}_1,\cdots,\boldsymbol{p}_n).$$

由 $\boldsymbol{P}^{-1}\boldsymbol{A}\boldsymbol{P}=\boldsymbol{\Lambda}$，得 $\boldsymbol{A}\boldsymbol{P}=\boldsymbol{P}\boldsymbol{\Lambda}$，即

$$\boldsymbol{A}(\boldsymbol{p}_1,\boldsymbol{p}_2,\cdots,\boldsymbol{p}_n)=(\boldsymbol{p}_1,\boldsymbol{p}_2,\cdots,\boldsymbol{p}_n)\begin{pmatrix}\lambda_1&&&\\&\lambda_2&&\\&&\ddots&\\&&&\lambda_n\end{pmatrix}.$$

于是有 $\boldsymbol{A}\boldsymbol{p}_i=\lambda_i\boldsymbol{p}_i,\ i=1,2,\cdots,n.$

再由 $\boldsymbol{P}$ 是可逆矩阵，知 $\boldsymbol{p}_1,\boldsymbol{p}_2,\cdots,\boldsymbol{p}_n$ 都是非零向量，所以是 $\boldsymbol{A}$ 的 n 个线性无关的特征向量.

充分性　如果 n 阶矩阵 $\boldsymbol{A}$ 有 n 个线性无关的特征向量 $\boldsymbol{p}_1,\boldsymbol{p}_2,\cdots,\boldsymbol{p}_n$，它们对应的特征值依次为 $\lambda_1,\lambda_2,\cdots,\lambda_n$，使得

$$\boldsymbol{A}\boldsymbol{p}_i=\lambda_i\boldsymbol{p}_i,\ i=1,2,\cdots,n.$$

令矩阵 $\boldsymbol{P}=(\boldsymbol{p}_1,\boldsymbol{p}_2,\cdots,\boldsymbol{p}_n)$，因为 $\boldsymbol{p}_1,\boldsymbol{p}_2,\cdots,\boldsymbol{p}_n$ 线性无关，则 $\boldsymbol{P}$ 可逆，且

$$\begin{aligned}\boldsymbol{A}\boldsymbol{P}&=\boldsymbol{A}(\boldsymbol{p}_1,\boldsymbol{p}_2,\cdots,\boldsymbol{p}_n)=(\boldsymbol{A}\boldsymbol{p}_1,\boldsymbol{A}\boldsymbol{p}_2,\cdots,\boldsymbol{A}\boldsymbol{p}_n)=(\lambda_1\boldsymbol{p}_1,\lambda_2\boldsymbol{p}_2,\cdots,\lambda_n\boldsymbol{p}_n)\\&=(\boldsymbol{p}_1,\boldsymbol{p}_2,\cdots,\boldsymbol{p}_n)\begin{pmatrix}\lambda_1&&&\\&\lambda_2&&\\&&\ddots&\\&&&\lambda_n\end{pmatrix}=\boldsymbol{P}\boldsymbol{\Lambda},\end{aligned}$$

即得 $\boldsymbol{P}^{-1}\boldsymbol{A}\boldsymbol{P}=\boldsymbol{\Lambda}$，故 $\boldsymbol{A}$ 与对角矩阵相似.

注：由证明过程知，矩阵 $\boldsymbol{P}$ 就是矩阵 $\boldsymbol{A}$ 的 n 个线性无关的特征向量作为列向量排列而成的.

推论 5.1 如果 n 阶矩阵 $\boldsymbol{A}$ 的 n 个特征值互不相等，则 $\boldsymbol{A}$ 与对角矩阵相似.

注：推论中的条件只是矩阵对角化的充分条件；如果 $\boldsymbol{A}$ 的特征方程有重根，此时不一定有 n 个线性无关的特征向量，从而矩阵 $\boldsymbol{A}$ 不一定能对角化，但如果能找到 n 个线性无关的特征向量，$\boldsymbol{A}$ 还是能对角化.

例 5.2 中的三阶矩阵 $\boldsymbol{A}=\begin{pmatrix}-1&1&0\\-4&3&0\\1&0&2\end{pmatrix}$ 只有两个线性无关的特征向量，所以它不能与对角矩阵相似. 而例 5.3 中的矩阵 $\boldsymbol{A}=\begin{pmatrix}-2&1&1\\0&2&0\\-4&1&3\end{pmatrix}$，三阶矩阵 $\boldsymbol{A}$ 恰有三个线性无关的特征向量 $\boldsymbol{p}_1$，$\boldsymbol{p}_2$，$\boldsymbol{p}_3$，所以它能与对角矩阵相似.

令 $\boldsymbol{P}=(\boldsymbol{p}_1,\ \boldsymbol{p}_2,\ \boldsymbol{p}_3)=\begin{pmatrix}1&0&1\\0&1&0\\1&-1&4\end{pmatrix}\sim\begin{pmatrix}1&0&1\\0&1&0\\0&0&3\end{pmatrix}$，则 $\boldsymbol{P}$ 为可逆矩阵，且 $\boldsymbol{P}^{-1}\boldsymbol{A}\boldsymbol{P}=\begin{pmatrix}-1&0&0\\0&2&0\\0&0&2\end{pmatrix}$.

推论 5.2 n 阶矩阵 $\boldsymbol{A}$ 可对角化的充分必要条件是对于每一个 n_i 重特征根 λ_i，恰有 n_i 个线性无关的特征向量，即矩阵 $\boldsymbol{A}-\lambda_i\boldsymbol{E}$ 的秩为 $n-n_i$.

例 5.5 设 $\boldsymbol{A}=\begin{pmatrix}0&0&1\\1&1&x\\1&0&0\end{pmatrix}$，问 x 为何值时，矩阵 $\boldsymbol{A}$ 能对角化？

解 $\boldsymbol{A}$ 的特征多项式为

$$|\boldsymbol{A}-\lambda\boldsymbol{E}|=\begin{vmatrix}-\lambda&0&1\\1&1-\lambda&x\\1&0&-\lambda\end{vmatrix}=(1-\lambda)\begin{vmatrix}-\lambda&1\\1&-\lambda\end{vmatrix}=-(\lambda+1)(\lambda-1)^2,$$

因此 $\boldsymbol{A}$ 的特征值为 $\lambda_1=-1$，$\lambda_2=\lambda_3=1$.

对应 $\lambda_1=-1$，可求得线性无关特征向量 1 个，故矩阵 $\boldsymbol{A}$ 能对角化的充分必要条件是对应重根 $\lambda_2=\lambda_3=1$，有 2 个线性无关的特征向量，即方程组 $(\boldsymbol{A}-\boldsymbol{E})\boldsymbol{x}=\boldsymbol{0}$ 有 2 个线性无关的解. 亦即系数矩阵 $\boldsymbol{A}-\boldsymbol{E}$ 的秩是 1.

由
$$\boldsymbol{A}-\boldsymbol{E}=\begin{pmatrix}-1&0&1\\1&0&x\\1&0&-1\end{pmatrix}\sim\begin{pmatrix}1&0&-1\\0&0&x+1\\0&0&0\end{pmatrix},$$

若 $r(\boldsymbol{A}-\boldsymbol{E})=1$，得 $x+1=0$ 即 $x=-1$. 于是，当 $x=-1$ 时，矩阵 $\boldsymbol{A}$ 能对角化.

第三节　实对称矩阵的对角化

由前面的讨论可知，不是任何矩阵都可以对角化. 但实对称矩阵一定可以对角化. 首先来讨论实对称矩阵特征值与特征向量的特殊性质.

一、实对称矩阵的性质

性质 5.6 实对称矩阵的特征值为实数.

证 设 λ 是对称矩阵 $\boldsymbol{A}$ 的特征值,$\boldsymbol{p}$ 为对应的特征向量,即 $\boldsymbol{Ap}=\lambda\boldsymbol{p}$. 于是有

$$\overline{\boldsymbol{p}^T}\boldsymbol{Ap}=\overline{\boldsymbol{p}^T}(\boldsymbol{Ap})=\lambda\overline{\boldsymbol{p}^T}\boldsymbol{p},$$

$$\overline{\boldsymbol{p}^T}\boldsymbol{Ap}=(\overline{\boldsymbol{p}^T}\boldsymbol{A}^T)\boldsymbol{p}=\overline{(\boldsymbol{Ap})^T}\boldsymbol{p}=\bar{\lambda}\overline{\boldsymbol{p}^T}\boldsymbol{p},$$

两式相减,得 $(\lambda-\bar{\lambda})\overline{\boldsymbol{p}^T}\boldsymbol{p}=0$,因为 $\boldsymbol{p}\neq\boldsymbol{0}$,故 $\lambda=\bar{\lambda}$,即 λ 为实数.

性质 5.7 实对称矩阵 $\boldsymbol{A}$ 的属于不同特征值的特征向量彼此正交.

证 设 λ_1, λ_2 是对称矩阵 $\boldsymbol{A}$ 的两个特征值,$\boldsymbol{p}_1$, $\boldsymbol{p}_2$ 依次是它们对应的特征向量,且 $\lambda_1\neq\lambda_2$. 由已知有

$$\boldsymbol{Ap}_1=\lambda_1\boldsymbol{p}_1,\ \boldsymbol{Ap}_2=\lambda_2\boldsymbol{p}_2,$$

以 $\boldsymbol{p}_1^T$ 左乘右式的两端得

$$\boldsymbol{p}_1^T(\boldsymbol{Ap}_2)=\lambda_2\boldsymbol{p}_1^T\boldsymbol{p}_2.$$

因为 $\boldsymbol{A}$ 是对称矩阵,所以

$$\boldsymbol{p}_1^T(\boldsymbol{Ap}_2)=(\boldsymbol{Ap}_1)^T\boldsymbol{p}_2=(\lambda_1\boldsymbol{p}_1)^T\boldsymbol{p}_2=\lambda_1\boldsymbol{p}_1^T\boldsymbol{p}_2,$$

于是 $(\lambda_1-\lambda_2)\boldsymbol{p}_1^T\boldsymbol{p}_2=0$. 因为 $\lambda_1\neq\lambda_2$,故 $\boldsymbol{p}_1^T\boldsymbol{p}_2=0$,即 $\boldsymbol{p}_1$ 与 $\boldsymbol{p}_2$ 正交.

定理 5.2 设 $\boldsymbol{A}$ 为 n 阶实对称矩阵,则必有正交矩阵 $\boldsymbol{Q}$,使 $\boldsymbol{Q}^{-1}\boldsymbol{AQ}=\boldsymbol{\Lambda}$,其中 $\boldsymbol{\Lambda}$ 是以 $\boldsymbol{A}$ 的 n 个特征值为对角元素的对角矩阵.

注:在特征值为重根时,得到的基础解系虽然线性无关,却不一定正交,需利用施密特正交化法,将这组基础解系正交化、单位化.

二、实对称矩阵对角化的方法

根据上述结论,利用正交阵将矩阵 $\boldsymbol{A}$ 对角化的步骤如下:

(1) 求出矩阵 $\boldsymbol{A}$ 的特征值;

(2) 由 $(\boldsymbol{A}-\lambda_i\boldsymbol{E})\boldsymbol{x}=\boldsymbol{0}$ 求出矩阵 $\boldsymbol{A}$ 的特征向量;

(3) 将特征向量正交化、单位化;

(4) 以这些单位特征向量作为列向量构成正交阵 $\boldsymbol{Q}$,便有 $\boldsymbol{Q}^{-1}\boldsymbol{AQ}=\boldsymbol{\Lambda}$.

注:矩阵 $\boldsymbol{\Lambda}$ 对角线上的特征值的排列次序应与 $\boldsymbol{Q}$ 中列向量排列次序相对应.

例 5.6 设

$$\boldsymbol{A}=\begin{pmatrix}0&-1&1\\-1&0&1\\1&1&0\end{pmatrix},$$

求一个正交矩阵 $\boldsymbol{Q}$,使 $\boldsymbol{Q}^{-1}\boldsymbol{AQ}=\boldsymbol{\Lambda}$ 为对角矩阵.

解 由

$$|\boldsymbol{A}-\lambda\boldsymbol{E}|=\begin{vmatrix}-\lambda & -1 & 1\\ -1 & -\lambda & 1\\ 1 & 1 & -\lambda\end{vmatrix}=-(\lambda+2)(\lambda-1)^2,$$

得 $\boldsymbol{A}$ 的特征值为 $\lambda_1=-2,\ \lambda_2=\lambda_3=1$.

对应 $\lambda_1=-2$,由 $(\boldsymbol{A}+2\boldsymbol{E})\boldsymbol{x}=\boldsymbol{0}$,得基础解系

$$\boldsymbol{\xi}_1=\begin{pmatrix}-1\\-1\\1\end{pmatrix}.$$

对应 $\lambda_2=\lambda_3=1$,由 $(\boldsymbol{A}-\boldsymbol{E})\boldsymbol{x}=\boldsymbol{0}$,得基础解系

$$\boldsymbol{\xi}_2=\begin{pmatrix}-1\\1\\0\end{pmatrix},\ \boldsymbol{\xi}_3=\begin{pmatrix}1\\0\\1\end{pmatrix}.$$

将 $\boldsymbol{\xi}_2$ 与 $\boldsymbol{\xi}_3$ 正交化,取

$$\boldsymbol{\eta}_2=\boldsymbol{\xi}_2,$$

$$\boldsymbol{\eta}_3=\boldsymbol{\xi}_3-\frac{(\boldsymbol{\eta}_2,\ \boldsymbol{\xi}_3)}{(\boldsymbol{\eta}_2,\ \boldsymbol{\eta}_2)}\eta_2=\begin{pmatrix}1\\0\\1\end{pmatrix}+\frac{1}{2}\begin{pmatrix}-1\\1\\0\end{pmatrix}=\frac{1}{2}\begin{pmatrix}1\\1\\2\end{pmatrix}.$$

令 $\boldsymbol{\eta}_1=\boldsymbol{\xi}_1$,则 $\boldsymbol{\eta}_1,\ \boldsymbol{\eta}_2,\ \boldsymbol{\eta}_3$ 正交化.

再将 $\boldsymbol{\eta}_1,\ \boldsymbol{\eta}_2,\ \boldsymbol{\eta}_3$ 单位化,令 $\boldsymbol{p}_i=\dfrac{\boldsymbol{\eta}_i}{\|\boldsymbol{\eta}_i\|}(i=1,\ 2,\ 3)$,得

$$\boldsymbol{q}_1=\frac{1}{\sqrt{3}}\begin{pmatrix}-1\\-1\\1\end{pmatrix},\ \boldsymbol{q}_2=\frac{1}{\sqrt{2}}\begin{pmatrix}-1\\1\\0\end{pmatrix},\ \boldsymbol{q}_3=\frac{1}{\sqrt{6}}\begin{pmatrix}1\\1\\2\end{pmatrix}.$$

取

$$\boldsymbol{Q}=(\boldsymbol{q}_1,\ \boldsymbol{q}_2,\ \boldsymbol{q}_3)=\begin{pmatrix}-\frac{1}{\sqrt{3}} & -\frac{1}{\sqrt{2}} & \frac{1}{\sqrt{6}}\\ -\frac{1}{\sqrt{3}} & \frac{1}{\sqrt{2}} & \frac{1}{\sqrt{6}}\\ \frac{1}{\sqrt{3}} & 0 & \frac{2}{\sqrt{6}}\end{pmatrix}.$$

于是有正交矩阵 $\boldsymbol{Q}$,使得

$$\boldsymbol{Q}^{-1}\boldsymbol{A}\boldsymbol{Q}=\boldsymbol{\Lambda}=\begin{pmatrix}-2 & & \\ & 1 & \\ & & 1\end{pmatrix}.$$

例 5.7 某实验性生产线每年 1 月进行熟练工与非熟练工的人数统计,然后将$\frac{1}{6}$熟练工

支援其他生产部门，其缺额由招收新的非熟练工补齐. 新、老非熟练工经过培训至年终考核有$\frac{2}{5}$成为熟练工. 设第 n 年 1 月统计的熟练工和非熟练工所占百分比分别为 x_n 和 y_n，记为向量$\begin{pmatrix} x_n \\ y_n \end{pmatrix}$.

(1) 求 $\begin{pmatrix} x_{n+1} \\ y_{n+1} \end{pmatrix}$ 与 $\begin{pmatrix} x_n \\ y_n \end{pmatrix}$ 的关系式并写成矩阵形式：$\begin{pmatrix} x_{n+1} \\ y_{n+1} \end{pmatrix} = \boldsymbol{A}\begin{pmatrix} x_n \\ y_n \end{pmatrix}$；

(2) 验证 $\boldsymbol{\eta}_1 = \begin{pmatrix} 4 \\ 1 \end{pmatrix}$，$\boldsymbol{\eta}_2 = \begin{pmatrix} -1 \\ 1 \end{pmatrix}$是 $\boldsymbol{A}$ 的两个线性无关的特征向量，并求出相应的特征值；

(3) 当 $\begin{pmatrix} x_1 \\ y_1 \end{pmatrix} = \begin{pmatrix} \frac{1}{2} \\ \frac{1}{2} \end{pmatrix}$时，求$\begin{pmatrix} x_{n+1} \\ y_{n+1} \end{pmatrix}$.

解　(1) 按题意有$\begin{cases} x_{n+1} = \frac{5}{6}x_n + \frac{2}{5}\left(\frac{1}{6}x_n + y_n\right), \\ y_{n+1} = \frac{3}{5}\left(\frac{1}{6}x_n + y_n\right), \end{cases}$

化简得

$$\begin{cases} x_{n+1} = \frac{9}{10}x_n + \frac{2}{5}y_n, \\ y_{n+1} = \frac{1}{10}x_n + \frac{3}{5}y_n. \end{cases}$$

用矩阵表示即为

$$\begin{pmatrix} x_{n+1} \\ y_{n+1} \end{pmatrix} = \begin{pmatrix} \frac{9}{10} & \frac{2}{5} \\ \frac{1}{10} & \frac{3}{5} \end{pmatrix}\begin{pmatrix} x_n \\ y_n \end{pmatrix},$$

于是

$$\boldsymbol{A} = \begin{pmatrix} \frac{9}{10} & \frac{2}{5} \\ \frac{1}{10} & \frac{3}{5} \end{pmatrix}.$$

(2) 令 $\boldsymbol{P} = (\boldsymbol{\eta}_1, \boldsymbol{\eta}_2) = \begin{pmatrix} 4 & -1 \\ 1 & 1 \end{pmatrix}$，则由 $|\boldsymbol{P}| = 5 \neq 0$ 知，$\boldsymbol{\eta}_1$，$\boldsymbol{\eta}_2$ 线性无关. 因 $\boldsymbol{A}\boldsymbol{\eta}_1 = \begin{pmatrix} 4 \\ 1 \end{pmatrix} = \boldsymbol{\eta}_1$，故 $\boldsymbol{\eta}_1$ 为 $\boldsymbol{A}$ 的特征向量，且相应的特征值 $\lambda_1 = 1$.

因 $\boldsymbol{A}\boldsymbol{\eta}_2 = \begin{pmatrix} -\frac{1}{2} \\ \frac{1}{2} \end{pmatrix} = \frac{1}{2}\boldsymbol{\eta}_2$，故 $\boldsymbol{\eta}_2$ 为 $\boldsymbol{A}$ 的特征向量，且相应的特征值为 $\lambda_2 = \frac{1}{2}$.

(3) 由于有 $\begin{pmatrix} x_{n+1} \\ y_{n+1} \end{pmatrix} = \boldsymbol{A}\begin{pmatrix} x_n \\ y_n \end{pmatrix} = \boldsymbol{A}^2\begin{pmatrix} x_{n-1} \\ y_{n-1} \end{pmatrix} = \cdots = \boldsymbol{A}^n\begin{pmatrix} x_1 \\ y_1 \end{pmatrix} = \boldsymbol{A}^n\begin{pmatrix} \frac{1}{2} \\ \frac{1}{2} \end{pmatrix}$.

由 $\boldsymbol{P}^{-1}\boldsymbol{AP}=\begin{pmatrix}\lambda_1 & 0\\ 0 & \lambda_2\end{pmatrix}$，有 $\boldsymbol{A}=\boldsymbol{P}\begin{pmatrix}\lambda_1 & 0\\ 0 & \lambda_2\end{pmatrix}\boldsymbol{P}^{-1}$.

于是有

$$\boldsymbol{A}^n=\boldsymbol{P}\begin{pmatrix}\lambda_1 & 0\\ 0 & \lambda_2\end{pmatrix}^n\boldsymbol{P}^{-1}.$$

又 $\boldsymbol{P}^{-1}=\frac{1}{5}\begin{pmatrix}1 & 1\\ -1 & 4\end{pmatrix}$，故

$$\boldsymbol{A}^n=\frac{1}{5}\begin{pmatrix}4 & -1\\ 1 & 1\end{pmatrix}\begin{pmatrix}1 & 0\\ 0 & \left(\frac{1}{2}\right)^n\end{pmatrix}\begin{pmatrix}1 & 1\\ -1 & 4\end{pmatrix}=\frac{1}{5}\begin{pmatrix}4+\left(\frac{1}{2}\right)^n & 4-4\left(\frac{1}{2}\right)^n\\ 1-\left(\frac{1}{2}\right)^n & 1+4\left(\frac{1}{2}\right)^n\end{pmatrix}.$$

因此有

$$\begin{pmatrix}x_{n+1}\\ y_{n+1}\end{pmatrix}=\boldsymbol{A}^n\begin{pmatrix}\frac{1}{2}\\ \frac{1}{2}\end{pmatrix}=\frac{1}{10}\begin{pmatrix}8-3\left(\frac{1}{2}\right)^n\\ 2+3\left(\frac{1}{2}\right)^n\end{pmatrix}.$$

第四节 数学实验 5：特征值与特征向量的求法

一、运算符

d=eig(A)　　　　%表示 d 为矩阵 A 的特征值排成的向量

[V, D]=eig(A)　　%表示 D 为 A 的特征值对角阵，V 的列向量为对应特征值的特征向量(且为单位向量).

二、实例

例 5.8 求矩阵 $\boldsymbol{A}=\begin{pmatrix}-2 & 1 & 1\\ 0 & 2 & 0\\ -4 & 1 & 3\end{pmatrix}$ 的特征值和特征向量.

```
>>A=[-2 1 1;0 2 0;-4 1 3];
>>[V, D]=eig(A)
V=
    -0.7071   -0.2425   0.3015
          0         0   0.9045
    -0.7071   -0.9701   0.3015
D=
    -1    0    0
     0    2    0
```

```
        0       0       2
```

即特征值−1 对应特征向量$(-0.7071\quad 0\quad -0.7071)^T$，特征值 2 对应特征向量$(-0.2425\quad 0\quad -0.9701)^T$ 和$(0.3015\quad 0.9045\quad 0.3015)^T$.

注：若输入如下指令：

```
>>A=sym([-2 1 1;0 2 0;-4 1 3]);
>>[V,D]=eig(A)
V=
      [ 1, 1,   0]
      [ 0, 4,  -1]
      [ 1, 0,   1]
D=
      [-1, 0, 0]
      [ 0, 2, 0]
      [ 0, 0, 2]
```

例 5.9　人口迁徙模型. 设在一个大城市中的总人口是固定的. 人口的分布则因居民在市区和郊区之间迁徙而变化. 每年有 6%的市区居民搬到郊区去住，而有 2%的郊区居民搬到市区. 假如开始时有 30%的居民住在市区，70%的居民住在郊区，问 10 年后市区和郊区的居民人口比例是多少？ 30 年、50 年后又如何？

这个问题可以用矩阵乘法来描述. 把人口变量用市区和郊区两个分量表示，即 $\boldsymbol{x}_k=\begin{pmatrix}x_{ck}\\x_{sk}\end{pmatrix}$，其中 x_c 为市区人口所占比例，x_s 为郊区人口所占比例，k 表示年份的次序. 在 $k=0$ 的初始状态：$\boldsymbol{x}_0=\begin{pmatrix}x_{c0}\\x_{s0}\end{pmatrix}=\begin{pmatrix}0.3\\0.7\end{pmatrix}$.

一年以后，市区人口为 $x_{c1}=(1-0.06)x_{c0}+0.02x_{s0}$，郊区人口 $x_{s1}=0.06x_{c0}+(1-0.02)x_{s0}$，用矩阵乘法来描述，可写成：

$$\boldsymbol{x}_1=\begin{pmatrix}x_{c1}\\x_{s1}\end{pmatrix}=\begin{pmatrix}0.94&0.02\\0.06&0.98\end{pmatrix}\begin{pmatrix}0.3\\0.7\end{pmatrix}=\boldsymbol{A}\boldsymbol{x}_0=\begin{pmatrix}0.2960\\0.7040\end{pmatrix}.$$

此关系可以从初始时间到 k 年，扩展为 $\boldsymbol{x}_k=\boldsymbol{A}\boldsymbol{x}_{k-1}=\boldsymbol{A}^2\boldsymbol{x}_{k-2}=\cdots=\boldsymbol{A}^k\boldsymbol{x}_0$.

```
>>A=[0.94,0.02;0.06,0.98]
>>x0=[0.3;0.7]
>>x1=A*x0
>>x10=A^10*x0
>>x30=A^30*x0
>>x50=A^50*x0
ans
```

$$x_1=\begin{pmatrix}0.2960\\0.7040\end{pmatrix},\ x_{10}=\begin{pmatrix}0.2717\\0.7283\end{pmatrix},\ x_{30}=\begin{pmatrix}0.2541\\0.7459\end{pmatrix},\ x_{50}=\begin{pmatrix}0.2508\\0.7492\end{pmatrix}.$$

例 5.10 设 $A=\begin{pmatrix}1&0&0\\0&2&1\\0&1&2\end{pmatrix}$,求一个正交矩阵 P,使 $P^{-1}AP=\Lambda$ 为对角阵.

```
>>A=[1 0 0;0 2 1;0 1 2];
>>[V, D]=eig(A)
V=

    1.0000         0         0
         0   -0.7071    0.7071
         0    0.7071    0.7071

D=

    1    0    0
    0    1    0
    0    0    3
```

注:对于实对称矩阵,V 就是所求的正交矩阵 P, D 就是对角矩阵 Λ.

本章小结

一、思维导图

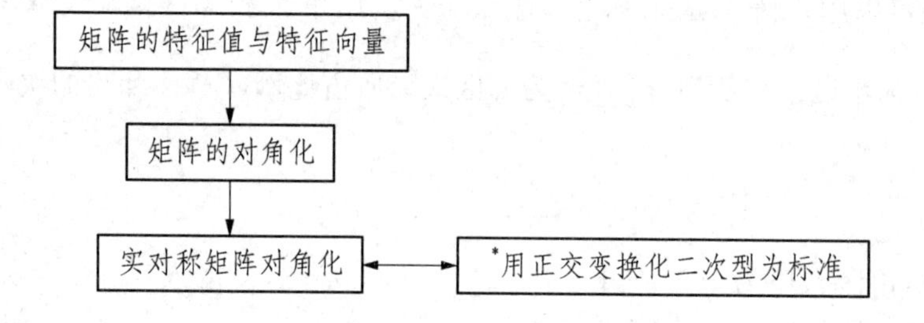

二、知识总结

(一) 特征值与特征向量

1. 求特征值与特征向量的思路

(1) 求方程 $|A-\lambda E|=0$ 的所有根 $\lambda_1,\lambda_2,\cdots,\lambda_n$,即为 A 的全部特征值;

(2) 解齐次方程组 $(A-\lambda_i E)x=0$,其任一非零解即为对应于 λ_i 的特征向量,一般取基础解系.

在求特征值时,注意不要除以含有未知量的式子.

2. 矩阵的特征值与特征向量的相关性质

(1) 设 n 阶方阵 A 的 n 个特征值为 $\lambda_1,\lambda_2,\cdots,\lambda_n$,则有 $\sum_{i=1}^{n}\lambda_i=\sum_{i=1}^{n}a_{ii}$, $\prod_{i=1}^{n}\lambda_i=|A|=\det(A)$;

(2) 属于不同特征值的特征向量线性无关;

(3) A 可逆 $\Leftrightarrow A$ 没有零特征值;

(4) 设 λ 是方阵 A 的任一特征值, P 是对应于 λ 的任一特征向量,则有

① $\forall k \in \mathbf{R}$, $k\lambda$ 是 $k\boldsymbol{A}$ 的特征值,特征向量 $\boldsymbol{P}$ 相同;

② $\forall k \in \mathbf{N}$, λ^k 是 $\boldsymbol{A}^k$ 的特征值,特征向量 $\boldsymbol{P}$ 相同;

③ 若 $f(\boldsymbol{A})$是 $\boldsymbol{A}$ 的多项式,则 $f(\lambda)$是 $f(\boldsymbol{A})$的特征值,特征向量 $\boldsymbol{P}$ 相同;

④ 若 $\boldsymbol{A}$ 可逆,当 $\lambda \neq 0$ 时,则$\dfrac{1}{\lambda}$, $\dfrac{|\boldsymbol{A}|}{\lambda}$ 分别是$\boldsymbol{A}^{-1}$, $\boldsymbol{A}^*$ 的特征值,特征向量 $\boldsymbol{P}$ 相同;

⑤ λ 也是 $\boldsymbol{A}^T$ 的特征值,注意特征向量未必相同.

(二) 矩阵对角化

1. 熟悉相似矩阵的性质

若 $\boldsymbol{P}^{-1}\boldsymbol{A}\boldsymbol{P} = \boldsymbol{B}$,即 $\boldsymbol{A}$ 相似于 $\boldsymbol{B}$,则有

(1) $|\boldsymbol{A}| = |\boldsymbol{B}|$, $R(\boldsymbol{A}) = R(\boldsymbol{B})$;

(2) $|\boldsymbol{A} - \lambda\boldsymbol{E}| = |\boldsymbol{B} - \lambda\boldsymbol{E}|$,从而 $\boldsymbol{A}$ 和 $\boldsymbol{B}$ 有相同的特征值.

注:这些性质只是矩阵相似的必要条件.

2. n 阶矩阵 $\boldsymbol{A}$ 可对角化的条件

(1) $\boldsymbol{A}$ 可对角化的充分必要条件是 $\boldsymbol{A}$ 有 n 个线性无关的特征向量;

(2) 若 $\boldsymbol{A}$ 有 n 个互不相等的特征值,则 $\boldsymbol{A}$ 可对角化.

3. 实对称矩阵的正交对角化

设 $\boldsymbol{A}$ 是实对称矩阵,则有:

(1) $\boldsymbol{A}$ 的特征值都是实数;

(2) $\boldsymbol{A}$ 的不同特征值对应的特征向量必正交;

(3) λ 是 $\boldsymbol{A}$ 的特征方程的 k 重根恰有 k 个线性无关的特征向量.

综上可得,实对称矩阵 $\boldsymbol{A}$ 可正交对角化,即 $\boldsymbol{A}$ 正交相似于一实对角矩阵,即存在正交阵 $\boldsymbol{Q}$,使 $\boldsymbol{Q}^{-1}\boldsymbol{A}\boldsymbol{Q} = \boldsymbol{\Lambda}$ 成立,其中 $\boldsymbol{\Lambda} = \mathrm{diag}(\lambda_1, \lambda_2, \cdots, \lambda_n)$, $\lambda_1, \lambda_2, \cdots, \lambda_n$ 是 $\boldsymbol{A}$ 的特征值.

4. 将 $\boldsymbol{A}$ 对角化的步骤

(1) 求出 $\boldsymbol{A}$ 的所有特征值 $\lambda_1, \lambda_2, \cdots, \lambda_n$.

(2) 若 $\boldsymbol{A}$ 可对角化,则 k 重特征值 λ 必对应 k 个线性无关的特征向量,求出每一个齐次方程组$(\boldsymbol{A} - \lambda_i\boldsymbol{E})\boldsymbol{x} = \boldsymbol{0}$ 的基础解系,可得到 $\boldsymbol{A}$ 的 n 个线性无关的特征向量 $\boldsymbol{p}_1, \boldsymbol{p}_2, \cdots, \boldsymbol{p}_n$.

(3) 令 $\boldsymbol{P} = (\boldsymbol{p}_1, \boldsymbol{p}_2, \cdots, \boldsymbol{p}_n)$, $\boldsymbol{\Lambda} = \mathrm{diag}(\lambda_1, \lambda_2, \cdots, \lambda_n)$,则 $\boldsymbol{P}$ 可逆,且有 $\boldsymbol{P}^{-1}\boldsymbol{A}\boldsymbol{P} = \boldsymbol{\Lambda}$ 或 $\boldsymbol{A} = \boldsymbol{P}\boldsymbol{\Lambda}\boldsymbol{P}^{-1}$.

(4) 若 $\boldsymbol{A}$ 是实对称矩阵,则在(2)的基础上对 $\boldsymbol{A}$ 的 $k(k > 1)$ 重特征值 λ,将求出的$(\boldsymbol{A} - \lambda\boldsymbol{E})\boldsymbol{x} = \boldsymbol{0}$ 的基础解系正交化.这样得到的 n 个特征向量 $\boldsymbol{p}_1, \boldsymbol{p}_2, \cdots, \boldsymbol{p}_n$ 必相互正交,再将每一个向量 $\boldsymbol{P}_i$ 单位化,则可得到规范正交向量组 $\boldsymbol{\eta}_1, \boldsymbol{\eta}_2, \cdots, \boldsymbol{\eta}_n$,令 $\boldsymbol{Q} = (\boldsymbol{\eta}_1, \boldsymbol{\eta}_2, \cdots, \boldsymbol{\eta}_n)$,则 $\boldsymbol{Q}$ 为正交阵,且满足 $\boldsymbol{Q}^T\boldsymbol{A}\boldsymbol{Q} = \boldsymbol{\Lambda}$,即 $\boldsymbol{A} = \boldsymbol{Q}\boldsymbol{\Lambda}\boldsymbol{Q}^T$.

习题五

一、选择题

1. 设 $\lambda = 2$ 是可逆矩阵 $\boldsymbol{A}$ 的一个特征值,则 $\boldsymbol{A}^{-1}$ 有一个特征值等于(　　).

A. 2　　　　B. -2　　　　C. $\dfrac{1}{2}$　　　　D. $-\dfrac{1}{2}$

2. 设 $\boldsymbol{A}=\begin{pmatrix}0&0&1\\0&1&0\\1&0&0\end{pmatrix}$，则 $\boldsymbol{A}$ 的特征值是(　　).

A. $-1, 1, 1$　　B. $0, 1, 1$　　C. $-1, 1, 2$　　D. $1, 1, 2$

3. 设 $\lambda_1, \lambda_2, \lambda_3$ 为矩阵 $\boldsymbol{A}=\begin{pmatrix}1&-1&1\\1&3&-1\\1&1&1\end{pmatrix}$ 的三个特征值，则 $\lambda_1+\lambda_2+\lambda_3=$(　　).

A. 4　　B. 5　　C. 6　　D. 7

4. 设 $\lambda_1, \lambda_2, \lambda_3$ 为矩阵 $\boldsymbol{A}=\begin{pmatrix}1&-1&1\\1&3&-1\\1&1&1\end{pmatrix}$ 的三个特征值，则 $\lambda_1\lambda_2\lambda_3=$(　　).

A. -4　　B. 0　　C. 2　　D. 4

5. 矩阵 $\boldsymbol{A}$ 的属于不同特征值的特征向量(　　).

A. 线性相关　　B. 线性无关　　C. 两两相交　　D. 其和仍是特征向量

6. 若 n 阶方阵 $\boldsymbol{A}, \boldsymbol{B}$ 的特征值相同，则(　　).

A. $\boldsymbol{A}=\boldsymbol{B}$　　B. $|\boldsymbol{A}|=|\boldsymbol{B}|$

C. $\boldsymbol{A}$ 与 $\boldsymbol{B}$ 相似　　D. $\boldsymbol{A}$ 与 $\boldsymbol{B}$ 合同

7. 设 $\boldsymbol{A}$ 为 n 阶可逆矩阵，λ 是 $\boldsymbol{A}$ 的特征值，则 $\boldsymbol{A}^*$ 的特征根之一是(　　).

A. $\lambda^{-1}|\boldsymbol{A}|^n$　　B. $\lambda^{-1}|\boldsymbol{A}|$　　C. $\lambda|\boldsymbol{A}|$　　D. $\lambda|\boldsymbol{A}|^n$

8. 若 n 阶方阵 $\boldsymbol{A}$ 与 $\boldsymbol{B}$ 相似，则以下不正确的是(　　).

A. $R(\boldsymbol{A})=R(\boldsymbol{B})$　　B. $|\boldsymbol{A}|=|\boldsymbol{B}|$

C. $\boldsymbol{A}$ 与 $\boldsymbol{B}$ 的特征值相同　　D. $\boldsymbol{A}$ 与 $\boldsymbol{B}$ 的特征向量相同

9. 若三阶方阵 $\boldsymbol{A}$ 与 $\boldsymbol{B}$ 相似，且 $\boldsymbol{A}$ 的特征值为 2, 3, 5，则 $|\boldsymbol{B}-\boldsymbol{E}|=$(　　).

A. 30　　B. 8　　C. 11　　D. 7

二、填空题

1. 若 $\boldsymbol{A}=\begin{pmatrix}1&-2&x\\-2&-2&4\\x&4&-2\end{pmatrix}$，2 为矩阵 $\boldsymbol{A}$ 的特征值，则 $x=$ ________.

2. 设 $\boldsymbol{A}$ 是三阶方阵，$\boldsymbol{A}$ 的特征值为 $-2, 3, \lambda$，且 $|2\boldsymbol{A}|=48$，则 $\lambda=$ ________.

3. 设 $\boldsymbol{A}$ 是三阶方阵，$\boldsymbol{A}$ 的特征值为 $-2, 3, \lambda$，且 $|-2\boldsymbol{A}^{-1}|=48$，则 $\lambda=$ ________.

4. 三阶可逆矩阵 $\boldsymbol{A}$ 的特征值分别为 $1, 2, -1$，则 $\boldsymbol{A}^2$ 的特征值分别为________.

5. 三阶可逆矩阵 $\boldsymbol{A}$ 的特征值分别为 $1, 2, -1$，则 $\boldsymbol{A}^{-1}$ 的特征值分别为________.

6. 设 $\boldsymbol{A}$ 有一个特征值 2，则 $\boldsymbol{A}^2-2\boldsymbol{A}-2\boldsymbol{E}$ 的一个特征值为________.

7. 设 $\boldsymbol{A}$ 有一个特征值 -1，则 $\boldsymbol{A}^2-2\boldsymbol{A}-2\boldsymbol{E}$ 的一个特征值为________.

8. 若 $\boldsymbol{A}=\begin{pmatrix}22&31\\y&x\end{pmatrix}$ 与 $\boldsymbol{B}=\begin{pmatrix}1&2\\3&4\end{pmatrix}$ 相似，则 $x=$ ________，$y=$ ________.

9. 设 $\boldsymbol{A}=\begin{pmatrix}2&0&0\\0&0&1\\0&1&x\end{pmatrix}$ 与 $\boldsymbol{B}=\begin{pmatrix}2&&\\&y&\\&&-1\end{pmatrix}$ 相似，则 $x=$ ________，$y=$ ________.

三、计算题

1. 求下列矩阵的特征值与特征向量：

(1) $\boldsymbol{A}=\begin{pmatrix}2&-1\\-1&2\end{pmatrix}$；　(2) $\boldsymbol{A}=\begin{pmatrix}3&1\\1&3\end{pmatrix}$；　(3) $\boldsymbol{A}=\begin{pmatrix}1&-1\\2&4\end{pmatrix}$；　(4) $\boldsymbol{A}=\begin{pmatrix}1&2\\3&2\end{pmatrix}$.

2. 求下列矩阵的特征值与特征向量：

(1) $\boldsymbol{A}=\begin{pmatrix}3&0&1\\-1&2&1\\0&0&3\end{pmatrix}$；　(2) $\boldsymbol{A}=\begin{pmatrix}4&6&0\\-3&-5&0\\-3&-6&1\end{pmatrix}$；　(3) $\boldsymbol{A}=\begin{pmatrix}2&0&0\\0&3&2\\0&2&3\end{pmatrix}$；

(4) $\boldsymbol{A}=\begin{pmatrix}1&0&0\\-2&5&-2\\-2&4&-1\end{pmatrix}$.

3. 若矩阵 $\boldsymbol{A}$ 满足 $\boldsymbol{A}^2-3\boldsymbol{A}+2\boldsymbol{E}=\boldsymbol{0}$，证明：$\boldsymbol{A}$ 的特征值只能是 1 或 2.

4. 已知三阶矩阵 $\boldsymbol{A}$ 的特征值为 1, 2, -3，试求 $|\boldsymbol{A}^*+3\boldsymbol{A}+2\boldsymbol{E}|$.

5. 已知三阶矩阵 $\boldsymbol{A}$ 的特征值为 1, -1, 2，试求 $|\boldsymbol{A}^*+\boldsymbol{A}-2\boldsymbol{E}|$.

6. 问第 2 题中的矩阵可以对角化吗？

7. 设 $\boldsymbol{A}$ 为 n 阶矩阵，证明：$\boldsymbol{A}^T$ 与 $\boldsymbol{A}$ 的特征值相同.

8. 设二阶矩阵 $\boldsymbol{A}$ 的特征值为 1, -5，与特征值对应的特征向量分别为 $(1, 1)^T$, $(2, -1)^T$，求矩阵 $\boldsymbol{A}$.

9. 设 $\boldsymbol{A}$, $\boldsymbol{B}$ 都是 n 阶矩阵，且 $\boldsymbol{A}$ 可逆，证明：$\boldsymbol{AB}$ 与 $\boldsymbol{BA}$ 相似.

10. 判断矩阵 $\boldsymbol{A}=\begin{pmatrix}3&-1&-2\\2&0&-2\\2&-1&-1\end{pmatrix}$ 是否与对角矩阵相似，若是，求出相似变换矩阵和对角矩阵.

11. 设 $\boldsymbol{A}=\begin{pmatrix}5&0&0\\0&2&1\\0&1&2\end{pmatrix}$，求一个正交矩阵 $\boldsymbol{P}$，使 $\boldsymbol{P}^{-1}\boldsymbol{AP}=\boldsymbol{\Lambda}$ 为对角矩阵.

12. 设矩阵 $\boldsymbol{A}=\begin{pmatrix}1&-2&-4\\-2&x&-2\\-4&-2&1\end{pmatrix}$ 与 $\boldsymbol{\Lambda}=\begin{pmatrix}5&&\\&-4&\\&&y\end{pmatrix}$ 相似，求 x, y.

13. 设三阶方阵 $\boldsymbol{A}$ 的特征值为 $\lambda_1=2$, $\lambda_2=1$, $\lambda_3=-2$，对应的特征向量依次为 $\boldsymbol{p}_1=\begin{pmatrix}0\\1\\1\end{pmatrix}$, $\boldsymbol{p}_2=\begin{pmatrix}1\\1\\0\end{pmatrix}$, $\boldsymbol{p}_3=\begin{pmatrix}1\\1\\1\end{pmatrix}$，求 $\boldsymbol{A}$.

14. 设三阶实对称矩阵 $\boldsymbol{A}$ 的特征值为 $\lambda_1=1$, $\lambda_2=2$, $\lambda_3=-2$，且 $\boldsymbol{\alpha}_1=(1, -1, 1)^T$ 是 $\boldsymbol{A}$ 的属于特征值 λ_1 的一个特征向量，记 $\boldsymbol{B}=\boldsymbol{A}^5-4\boldsymbol{A}^3+\boldsymbol{E}$，$\boldsymbol{E}$ 为三阶单位矩阵.

(1) 验证 $\boldsymbol{\alpha}_1$ 是 $\boldsymbol{B}$ 的特征向量，并求 $\boldsymbol{B}$ 的全部特征值与特征向量；

(2) 求矩阵 $\boldsymbol{B}$.

第六章

二 次 型

【学习目标】

1. 理解二次型及其矩阵表示、二次型的秩、二次型的标准形等概念.
2. 会用正交变换化二次型为标准形.
3. 理解二次型的惯性定律、正定二次型概念;会判断实二次型的正定性.

第一节　二次型及其矩阵表示

二次型是线性代数的主要内容之一，它的研究起源于解析几何中把一些中心在原点的二次曲线或二次曲面方程化为标准形的问题，其理论与方法都有广泛的应用.

一、二次型的概念

定义 6.1　含有 n 个变量 $x_1, x_2, \cdots, x_n$ 的二次齐次函数

$$f(x_1, x_2, \cdots, x_n) = a_{11}x_1^2 + a_{22}x_2^2 + \cdots + a_{nn}x_n^2 + 2a_{12}x_1x_2 + 2a_{13}x_1x_3 + \cdots + 2a_{n-1,n}x_{n-1}x_n \tag{6.1}$$

称为 ***n* 元二次型**，简记为 f.

当 a_{ij} 是复数时，f 称为复二次型；当 a_{ij} 是实数时，f 称为实二次型. 本章课程只讨论实二次型.

二、二次型的表示

若取 $a_{ji} = a_{ij}$，则 $2a_{ij}x_ix_j = a_{ij}x_ix_j + a_{ji}x_jx_i$，于是式(6.1) 可写成

$$f(x_1, x_2, \cdots, x_n) = \sum_{i,j=1}^{n} a_{ij}x_ix_j$$

$$= (x_1, x_2, \cdots, x_n)\begin{pmatrix} a_{11} & a_{12} & \cdots & a_{1n} \\ a_{21} & a_{22} & \cdots & a_{2n} \\ \vdots & \vdots & & \vdots \\ a_{n1} & a_{n2} & \cdots & a_{nn} \end{pmatrix}\begin{pmatrix} x_1 \\ x_2 \\ \vdots \\ x_n \end{pmatrix}.$$

取
$$\boldsymbol{A} = \begin{pmatrix} a_{11} & a_{12} & \cdots & a_{1n} \\ a_{21} & a_{22} & \cdots & a_{2n} \\ \vdots & \vdots & & \vdots \\ a_{n1} & a_{n2} & \cdots & a_{nn} \end{pmatrix}, \quad \boldsymbol{x} = \begin{pmatrix} x_1 \\ x_2 \\ \vdots \\ x_n \end{pmatrix},$$

则式(6.1)又表示为

$$f(x_1, x_2, \cdots, x_n) = \boldsymbol{x}^T\boldsymbol{A}\boldsymbol{x}. \tag{6.2}$$

在二次型的矩阵表示中，任给一个二次型，就唯一地确定一个对称矩阵；反之，任给一个对称矩阵，也可唯一地确定一个二次型. 这样，二次型与对称矩阵之间存在一一对应的关系.

因此，把对称矩阵 $\boldsymbol{A}$ 称为**二次型 f 的矩阵**，f 称为**对称矩阵 $\boldsymbol{A}$ 的二次型**，对称矩阵 $\boldsymbol{A}$ 的秩称为**二次型 f 的秩**.

例 6.1　写出二次型

$$f = x_1^2 + 2x_2^2 - 3x_3^2 + 4x_1x_2 - 6x_2x_3$$

的矩阵，并用矩阵记号把二次型 f 表示出来.

解 $\boldsymbol{A} = \begin{pmatrix} 1 & 2 & 0 \\ 2 & 2 & -3 \\ 0 & -3 & -3 \end{pmatrix}$，$f(x) = (x_1, x_2, x_3)\begin{pmatrix} 1 & 2 & 0 \\ 2 & 2 & -3 \\ 0 & -3 & -3 \end{pmatrix}\begin{pmatrix} x_1 \\ x_2 \\ x_3 \end{pmatrix}$.

又如，二次型 $f = x^2 - 3z^2 - 4xy + yz$ 用矩阵记号写出来，就是

$$\boldsymbol{A} = \begin{pmatrix} 1 & -2 & 0 \\ -2 & 0 & \frac{1}{2} \\ 0 & \frac{1}{2} & -3 \end{pmatrix}, \ f(x) = (x, y, z)\begin{pmatrix} 1 & -2 & 0 \\ -2 & 0 & \frac{1}{2} \\ 0 & \frac{1}{2} & -3 \end{pmatrix}\begin{pmatrix} x \\ y \\ z \end{pmatrix}.$$

例 6.2 求二次型 $f(x) = \boldsymbol{x}^T\begin{pmatrix} 1 & 2 & 4 \\ 6 & 2 & 7 \\ 2 & 3 & 3 \end{pmatrix}\boldsymbol{x}$ 的矩阵.

解
$$\begin{aligned} f(x) &= x_1^2 + 2x_2^2 + 3x_3^2 + (2+6)x_1x_2 + (4+2)x_1x_3 + (7+3)x_2x_3 \\ &= x_1^2 + 2x_2^2 + 3x_3^2 + 8x_1x_2 + 6x_1x_3 + 10x_2x_3, \end{aligned}$$

所以二次型 f 的矩阵是 $\begin{pmatrix} 1 & 4 & 3 \\ 4 & 2 & 5 \\ 3 & 5 & 3 \end{pmatrix}$.

三、二次型的标准形与规范形

定义 6.2 若存在可逆的线性变换 $\boldsymbol{x} = \boldsymbol{C}\boldsymbol{y}$，即

$$\begin{cases} x_1 = c_{11}y_1 + c_{12}y_2 + \cdots + c_{1n}y_n, \\ x_2 = c_{21}y_1 + c_{22}y_2 + \cdots + c_{2n}y_n, \\ \qquad \vdots \\ x_n = c_{n1}y_1 + c_{n2}y_2 + \cdots + c_{nn}y_n, \end{cases} \tag{6.3}$$

或
$$\begin{pmatrix} x_1 \\ x_2 \\ \vdots \\ x_n \end{pmatrix} = \begin{pmatrix} c_{11} & c_{12} & \cdots & c_{1n} \\ c_{21} & c_{22} & \cdots & c_{2n} \\ \vdots & \vdots & & \vdots \\ c_{n1} & c_{n2} & \cdots & c_{nn} \end{pmatrix}\begin{pmatrix} y_1 \\ y_2 \\ \vdots \\ y_n \end{pmatrix} (\det \boldsymbol{C} \neq 0),$$

使得二次型只含平方项：

$$f = k_1y_1^2 + k_2y_2^2 + \cdots + k_ny_n^2.$$

这种只含平方项的二次型称为二次型的**标准形(或法式)**.

如果标准形系数 $k_1, k_2, \cdots, k_n$ 只在 $1, -1, 0$ 三个数中取值，形如：

$$f = y_1^2 + \cdots + y_p^2 - y_{p+1}^2 - \cdots - y_r^2,$$

则称这种标准形为二次型的**规范形**.

如：$f(x_1, x_2, x_3)=2x_1^2+x_2^2+3x_3^2-x_1x_3$ 为二次型，

$f(x_1, x_2, x_3)=x_1^2+2x_2^2+3x_3^2$ 为二次型的标准形，

$f(x_1, x_2, x_3)=x_1^2+x_2^2-x_3^2$ 为二次型的规范形.

第二节 化二次型为标准形

对于二次型，讨论的主要问题是：寻求可逆的线性变换，将二次型化为标准形. 把二次型化成标准形的方法较多，这里只介绍常用的方法——正交变换法与配方法.

一、合同矩阵

可逆线性变换 $\boldsymbol{x}=\boldsymbol{C}\boldsymbol{y}$ 代入二次型 $f=\boldsymbol{x}^T\boldsymbol{A}\boldsymbol{x}$，得二次型

$$f=\boldsymbol{x}^T\boldsymbol{A}\boldsymbol{x}=(\boldsymbol{C}\boldsymbol{y})^T\boldsymbol{A}(\boldsymbol{C}\boldsymbol{y})=\boldsymbol{y}^T(\boldsymbol{C}^T\boldsymbol{A}\boldsymbol{C})\boldsymbol{y}.$$

可见，若原二次型的矩阵为 $\boldsymbol{A}$，那么新二次型的矩阵为 $\boldsymbol{C}^T\boldsymbol{A}\boldsymbol{C}$，其中 $\boldsymbol{C}$ 是所用可逆线性变换的矩阵.

定义 6.3 设 $\boldsymbol{A}$ 与 $\boldsymbol{B}$ 为 n 阶方阵，若有可逆矩阵 $\boldsymbol{C}$，使 $\boldsymbol{B}=\boldsymbol{C}^T\boldsymbol{A}\boldsymbol{C}$，则称矩阵 $\boldsymbol{A}$ 与 $\boldsymbol{B}$ 合同.

矩阵的合同关系具有反身性、对称性和传递性，因此也是一种等价关系.

注：若 $\boldsymbol{A}$ 为实对称矩阵，则存在正交矩阵 $\boldsymbol{Q}$，使得 $\boldsymbol{Q}^T\boldsymbol{A}\boldsymbol{Q}=\boldsymbol{\Lambda}$ 或 $\boldsymbol{Q}^{-1}\boldsymbol{A}\boldsymbol{Q}=\boldsymbol{\Lambda}$，故实对称矩阵 $\boldsymbol{A}$ 与对角矩阵 $\boldsymbol{\Lambda}$ 既相似又合同.

由定义易知，若 $\boldsymbol{A}$ 为对称矩阵，则 $\boldsymbol{B}=\boldsymbol{C}^T\boldsymbol{A}\boldsymbol{C}$ 也为对称矩阵，且 $R(\boldsymbol{A})=R(\boldsymbol{B})$.

由此可知，二次型经可逆变换 $\boldsymbol{x}=\boldsymbol{C}\boldsymbol{y}$ 后，仍是一个二次型，其秩不变. 二次型的这一性质使人们得以从新的二次型的性质去推知原二次型的有关性质.

推论 6.1 任意实对称矩阵必合同于对角矩阵.

二、用正交变换法化二次型为标准形

要使二次型 f 经可逆线性变换 $\boldsymbol{x}=\boldsymbol{C}\boldsymbol{y}$ 变成标准形，就有

$$\begin{aligned} f&=\boldsymbol{x}^T\boldsymbol{A}\boldsymbol{x}=(\boldsymbol{C}\boldsymbol{y})^T\boldsymbol{A}(\boldsymbol{C}\boldsymbol{y})=\boldsymbol{y}^T(\boldsymbol{C}^T\boldsymbol{A}\boldsymbol{C})\boldsymbol{y}\\ &=k_1y_1^2+k_2y_2^2+\cdots+k_ny_n^2\\ &=(y_1, y_2, \cdots, y_n)\begin{pmatrix} k_1 & & & \\ & k_2 & & \\ & & \ddots & \\ & & & k_n \end{pmatrix}\begin{pmatrix} y_1\\ y_2\\ \vdots\\ y_n \end{pmatrix}. \end{aligned}$$

也就是要使 $\boldsymbol{C}^T\boldsymbol{A}\boldsymbol{C}$ 成为对角矩阵，就可以将二次型 $f=\boldsymbol{x}^T\boldsymbol{A}\boldsymbol{x}$ 化为标准形，其标准形中的系数恰好为对角矩阵对角线上的元素，因此，化二次型为标准形等价于将它的矩阵合同于对角矩阵.

由定理 5.2 知，任给对称矩阵 $\boldsymbol{A}$，总有正交矩阵 $\boldsymbol{Q}$，使 $\boldsymbol{Q}^{-1}\boldsymbol{A}\boldsymbol{Q}=\boldsymbol{\Lambda}$，即 $\boldsymbol{Q}^T\boldsymbol{A}\boldsymbol{Q}=\boldsymbol{\Lambda}$. 把此结论应用于二次型，可得：

定理 6.1 任意二次型 $f=\sum\limits_{i,j=1}^{n}a_{ij}x_ix_j(a_{ij}=a_{ji})$，总有正交变换 $\boldsymbol{x}=\boldsymbol{C}\boldsymbol{y}$，使 f 化为标

准形

$$f=\lambda_1 y_1^2+\lambda_2 y_2^2+\cdots+\lambda_n y_n^2.$$

其中,λ_1, λ_2, $\cdots$, λ_n 是 f 的矩阵 $\boldsymbol{A}=(a_{ij})$ 的特征值.

因而,用正交变换法化二次型为标准形的步骤如下:

(1) 写出二次型的矩阵 $\boldsymbol{A}$;

(2) 求出矩阵 $\boldsymbol{A}$ 的所有特征值 λ_1, λ_2, $\cdots$, λ_n;

(3) 求出对应所有特征值的特征向量 $\boldsymbol{\xi}_1$, $\boldsymbol{\xi}_2$, $\cdots$, $\boldsymbol{\xi}_n$;

(4) 将所有特征向量 $\boldsymbol{\xi}_1$, $\boldsymbol{\xi}_2$, $\cdots$, $\boldsymbol{\xi}_n$ 正交化,再单位化,得 $\boldsymbol{\eta}_1$, $\boldsymbol{\eta}_2$, $\cdots$, $\boldsymbol{\eta}_n$. 记

$$\boldsymbol{C}=(\boldsymbol{\eta}_1,\ \boldsymbol{\eta}_2,\ \cdots,\ \boldsymbol{\eta}_n);$$

(5) 做正交变换 $\boldsymbol{x}=\boldsymbol{C}\boldsymbol{y}$,则得标准形

$$f=\lambda_1 y_1^2+\cdots+\lambda_n y_n^2.$$

例 6.3 求一个正交变换 $\boldsymbol{x}=\boldsymbol{C}\boldsymbol{y}$,把二次型 $f=-2x_1x_2+2x_1x_3+2x_2x_3$ 化为标准形.

解 二次型的矩阵为

$$\boldsymbol{A}=\begin{pmatrix}0&-1&1\\-1&0&1\\1&1&0\end{pmatrix}.$$

这个矩阵和上一章介绍的用正交矩阵把对称矩阵化成对角矩阵的例子中的矩阵是一样的.

所以根据例 5.6 的结果,有正交矩阵 $\boldsymbol{C}=\begin{pmatrix}-\frac{1}{\sqrt{3}}&-\frac{1}{\sqrt{2}}&\frac{1}{\sqrt{6}}\\-\frac{1}{\sqrt{3}}&\frac{1}{\sqrt{2}}&\frac{1}{\sqrt{6}}\\\frac{1}{\sqrt{3}}&0&\frac{2}{\sqrt{6}}\end{pmatrix}$,

使

$$\boldsymbol{C}^T\boldsymbol{A}\boldsymbol{C}=\boldsymbol{C}^{-1}\boldsymbol{A}\boldsymbol{C}=\begin{pmatrix}-2&0&0\\0&1&0\\0&0&1\end{pmatrix}.$$

于是有正交线性变换 $\boldsymbol{x}=\boldsymbol{C}\boldsymbol{y}$, 把二次型 f 化为标准形

$$f(\boldsymbol{C}\boldsymbol{y})=\boldsymbol{y}^T\begin{pmatrix}-2&0&0\\0&1&0\\0&0&1\end{pmatrix}\boldsymbol{y}=-2y_1^2+y_2^2+y_3^2$$

可以把标准形进一步化简成规范形. 只需令

$$\begin{cases}z_1=\sqrt{2}\,y_1,\\z_2=y_2,\\z_3=y_3,\end{cases}$$

则得 f 的规范形

$$f=-z_1^2+z_2^2+z_3^2.$$

三、用配方法化二次型为标准形

配方法的步骤如下：

(1) 若二次型含有 x_i 的平方项，则先把含有 x_i 的乘积项集中，然后配方，再对其余的变量同样进行，直到都配成平方项为止，就可得标准形.

(2) 若二次型中不含有平方项，若 $a_{ij}\neq 0(i\neq j)$，则先做可逆线性变换：

$$\begin{cases}x_i=y_i-y_j,\\x_j=y_i+y_j,\\x_k=y_k,\end{cases}$$

化二次型为含有平方项的二次型，然后再按(1)中方法配方.

例 6.4　把二次型 $f=-2x_1x_2+2x_1x_3+2x_2x_3$ 化为标准形.

解　在 f 中不含平方项.由于含有 x_1x_2 乘积项，故令

$$\begin{cases}x_1=y_1+y_2,\\x_2=y_1-y_2,\\x_3=y_3.\end{cases}$$

代入可得
$$f=-2y_1^2+4y_1y_3+2y_2^2.$$

再配方，得
$$f=-2(y_1-y_3)^2+2y_2^2+2y_3^2.$$

$$令\begin{cases}z_1=y_1-y_3,\\z_2=y_2,\\z_3=y_3,\end{cases}\qquad 即\begin{cases}y_1=z_1+z_3,\\y_2=z_2,\\y_3=z_3,\end{cases}$$

即有
$$f=-2z_1^2+2z_2^2+2z_3^2.$$

一般地，任何二次型都可以用上面两例的方法找到可逆变换，把二次型化成标准形.

第三节　正定二次型

二次型的标准形显然不是唯一的(如例 6.3、例 6.4)，但标准形中所含项数是确定的(项数为二次型的秩).不仅如此，在限定变换为实变换时，标准形中正系数的个数也是不变的(从而负系数的个数也不变)，即有

定理 6.2　设实二次型 $f=\boldsymbol{x}^T\boldsymbol{A}\boldsymbol{x}$ 的秩为 r，若有两个可逆变换 $\boldsymbol{x}=\boldsymbol{C}\boldsymbol{y}$ 及 $\boldsymbol{x}=\boldsymbol{P}\boldsymbol{z}$，使

$$f=k_1y_1^2+k_2y_2^2+\cdots+k_ry_r^2(k_r\neq 0),$$

和
$$f=\lambda_1z_1^2+\lambda_2z_2^2+\cdots+\lambda_rz_r^2(\lambda_r\neq 0),$$

则 $k_1,k_2,\cdots,k_r$ 中正数的个数与 $\lambda_1,\lambda_2,\cdots,\lambda_r$ 中正数的个数相等.

这个定理称为**惯性定理**(证略).

注:(1) 标准形中正系数的个数称为**正惯性指数**,负系数的个数称为**负惯性指数**.

(2) 若二次型 f 的正惯性指数为 p,秩为 r,则 f 的规范形便可确定为

$$f = y_1^2 + \cdots + y_p^2 - y_{p+1}^2 - \cdots - y_r^2.$$

定义 6.4 设有二次型 $f(\boldsymbol{x}) = \boldsymbol{x}^T\boldsymbol{A}\boldsymbol{x}$,如果对任何向量 $\boldsymbol{x} \neq \boldsymbol{0}$,都有:

(1) $f(\boldsymbol{x}) > 0$[显然 $f(\boldsymbol{0}) = 0$],则称 f 为**正定二次型**,并称对称矩阵 $\boldsymbol{A}$ 是**正定**的;

(2) $f(\boldsymbol{x}) < 0$,则称 f 为**负定二次型**,并称对称矩阵 $\boldsymbol{A}$ 是**负定**的.

如 $f = x_1^2 + x_2^2 + x_3^2$ 为正定二次型,$f = -x_1^2 - x_2^2 - 2x_3^2$ 为负定二次型.

定理 6.3 n 元实二次型 $f(\boldsymbol{x}) = \boldsymbol{x}^T\boldsymbol{A}\boldsymbol{x}$ 为正定的充分必要条件是:它的标准形的 n 个系数全为正. 即它的正惯性指数等于 n.

证 设可逆变换 $\boldsymbol{x} = \boldsymbol{P}\boldsymbol{y}$,使 $f(\boldsymbol{x}) = f(\boldsymbol{P}\boldsymbol{y}) = k_1y_1^2 + k_2y_2^2 + \cdots + k_ny_n^2$.

先证充分性. 设 $k_i > 0(i = 1, 2, \cdots, n)$. 任给 $\boldsymbol{x} \neq \boldsymbol{0}$,因为 $\boldsymbol{P}$ 是可逆矩阵,所以 $\boldsymbol{y} = \boldsymbol{P}^{-1}\boldsymbol{x} \neq \boldsymbol{0}$,故 $f(\boldsymbol{x}) = f(\boldsymbol{P}\boldsymbol{y}) = k_1y_1^2 + k_2y_2^2 + \cdots + k_ny_n^2 > 0$,即二次型为正定的.

再证必要性. 用反证法. 假设有 $k_s \leqslant 0$,则当 $\boldsymbol{y} = \boldsymbol{e}_s$ 时,$f(\boldsymbol{P}\boldsymbol{e}_s) = k_s \leqslant 0$,其中 $\boldsymbol{e}_s$ 是第 s 个分量为 1 其余分量都为 0 的 n 维单位向量. 显然 $\boldsymbol{P}\boldsymbol{e}_s \neq \boldsymbol{0}$,这与 f 为正定相矛盾. 因而 $k_i > 0(i = 1, 2, \cdots, n)$.

推论 6.2 对称矩阵 $\boldsymbol{A}$ 为正定的充分必要条件是:$\boldsymbol{A}$ 的特征值全为正.

定义 6.5 设 $\boldsymbol{A} = (a_{ij})$ 是 n 阶矩阵,依次取 $\boldsymbol{A}$ 的前 k 行和前 k 列的元素构成一个 k 阶子式

$$|\boldsymbol{A}_k| = \begin{vmatrix} a_{11} & \cdots & a_{k1} \\ \vdots & & \vdots \\ a_{k1} & \cdots & a_{kk} \end{vmatrix} (k = 1, 2, \cdots, n),$$

称为矩阵 $\boldsymbol{A}$ 的 k **阶顺序主子式**.

定理 6.4 对称矩阵 $\boldsymbol{A}$ 为正定矩阵的充分必要条件是:$\boldsymbol{A}$ 的各阶顺序主子式都为正. 即

$$a_{11} > 0, \begin{vmatrix} a_{11} & a_{12} \\ a_{21} & a_{22} \end{vmatrix} > 0, \cdots, |\boldsymbol{A}_n| = \begin{vmatrix} a_{11} & \cdots & a_{1n} \\ \vdots & & \vdots \\ a_{n1} & \cdots & a_{nn} \end{vmatrix} > 0.$$

对称矩阵 $\boldsymbol{A}$ 为负定矩阵的充分必要条件是:奇数阶顺序主子式为负,而偶数阶顺序主子式为正,即

$$(-1)^r \begin{vmatrix} a_{11} & \cdots & a_{1r} \\ \vdots & & \vdots \\ a_{r1} & \cdots & a_{rr} \end{vmatrix} > 0(r = 1, 2, \cdots, n).$$

这个定理称为**霍尔维茨定理**,这里不予证明.

例 6.5 判别二次型 $f = -5x^2 - 6y^2 - 4z^2 + 4xy + 4xz$ 的正定性.

解 f 的矩阵为 $\boldsymbol{A} = \begin{pmatrix} -5 & 2 & 2 \\ 2 & -6 & 0 \\ 2 & 0 & -4 \end{pmatrix}$,各阶顺序主子式

$$a_{11}=-5<0,\ \begin{vmatrix} a_{11} & a_{12} \\ a_{21} & a_{22} \end{vmatrix}=\begin{vmatrix} -5 & 2 \\ 2 & -6 \end{vmatrix}=26>0,\ |\boldsymbol{A}|=-80<0,$$

故 f 是负定二次型.

第四节 数学实验 6：二次型的运算

一、运算符

```
d=eig(A)            %表示d为矩阵A的特征值排成的向量
[V,D]=eig(A)        %表示D为A的特征值对角矩阵,V的列向量为对应特征值
                    的特征向量(为单位向量),是正交矩阵
[U,S]=schur(A)      %S的对角线元素为A的特征值
```

二、实例

例 6.6 用正交变换法将二次型 $f(x_1, x_2, x_3)=x_1^2+2x_2^2+2x_3^2+4x_2x_3$ 化为标准形.

解 先写出二次型的实对称矩阵

$$\boldsymbol{A}=\begin{pmatrix} 1 & 0 & 0 \\ 0 & 2 & 2 \\ 0 & 2 & 2 \end{pmatrix}.$$

```
>>A=[1 0 0;0 2 2;0 2 2];
>>[V,D]=eig(A)
>>syms  y1  y2  y3
>>f=[y1  y2  y3]*D*[y1;y2;y3]
V=
          0    1.0000         0
    -0.7071         0    0.7071
     0.7071         0    0.7071
D=
      0    0    0
      0    1    0
      0    0    4
f=
      y2^2+4*y3^2
或>>A=[1 0 0;0 2 2;0 2 2];
>>[U,S]=schur(A)  (以下运行结果同上)
```

例 6.7 求一个正交变换 $\boldsymbol{X}=\boldsymbol{P}\boldsymbol{Y}$,把二次型

$$f = 2x_1x_2 + 2x_1x_3 - 2x_1x_4 - 2x_2x_3 + 2x_2x_4 + 2x_3x_4$$

化成标准形.

解 先写出二次型的实对称矩阵

$$\boldsymbol{A} = \begin{pmatrix} 0 & 1 & 1 & -1 \\ 1 & 0 & -1 & 1 \\ 1 & -1 & 0 & 1 \\ -1 & 1 & 1 & 0 \end{pmatrix}.$$

```
>>A=[0 1 1 -1;1 0 -1 1;1 -1 0 1;-1 1 1 0];
>>[V,D]=eig(A)
>>syms  y1  y2  y3  y4
>>f=[y1  y2  y3  y4]*D*[y1;y2;y3;y4]
V=
    780/989       780/3691      1/2     -390/1351
   780/3691        780/989     -1/2      390/1351
   780/1351      -780/1351     -1/2      390/1351
          0              0      1/2     1170/1351
D=
    1     0     0     0
    0     1     0     0
    0     0    -3     0
    0     0     0     1
f=
    y1^2+y2^2-3*y3^2+y4^2
```

本章小结

一、思维导图

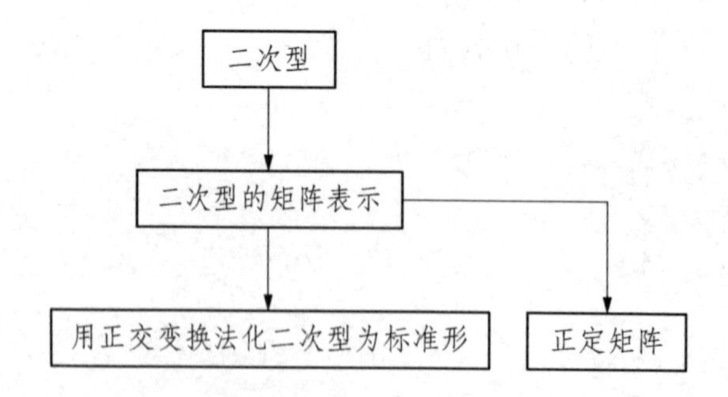

二、知识总结

二次型 $f(\boldsymbol{x}) = \boldsymbol{x}^T\boldsymbol{A}\boldsymbol{x}$ 的矩阵$\boldsymbol{A}$是对称矩阵，$R(\boldsymbol{A})$ 也称为二次型 f 的秩，当$\boldsymbol{A}$是对角矩阵时，f 为标准形.

1. 二次型的标准化

对任一二次型 $f(\boldsymbol{x})=\boldsymbol{x}^T\boldsymbol{A}\boldsymbol{x}$，总可找到可逆线性变换 $\boldsymbol{x}=\boldsymbol{P}\boldsymbol{y}$ 化二次型为标准形，即

$$f=\boldsymbol{x}^T\boldsymbol{A}\boldsymbol{x}=\boldsymbol{y}^T\boldsymbol{P}^T\boldsymbol{A}\boldsymbol{P}\boldsymbol{y}=k_1y_1^2+k_2y_2^2+\cdots+k_ry_r^2.$$

二次型标准化的方法主要有正交变换法和配方法. 重点掌握正交变换法，在用正交变换法得到的标准形平方项前的系数必为 $\boldsymbol{A}$ 的特征值. 若二次型中变量个数较少，使用配方法比较简单，用配方法化二次型为标准形时，一定要保证所做的线性变换为可逆线性变换，即所做的可逆线性变换要保证变量个数不变.

注：使用不同的方法，所得到的标准形可能不同，但标准形中含有的项数必相同，项数等于二次型的秩.

2. 正定矩阵的判别法

设 $\boldsymbol{A}$ 是 n 阶实对称矩阵，

(1) 若 $\boldsymbol{A}$ 的正惯性指数等于 n，则 $\boldsymbol{A}$ 正定；

(2) 若 $\boldsymbol{A}$ 的特征值全是正的，则 $\boldsymbol{A}$ 正定；

(3) 若 $\boldsymbol{A}$ 的各阶顺序主子式均大于零，则 $\boldsymbol{A}$ 正定；

(4) 用定义，若 $\forall\,\boldsymbol{x}\neq\boldsymbol{0},\ \boldsymbol{x}\in\mathbf{R}^n,\ f=\boldsymbol{x}^T\boldsymbol{A}\boldsymbol{x}>0$，则 $\boldsymbol{A}$ 正定.

注：以上各条均为实对称矩阵 $\boldsymbol{A}$ 正定的充分必要条件. 重点掌握实对称矩阵 $\boldsymbol{A}$ 各阶顺序主子式均大于零.

习题六

一、选择题

1. 二次型 $f(x_1, x_2)=x_1^2+6x_1x_2+3x_2^2$ 的矩阵是(　　).

A. $\begin{pmatrix}1&-1\\-1&3\end{pmatrix}$　B. $\begin{pmatrix}1&2\\4&3\end{pmatrix}$　C. $\begin{pmatrix}1&3\\3&3\end{pmatrix}$　D. $\begin{pmatrix}1&6\\1&3\end{pmatrix}$

2. 二次型 $f(x_1, x_2, x_3)=x_1^2+x_2^2+x_3^2+2x_1x_2+4x_1x_3$ 的矩阵为(　　).

A. $\begin{pmatrix}1&1&2\\1&1&0\\2&0&1\end{pmatrix}$　B. $\begin{pmatrix}1&2&4\\0&1&0\\0&0&1\end{pmatrix}$　C. $\begin{pmatrix}1&2&4\\2&1&0\\4&0&1\end{pmatrix}$　D. $\begin{pmatrix}1&1&0\\1&1&2\\0&2&1\end{pmatrix}$

3. 二次型 $f(x, y, z)=x^2+y^2-2xy$ 的矩阵是(　　).

A. $\begin{pmatrix}1&-2\\0&1\end{pmatrix}$　B. $\begin{pmatrix}1&-1\\-1&1\end{pmatrix}$　C. $\begin{pmatrix}1&-2&0\\0&1&0\\0&0&0\end{pmatrix}$　D. $\begin{pmatrix}1&-1&0\\-1&1&0\\0&0&0\end{pmatrix}$

4. 二次型 $f(x, y, z)=x^2+2y^2-4xy$ 的矩阵是(　　).

A. $\begin{pmatrix}1&-4\\0&2\end{pmatrix}$　B. $\begin{pmatrix}1&-2\\-2&2\end{pmatrix}$　C. $\begin{pmatrix}1&-4&0\\0&2&0\\0&0&0\end{pmatrix}$　D. $\begin{pmatrix}1&-2&0\\-2&2&0\\0&0&0\end{pmatrix}$

5. 二次型 $f(x_1, x_2, x_3)=x_1^2+x_2^2+5x_3^2+2\lambda x_1x_2-2x_1x_3+4x_2x_3$ 为正定二次型，则 λ 的取值范围是(　　).

A. $-2<\lambda<1$　B. $-2<\lambda<0$　C. $-\frac{4}{5}<\lambda<0$　D. $-1<\lambda<0$

6. 二次型 $f(x_1, x_2, x_3)=x_1^2+4x_2^2+4x_3^2+2\lambda x_1x_2-2x_1x_3+4x_2x_3$ 为正定二次型,则 λ 的取值范围是(　　).

A. $-2<\lambda<1$　B. $-2<\lambda<0$　C. $1<\lambda<2$　D. $2<\lambda$

二、填空题

1. 写出二次型 $f(x_1, x_2, x_3)=x_1^2+x_2^2+x_3^2+4x_1x_2+6x_2x_3+6x_1x_3$ 的矩阵表达式:________.

2. 用矩阵记号表示二次型 $f=-x_1^2+2x_1x_2-4x_2x_3+2x_3^2$:________.

3. 写出二次型 $f(x_1, x_2, x_3)=2x_1^2-x_2^2+4x_1x_2-2x_2x_3$ 的矩阵:________.

4. 给定矩阵 $\boldsymbol{A}=\begin{pmatrix}1&1&0\\1&2&1\\0&1&3\end{pmatrix}$,写出相应的二次型:________.

5. 二次型 $f(x_1, x_2, x_3)=x_1x_2+2x_2x_3+x_3^2$ 的秩为________.

6. 二次型 $f(x_1, x_2, x_3, x_4)=2x_1x_2-ax_3x_4$ 的秩为 2,则 $a=$ ________.

7. 写出二次型 $f(x_1, x_2, x_3)=x_1^2+2x_1x_2+2x_3^2-x_2x_3$ 的矩阵:________.

8. 写出二次型 $f(x_1, x_2, x_3)=-2x_1x_2+2x_1x_3+x_2x_3$ 的矩阵:________.

9. 二次型 $f(x_1, x_2, x_3)=5x_1^2+6x_2^2+4x_3^2-4x_1x_2-4x_2x_3$ ________ 正定二次型.(填写"是"或"不是")

10. 二次型 $f(x_1, x_2, x_3)=-2x_1^2-6x_2^2-4x_3^2+2x_1x_2+2x_1x_3$ ________ 正定二次型.(填写"是"或"不是")

11. 二次型 $(x_1, x_2)\begin{pmatrix}1&3\\1&2\end{pmatrix}\begin{pmatrix}x_1\\x_2\end{pmatrix}$ 的矩阵为________.

三、计算题

1. 求二次型 $f=2x_1^2+3x_2^2+3x_3^2+4x_2x_3$ 对应矩阵的特征值与特征向量.

2. 求一个正交变换,将二次型 $f=2x_1^2+2x_2^2+3x_3^2+2x_1x_2$ 化为标准形.

3. 求一个正交变换 $\boldsymbol{x}=\boldsymbol{P}\boldsymbol{y}$,把二次型 $f=2x_1^2+3x_2^2+3x_3^2+4x_2x_3$ 化为标准形,并写出标准形.

4. 判别二次型 $f(x_1, x_2, x_3)=2x_1^2+4x_2^2+5x_3^2-4x_1x_3$ 的正定性.

5. 判别二次型 $f(x_1, x_2, x_3)=5x_1^2+x_2^2+5x_3^2+4x_1x_2-8x_1x_3-4x_2x_3$ 的正定性.

习题答案与提示

第一章

一、选择题

1. C **2.** D **3.** D **4.** A **5.** C **6.** A **7.** A **8.** C **9.** D **10.** D **11.** B **12.** A **13.** C **14.** B **15.** B

二、填空题

1. 5 **2.** 8，3 **3.** 1，2 **4.** 0 **5.** -7 **6.** -2 **7.** 0 **8.** $(-1)^n D$ **9.** -1 **10.** 6 **11.** 37，0 **12.** 160 **13.** $\lambda \neq 1$

三、计算题

1. (1) -9 (2) -14 (3) -71

2. (1) 0 (2) 4 (3) 5 (4) 3 (5) $\dfrac{n(n-1)}{2}$

3. (1) -36 (2) 40 (3) 5 (4) 24 (5) -3 (6) 0

4. (1) 0 (2) x^2y^2 (3) $(a_1a_4-b_1b_4)(a_2a_3-b_2b_3)$ (4) 10 368

5. (1) 略 (2) 提示：c_4-c_3，c_3-c_2，c_2-c_1 (3) 略

6. $x_1=\dfrac{D_1}{D}=1$，$x_2=\dfrac{D_2}{D}=2$，$x_3=\dfrac{D_3}{D}=3$，$x_4=\dfrac{D_4}{D}=-1$

7. 当 $\lambda=0$，$\lambda=2$ 或 $\lambda=3$ 时，该齐次线性方程组有非零解

8. 当 $\mu=0$ 或 $\lambda=1$ 时，该齐次线性方程组有非零解

9. 写出系数行列式 D

$$D=\begin{vmatrix} 1 & a_1 & a_1^2 & \cdots & a_1^{n-1} \\ 1 & a_2 & a_2^2 & \cdots & a_2^{n-1} \\ \vdots & \vdots & \vdots & & \vdots \\ 1 & a_n & a_n^2 & \cdots & a_n^{n-1} \end{vmatrix},$$

D 为 n 阶范德蒙德行列式，据题设 $a_i \neq a_j(i \neq j)$

$$D=\prod_{1\leqslant i<j\leqslant n}(a_i-a_j)\neq 0,$$

由克拉默法则知方程组有唯一解. 易知 $D_1=D$，$D_2=0$，…，$D_n=0$，所以 $x_1=1$，$x_2=\cdots=x_n=0$

第二章

一、选择题

1. C **2.** D **3.** A **4.** D **5.** C **6.** D **7.** D **8.** D **9.** C **10.** C **11.** C **12.** C **13.** A **14.** D **15.** B **16.** D

二、填空题

1. $\begin{pmatrix} -1 & -5 & -5 \\ 3 & 5 & -9 \end{pmatrix}$ **2.** $\begin{pmatrix} -11 & -9 & -5 & 6 \\ 4 & -2 & 0 & -2 \\ 1 & 5 & 5 & 1 \end{pmatrix}$ **3.** $\begin{pmatrix} -1 & 2 \\ 3 & 0 \end{pmatrix}$ **4.** $\begin{pmatrix} -3 & 4 \\ 0 & 2 \end{pmatrix}$

5. $\begin{pmatrix} 2 & 1 & 0 \\ 1 & 0 & 4 \\ 3 & 5 & 0 \end{pmatrix}$ **6.** $\begin{pmatrix} -1 & -2 \\ 0 & 1 \end{pmatrix}$ **7.** $\begin{pmatrix} 1 & 2 \\ 0 & -1 \end{pmatrix}$ **8.** $\begin{pmatrix} 3 & -1 \\ 5 & -2 \end{pmatrix}$ **9.** $\frac{1}{9}$ **10.** $-\frac{8}{9}$

11. $\begin{pmatrix} 7 & -2 & 3 & 2 \\ -6 & 3 & 2 & 5 \\ 0 & -4 & -3 & 3 \end{pmatrix}$ **12.** 54 **13.** 1或−1 **14.** 3 **15.** 1 **16.** 3 **17.** 4 **18.** $\begin{pmatrix} 22 & 1 & 6 \\ 2 & 1 & 1 \\ 6 & 0 & 2 \end{pmatrix}$

三、计算题

1. $\boldsymbol{X} = \begin{pmatrix} -1 & 1 & -1 \\ -4 & 2 & 1 \end{pmatrix}$

2. $\boldsymbol{X} = \begin{pmatrix} -1 & -7 \\ -1 & -2 \end{pmatrix}$

3. $\boldsymbol{X} = \begin{pmatrix} -1 & 1 & -1 \\ 1 & 0 & 0 \\ 1 & 0 & 1 \end{pmatrix}$

4. (1) $\begin{pmatrix} -5 & 2 & -1 \\ 3 & -1 & 1 \\ 1 & 0 & 0 \end{pmatrix}$ (2) $\begin{pmatrix} 10 & -3 & -8 \\ -6 & 2 & 5 \\ -3 & 1 & 2 \end{pmatrix}$ (3) $\begin{pmatrix} 2 & -1 & -1 \\ 2 & -2 & -1 \\ -1 & 1 & 1 \end{pmatrix}$ (4) $\begin{pmatrix} 2 & -2 & -1 \\ 3 & -3 & -1 \\ -2 & 3 & 1 \end{pmatrix}$

5. $\begin{pmatrix} 4 & -1 & -1 \\ -1 & -1 & -1 \\ 6 & -3 & 8 \end{pmatrix}$

6. $\begin{pmatrix} 3 & 1 & 5 \\ 2 & 4 & 0 \\ 5 & 4 & 6 \end{pmatrix}$

7. $\begin{pmatrix} -1 & 2 & 2 \\ 2 & -1 & 3 \\ 0 & -4 & 0 \end{pmatrix}$

8. $\begin{pmatrix} 2 & -5 \\ 7 & 3 \\ 6 & 5 \\ 8 & 3 \end{pmatrix}$

9. (1) $R = 2$ (2) $R = 2$ (3) $R = 3$ (4) $R = 3$

10. -3

11. $A^{-1}=\begin{pmatrix}A_1^{-1} & \\ & A_2^{-1}\end{pmatrix}=\begin{pmatrix}-3 & 2 & 0 & 0\\ -5 & 3 & 0 & 0\\ 0 & 0 & 1 & -2\\ 0 & 0 & -\frac{1}{2} & \frac{3}{2}\end{pmatrix}$

12. $A=PBP^{-1}=\begin{pmatrix}1 & 0 & 0\\ 2 & 0 & 0\\ 6 & -1 & -1\end{pmatrix}$ $A^5=(PBP^{-1})^5=PB^5P^{-1}=PBP^{-1}=A$

13. $|A|=2\Rightarrow A$ 可逆,$A^{-1}=\begin{pmatrix}\frac{1}{2} & -1 & 0 & \cdots & 0\\ 0 & 1 & -1 & \cdots & 0\\ \vdots & \vdots & \vdots & & \vdots\\ 0 & 0 & 0 & \cdots & -1\\ 0 & 0 & 0 & \cdots & 1\end{pmatrix}$

因为 $A^*=2A^{-1}$,所以 $\sum_{i,j=1}^{n}A_{ij}=2\left[\frac{1}{2}+(n-1)-(n-1)\right]=1$

四、证明题

(略)

第三章

一、选择题

1. D **2.** B **3.** C **4.** D **5.** B **6.** B **7.** C **8.** B **9.** B **10.** A **11.** D **12.** C

二、填空题

1. $\begin{pmatrix}1\\3\\2\end{pmatrix}$ **2.** 相关 **3.** $\leqslant$ **4.** 线性相关 **5.** 对应成比例 **6.** 充分必要 **7.** 无关 **8.** 相关 **9.** $\begin{pmatrix}1\\1\end{pmatrix}$

10. 6 **11.** $\frac{1}{3}\begin{pmatrix}1\\2\\-2\end{pmatrix}$ **12.** 无关 **13.** -1 **14.** $\begin{pmatrix}a_1 & a_2 & a_3\\ b_1 & b_2 & b_3\\ c_1 & c_2 & c_3\end{pmatrix}$

三、计算题

1. (1) $\begin{pmatrix}2\\-3\\8\end{pmatrix}$ (2) $\frac{1}{2}\begin{pmatrix}-1\\5\\-3\end{pmatrix}$

2. (1) $b=a_1+a_2-a_3$ (2) $b=2a_1-a_2+3a_3$ (3) 不能表示

3. (1) $\lambda\neq 0$ 且 $\lambda\neq 6$ 时,b 能由 a_1, a_2, a_3 唯一线性表示

(2) $\lambda=0$ 时,b 能由 a_1, a_2, a_3 线性表示,但表达式不唯一

(3) $\lambda=-6$ 时,b 不能由 a_1, a_2, a_3 线性表示

4. (1) $m=-4$ 时,$R(A)\neq R(A, b)$,向量 b 不能由向量组 A 线性表示

(2) $m\neq -4$ 时,$R(A)=R(A, b)=3$,向量 b 能由向量组 A 线性表示,且表达式唯一

$$b=-\frac{3}{m+4}a_1-\frac{5m+14}{m+4}a_2+6a_3$$

5. 略

6. (1) 线性无关,因为 $R(\boldsymbol{a}_1, \boldsymbol{a}_2, \boldsymbol{a}_3) = 3$

(2) 线性相关,因为 $2(\boldsymbol{a}_2 - \boldsymbol{a}_1) = \boldsymbol{a}_4 - \boldsymbol{a}_3$

(3) 线性相关,因为 $R(\boldsymbol{a}_1, \boldsymbol{a}_2, \boldsymbol{a}_3, \boldsymbol{a}_4) = 3 < 4$.

7. $t = 4$ 时,$\boldsymbol{a}_1, \boldsymbol{a}_2, \boldsymbol{a}_3$ 线性相关;$t \neq 4$ 时,$\boldsymbol{a}_1, \boldsymbol{a}_2, \boldsymbol{a}_3$ 线性无关

8.～10. 略

11. (1) 秩是 2,极大无关组是 $\boldsymbol{a}_1, \boldsymbol{a}_2$;$\boldsymbol{a}_3 = 3\boldsymbol{a}_1 - \boldsymbol{a}_2$, $\boldsymbol{a}_4 = 2\boldsymbol{a}_1 + \boldsymbol{a}_2$

(2) 秩是 3,极大无关组是 $\boldsymbol{a}_1, \boldsymbol{a}_2, \boldsymbol{a}_3$;$\boldsymbol{a}_4 = -\boldsymbol{a}_1 - \boldsymbol{a}_2 + \boldsymbol{a}_3$

(3) 秩是 3,极大无关组是 $\boldsymbol{a}_1, \boldsymbol{a}_2, \boldsymbol{a}_4$;$\boldsymbol{a}_3 = -\boldsymbol{a}_1 + \boldsymbol{a}_2 + 0\boldsymbol{a}_4$

(4) 秩是 4,极大无关组是 $\boldsymbol{a}_1, \boldsymbol{a}_2, \boldsymbol{a}_3, \boldsymbol{a}_4$

12～13. 略

14. $\begin{pmatrix} 1 \\ -1 \\ 0 \end{pmatrix}$

15. $\begin{pmatrix} 2 & 3 \\ -1 & -2 \end{pmatrix}$

16. (1) 略 (2) $\begin{pmatrix} 4 & -2 & 0 \\ 5 & 6 & -2 \\ -13 & -15 & 7 \end{pmatrix}$

17. $\boldsymbol{b}_1 = \begin{pmatrix} 1 \\ 1 \\ 1 \\ 1 \end{pmatrix}, \boldsymbol{b}_2 = \begin{pmatrix} 2 \\ 2 \\ -2 \\ -2 \end{pmatrix}, \boldsymbol{b}_3 = \begin{pmatrix} -1 \\ 1 \\ -1 \\ 1 \end{pmatrix}$

18. $\boldsymbol{c}_1 = \frac{1}{\sqrt{5}} \begin{pmatrix} 1 \\ 2 \\ 0 \end{pmatrix}, \boldsymbol{c}_2 = \frac{1}{\sqrt{30}} \begin{pmatrix} -2 \\ 1 \\ 5 \end{pmatrix}, \boldsymbol{c}_3 = \frac{1}{\sqrt{6}} \begin{pmatrix} 2 \\ -1 \\ 1 \end{pmatrix}$

19. 略

第四章

一、选择题

1. D **2.** A **3.** B **4.** A **5.** B **6.** A **7.** B **8.** A **9.** D

二、填空题

1. m **2.** 2 **3.** 仅有零解 **4.** -2 **5.** 有解 **6.** $n-r$ **7.** 3 **8.** 5 **9.** $c(1, 1, 1, 1)^T$ **10.** $\boldsymbol{O}$ **11.** -3

12. 1 **13.** $\begin{pmatrix} 1 \\ 0 \\ 0 \\ 0 \end{pmatrix} + c \begin{pmatrix} -1 \\ 2 \\ 3 \\ 4 \end{pmatrix}$($c$ 为任意实数)

三、计算题

1. $\boldsymbol{x} = \begin{pmatrix} 1 \\ -2 \\ 3 \\ 4 \end{pmatrix} + c \begin{pmatrix} 2 \\ -3 \\ 1 \\ 1 \end{pmatrix}$($c$ 为任意实数)

2. (1) 无解 (2) 无解

3. (1) $\boldsymbol{x}=c_1\begin{pmatrix}-\frac{3}{7}\\ \frac{2}{7}\\ 1\\ 0\end{pmatrix}+c_2\begin{pmatrix}-\frac{13}{7}\\ \frac{4}{7}\\ 0\\ 1\end{pmatrix}$ (c_1, c_2 为任意常数)

(2) $\boldsymbol{x}=c\begin{pmatrix}-3\\ -1\\ 1\end{pmatrix}$ (c 为任意常数)

4. (1) $\boldsymbol{x}=\begin{pmatrix}1\\ 0\\ 0\end{pmatrix}+c_1\begin{pmatrix}-5\\ 1\\ 0\end{pmatrix}+c_2\begin{pmatrix}3\\ 0\\ 1\end{pmatrix}$ (c_1, c_2 为任意常数)

(2) $\boldsymbol{x}=c\begin{pmatrix}-1\\ 1\\ 0\end{pmatrix}+\begin{pmatrix}1\\ 0\\ 1\end{pmatrix}$ (c 为任意实数)

5. (1) $\boldsymbol{\xi}_1=\begin{pmatrix}0\\ 0\\ 1\\ 0\end{pmatrix}$, $\boldsymbol{\xi}_2=\begin{pmatrix}-1\\ 1\\ 0\\ 1\end{pmatrix}$ (2) $c\begin{pmatrix}-1\\ 1\\ 1\\ 1\end{pmatrix}$ (c 为任意实数)

6. $\boldsymbol{\alpha}_1$, $\boldsymbol{\alpha}_2$ 是解空间的基础解系,对其标准正交化后得到一组标准正交基:

$$\boldsymbol{c}_1=\frac{1}{\sqrt{15}}\begin{pmatrix}1\\ 1\\ 2\\ 3\end{pmatrix},\ \boldsymbol{c}_2=\frac{1}{\sqrt{39}}\begin{pmatrix}-2\\ 1\\ 5\\ -3\end{pmatrix}$$

7. $\begin{cases}x_1-8x_2+10x_3+2x_4=0,\\ 2x_1+4x_2+5x_3-x_4=0,\\ 3x_1+8x_2+6x_3-2x_4=0\end{cases}$

8. $\begin{cases}x_1-2x_2+4x_3=-5,\\ 2x_1+3x_2+x_3=4,\\ 3x_1+8x_2-2x_3=13\end{cases}$

9. (1) 基础解系 $\boldsymbol{\xi}_1=\begin{pmatrix}2\\ -2\\ 1\\ 0\end{pmatrix}$, $\boldsymbol{\xi}_2=\begin{pmatrix}1\\ -1\\ 0\\ 1\end{pmatrix}$,通解为 $\boldsymbol{x}=c_1\begin{pmatrix}2\\ -2\\ 1\\ 0\end{pmatrix}+c_2\begin{pmatrix}1\\ -1\\ 0\\ 1\end{pmatrix}$ (c_1, c_2 为任意常数)

(2) 基础解系 $\boldsymbol{\xi}_1=\begin{pmatrix}-2\\ 1\\ 1\\ 0\end{pmatrix}$, $\boldsymbol{\xi}_2=\begin{pmatrix}-2\\ 1\\ 0\\ 1\end{pmatrix}$,通解为 $\boldsymbol{x}=c_1\begin{pmatrix}-2\\ 1\\ 1\\ 0\end{pmatrix}+c_2\begin{pmatrix}-2\\ 1\\ 0\\ 1\end{pmatrix}$ (c_1, c_2 为任意常数)

10. (1) 通解为 $\boldsymbol{x}=c_1\begin{pmatrix}1\\ 3\\ 1\\ 0\end{pmatrix}+c_2\begin{pmatrix}-1\\ 0\\ 0\\ 1\end{pmatrix}+\begin{pmatrix}2\\ 1\\ 0\\ 0\end{pmatrix}$ (c_1, c_2 为任意常数)

(2) 通解为 $\boldsymbol{x}=\begin{pmatrix}2\\0\\1\\0\end{pmatrix}+c_1\begin{pmatrix}-2\\1\\0\\0\end{pmatrix}+c_2\begin{pmatrix}-1\\0\\1\\1\end{pmatrix}$（$c_1$，$c_2$ 为任意常数）

11. 当 $\lambda\neq-\frac{1}{2}$ 且 $\lambda\neq2$ 时，方程组有唯一解；当 $\lambda=-\frac{1}{2}$ 时，方程组无解；当 $\lambda=2$ 时，方程组有无穷多解，通解为 $\boldsymbol{x}=c\begin{pmatrix}-1\\1\\0\end{pmatrix}+\begin{pmatrix}3\\0\\1\end{pmatrix}$（$c$ 为任意实数）

12. $k\neq-1$，4 时，有唯一解；$k=-1$ 时，无解；$k=4$ 时，有无穷多解，通解为 $\boldsymbol{x}=\begin{pmatrix}0\\4\\0\end{pmatrix}+c\begin{pmatrix}-3\\-1\\1\end{pmatrix}$（$c$ 为任意常数）

13. 当 $a=5$ 时，$R(\boldsymbol{A})=R(\boldsymbol{B})$，线性方程组有解，通解为 $\boldsymbol{x}=\begin{pmatrix}0\\1\\0\\0\end{pmatrix}+c_1\begin{pmatrix}-3\\1\\1\\0\end{pmatrix}+c_2\begin{pmatrix}3\\-2\\0\\1\end{pmatrix}$（$c_1$，$c_2$ 为任意常数）

14. 当 $a=1$ 时，$R(\boldsymbol{A})=R(\boldsymbol{B})=3$，线性方程组有解，通解为 $\boldsymbol{x}=\begin{pmatrix}-3\\2\\0\\2\end{pmatrix}+c\begin{pmatrix}1\\-1\\1\\0\end{pmatrix}$（$c$ 为任意常数）

15. 当 $a=-1$ 时，基础解系为 $\boldsymbol{\zeta}=\begin{pmatrix}1\\1\\1\\1\end{pmatrix}$，特解为 $\boldsymbol{\eta}=\begin{pmatrix}0\\-1\\0\\0\end{pmatrix}$，通解为 $\boldsymbol{x}=\begin{pmatrix}0\\-1\\0\\0\end{pmatrix}+c\begin{pmatrix}1\\1\\1\\1\end{pmatrix}$（$c$ 为任意常数）

16. (1) $\lambda=-1$，$a=-2$

(2) 通解为 $\boldsymbol{x}=\begin{pmatrix}\frac{3}{2}\\-\frac{1}{2}\\0\end{pmatrix}+c\begin{pmatrix}1\\0\\1\end{pmatrix}$（$c$ 为任意常数）

17. (1) 当 $b\neq0$ 且 $b+\sum\limits_{i=1}^{n}a_i\neq0$ 时，$R(\boldsymbol{A})=n$，方程组仅有零解

(2) 当 $b=0$ 时，原方程组的同解方程组为 $a_1x_1+a_2x_2+a_3x_3+\cdots+a_nx_n=0$，又因为 $\sum\limits_{i=1}^{n}a_i\neq0$，则 a_i 不全为零，设 $a_1\neq0$

$$\boldsymbol{\xi}_1=\begin{pmatrix}-\frac{a_2}{a_1}\\1\\0\\\vdots\\0\end{pmatrix},\ \boldsymbol{\xi}_2=\begin{pmatrix}-\frac{a_3}{a_1}\\0\\1\\\vdots\\0\end{pmatrix},\ \cdots,\ \boldsymbol{\xi}_{n-1}=\begin{pmatrix}-\frac{a_n}{a_1}\\0\\0\\\vdots\\1\end{pmatrix};$$

当 $b=-\sum_{i=1}^{n}a_i$ 时,一定也有 $b\neq 0$,原方程组的同解方程组为$\begin{cases}-x_1+x_2=0,\\-x_1+x_3=0,\\ \quad\vdots\\-x_1+x_n=0,\end{cases}$得基础解系为 $\boldsymbol{\zeta}=\begin{pmatrix}1\\1\\ \vdots\\1\end{pmatrix}$

第五章

一、选择题

1. C **2.** A **3.** B **4.** D **5.** B **6.** B **7.** B **8.** D **9.** B

二、填空题

1. 2 **2.** -1 **3.** $\frac{1}{36}$ **4.** 1, 4, 1 **5.** 1, $\frac{1}{2}$, -1 **6.** -2 **7.** 1 **8.** -17, -12 **9.** 0, 1

三、计算题

1. (1) $\lambda_1=1$, $\lambda_2=3$, $\boldsymbol{p}_1=\begin{pmatrix}1\\1\end{pmatrix}$, $\boldsymbol{p}_2=\begin{pmatrix}-1\\1\end{pmatrix}$

(2) $\lambda_1=2$, $\lambda_2=4$, $\boldsymbol{p}_1=\begin{pmatrix}-1\\1\end{pmatrix}$, $\boldsymbol{p}_2=\begin{pmatrix}1\\1\end{pmatrix}$

(3) $\lambda_1=2$, $\lambda_2=3$, $\boldsymbol{p}_1=\begin{pmatrix}1\\-1\end{pmatrix}$, $\boldsymbol{p}_2=\begin{pmatrix}1\\-2\end{pmatrix}$

(4) $\lambda_1=-1$, $\lambda_2=4$, $\boldsymbol{p}_1=\begin{pmatrix}-1\\1\end{pmatrix}$, $\boldsymbol{p}_2=\begin{pmatrix}\frac{2}{3}\\1\end{pmatrix}$

2. (1) $\lambda_1=2$, $\lambda_2=\lambda_3=3$, $\boldsymbol{p}_1=\begin{pmatrix}0\\1\\0\end{pmatrix}$, $\boldsymbol{p}_2=\begin{pmatrix}1\\-1\\0\end{pmatrix}$

(2) $\lambda_1=\lambda_2=1$, $\lambda_3=-2$, $\boldsymbol{p}_1=\begin{pmatrix}-2\\1\\0\end{pmatrix}$, $\boldsymbol{p}_2=\begin{pmatrix}0\\0\\1\end{pmatrix}$, $\boldsymbol{p}_3=\begin{pmatrix}-1\\1\\1\end{pmatrix}$

(3) $\lambda_1=2$, $\lambda_2=5$, $\lambda_3=1$, $\boldsymbol{p}_1=\begin{pmatrix}1\\0\\0\end{pmatrix}$, $\boldsymbol{p}_2=\begin{pmatrix}0\\1\\1\end{pmatrix}$, $\boldsymbol{p}_3=\begin{pmatrix}0\\1\\-1\end{pmatrix}$

(4) $\lambda_1=3$, $\lambda_2=\lambda_3=1$, $\boldsymbol{p}_1=\begin{pmatrix}0\\1\\1\end{pmatrix}$, $\boldsymbol{p}_2=\begin{pmatrix}2\\1\\0\end{pmatrix}$, $\boldsymbol{p}_3=\begin{pmatrix}-1\\0\\1\end{pmatrix}$

3. 提示:$(\boldsymbol{A}-\boldsymbol{E})(\boldsymbol{A}-2\boldsymbol{E})=\boldsymbol{O}$

4. 25

5. -3

6. (1) 不能对角化 (2)(3)(4)可以

7. $|\boldsymbol{A}-\lambda\boldsymbol{E}|=|(\boldsymbol{A}-\lambda\boldsymbol{E})^T|=|\boldsymbol{A}^T-\lambda\boldsymbol{E}|$

8. 因为二阶矩阵 $\boldsymbol{A}$ 有两个互异的特征值,据定理 5.4 的推论,$\boldsymbol{A}$ 能与对角矩阵相似.

取 $\boldsymbol{P}=\begin{pmatrix}1&2\\1&-1\end{pmatrix}$,应有 $\boldsymbol{P}^{-1}\boldsymbol{A}\boldsymbol{P}=\begin{pmatrix}1&0\\0&-5\end{pmatrix}$,

所以 $A = P\begin{pmatrix}1 & 0\\0 & -5\end{pmatrix}P^{-1} = \begin{pmatrix}1 & 2\\1 & -1\end{pmatrix}\begin{pmatrix}1 & 0\\0 & -5\end{pmatrix}\begin{pmatrix}1/3 & 2/3\\1/3 & -1/3\end{pmatrix} = \begin{pmatrix}-3 & 4\\2 & -1\end{pmatrix}$

9. $BA = A^{-1}(AB)A$. 所以 AB 与 BA 相似

10. A 的特征值为 $\lambda_1 = 0$，$\lambda_2 = \lambda_3 = 1$. $P = \begin{pmatrix}1 & 1/2 & 1\\1 & 1 & 0\\1 & 0 & 1\end{pmatrix}$ 且 $P^{-1}AP = \begin{pmatrix}0 & 0 & 0\\0 & 1 & 0\\0 & 0 & 1\end{pmatrix}$

11. A 的特征值为 $\lambda_1 = 1$，$\lambda_2 = 3$，$\lambda_3 = 5$.

$$P = \begin{pmatrix}0 & 0 & 1\\-1/\sqrt{2} & 1/\sqrt{2} & 0\\1/\sqrt{2} & 1/\sqrt{2} & 0\end{pmatrix} \text{且 } P^{-1}AP = P^TAP = \begin{pmatrix}1 & & \\ & 3 & \\ & & 5\end{pmatrix}$$

12. $x = 4$，$y = 5$

13. $A = \begin{pmatrix}-2 & 3 & -3\\-4 & 5 & -3\\-4 & 4 & -2\end{pmatrix}$

14. (1) B 的属于 $\lambda = -2$ 的特征向量是 $\alpha_1 = (1, -1, 1)^T$，属于 $\lambda = 1$ 的特征向量是 $\alpha_2 = (1, 1, 0)^T$，$\alpha_3 = (-1, 0, 1)^T$

(2) $B = P\Lambda P^{-1} = P\begin{pmatrix}-2 & 0 & 0\\0 & 1 & 0\\0 & 0 & 1\end{pmatrix}P^{-1} = \begin{pmatrix}0 & 1 & -1\\1 & 0 & 1\\-1 & 1 & 0\end{pmatrix}$

第六章

一、选择题

1. C **2.** A **3.** D **4.** D **5.** C **6.** A

二、填空题

1. $f = (x_1 \quad x_2 \quad x_3)\begin{pmatrix}1 & 2 & 3\\2 & 1 & 3\\3 & 3 & 1\end{pmatrix}\begin{pmatrix}x_1\\x_2\\x_3\end{pmatrix}$ **2.** $f = (x_1, x_2, x_3)\begin{pmatrix}-1 & 1 & 0\\1 & 0 & -2\\0 & -2 & 2\end{pmatrix}\begin{pmatrix}x_1\\x_2\\x_3\end{pmatrix}$

3. $\begin{pmatrix}2 & 2 & 0\\2 & -1 & -1\\0 & -1 & 0\end{pmatrix}$ **4.** $f = x_1^2 + 2x_2^2 + 3x_3^2 + 2x_1x_2 + 2x_2x_3$ **5.** 3 **6.** 0 **7.** $\begin{pmatrix}1 & 1 & 0\\1 & 0 & -\frac{1}{2}\\0 & -\frac{1}{2} & 2\end{pmatrix}$

8. $\begin{pmatrix}0 & -1 & 1\\-1 & 0 & \frac{1}{2}\\1 & \frac{1}{2} & 0\end{pmatrix}$ **9.** 是 **10.** 不是 **11.** $\begin{pmatrix}1 & 2\\2 & 2\end{pmatrix}$

三、计算题

1. $A = \begin{pmatrix}2 & 0 & 0\\0 & 3 & 2\\0 & 2 & 3\end{pmatrix}$，$\lambda_1 = 2$，$\lambda_2 = 5$，$\lambda_3 = 1$，$\alpha_1 = \begin{pmatrix}1\\0\\0\end{pmatrix}$，$\alpha_2 = \begin{pmatrix}0\\1\\1\end{pmatrix}$，$\alpha_3 = \begin{pmatrix}0\\1\\-1\end{pmatrix}$

2. $\boldsymbol{A}=\begin{pmatrix}2&1&0\\1&2&0\\0&0&3\end{pmatrix}$, $\boldsymbol{X}=\boldsymbol{PY}=\begin{pmatrix}\frac{1}{\sqrt{2}}&\frac{1}{\sqrt{2}}&0\\-\frac{1}{\sqrt{2}}&\frac{1}{\sqrt{2}}&0\\0&0&1\end{pmatrix}\begin{pmatrix}y_1\\y_2\\y_3\end{pmatrix}$,则 $f=y_1^2+3y_2^2+3y_3^2$

3. $\boldsymbol{A}=\begin{pmatrix}2&0&0\\0&3&2\\0&2&3\end{pmatrix}$, $\boldsymbol{X}=\begin{pmatrix}x_1\\x_2\\x_3\end{pmatrix}=\boldsymbol{PY}=\begin{pmatrix}1&0&0\\0&\frac{1}{\sqrt{2}}&\frac{1}{\sqrt{2}}\\0&\frac{1}{\sqrt{2}}&-\frac{1}{\sqrt{2}}\end{pmatrix}\begin{pmatrix}y_1\\y_2\\y_3\end{pmatrix}$,则 $f=2y_1^2+5y_2^2+y_3^2$

4. 正定

5. 正定

附　录

硕士研究生入学考试试题及参考答案

（线性代数部分）

Ⅰ　概　　述

对于考研数学，根据各学科、专业对硕士研究生入学所应具备的数学知识和能力的不同要求，目前考研数学试卷主要分为数学一、数学二、数学三，下面简要说明数学一、数学二和数学三的异同点.

1. 试卷满分及考试时间都相同

试卷满分为150分，考试时间为180分钟.答题方式均为闭卷、笔试.试卷结构设有三种题型：选择题(8道，共32分)、填空题(6道，共24分)、解答题(9道，共94分).题目对应科目相对稳定，其中数学一与数学三在题目类型的分布上是一致的，1～4、9～12、15～19属于高等数学的题目，5、6、13、20、21属于线性代数的题目，7、8、14、22、23属于概率论与数理统计的题目；而数学二不同，1～6、9～13、15～21均是高等数学的题目，7、8、14、22、23为线性代数的题目.

2. 招生专业不同

数学一主要针对的是数学要求较高的理工类考生；数学二主要针对的是数学要求低一些的农、林、地、矿、油等专业的考生；数学三主要针对管理、经济等方向的考生.

数学一适用的专业：①工学门类的力学、机械工程、光学工程、仪器学与技术、冶金工程、动力学工程及工程物理、电气工程、电子科学与技术、信息与通信工程、控制科学与工程、计算机科学与技术、土木工程、水利工程、测绘科学与技术、交通运输工程、船舶与海洋工程、航空宇航科学与技术、兵器科学与技术、核科学与技术、生物医学工程等一级学科中所有的二级学科、专业；②工学门类的材料与工程、化学工程与技术、地质资源与地质工程、矿业工程、石油与天然气工程、环境科学与工程等一级学科中对数学要求较高的二级学科、专业；③管理学门类中的管理科学与工程一级学科.

数学二适用的专业：工学门类的纺织科学与工程、轻工技术与工程、农业工程、林业工程、食品科学与工程等一级学科中所有的二级学科、专业.

数学三适用的专业：①经济学门类的理论经济学一级学科中的所有二级学科、专业；

②经济学门类的应用经济学一级学科中的统计学科、专业，如统计学、数量经济学、国民经济学、区域经济学、财政学(含税收学)、金融学(含保险学)、产业经济学、国际贸易学、劳动经济学、国防经济；③管理学门类的工程管理一级学科中的二级学科、专业，如企业管理(含财务管理、市场营销、人力资源管理)、技术经济及管理、会计学、旅游管理；④管理学门类的农林经济管理一级学科中的所有二级学科、专业.

3. 考试范围不同

数学一最广，数学三其次，数学二最窄. 数学一、数学三考高等数学、线性代数、概率论与数理统计三门学科，比例分别为 56%、22%、22%；数学二不考概率，只考高等数学和线性代数两门学科，其中比例分别是 78%、22%. 对于相同的考点，数学一、数学二、数学三的要求也不尽相同，需要具体知识点具体分析.

4. 试题难度不同

因为专业的要求不同，数学一、数学二、数学三的侧重点也会有所不同. 理工类数学(数学一)对高等数学的要求最高，其重点是高数解题分析. 从高等数学的角度来讲，数学一是这三类数学中最难的. 经济类数学(数学三)对线性代数、概率论与数理统计要求高，从概率角度来讲，数学三则要难一些.

Ⅱ 试题精选

注：矩阵的符号可用圆括号，也可用中括号，为统一起见，本书中全用的圆括号.

一、选择题

1. 设 $\boldsymbol{\alpha}_1=\begin{pmatrix}0\\0\\c_1\end{pmatrix}$，$\boldsymbol{\alpha}_2=\begin{pmatrix}0\\1\\c_2\end{pmatrix}$，$\boldsymbol{\alpha}_3=\begin{pmatrix}1\\-1\\c_3\end{pmatrix}$，$\boldsymbol{\alpha}_4=\begin{pmatrix}-1\\1\\c_4\end{pmatrix}$，其中 c_1, c_2, c_3, c_4 为任意常数，则下列向量组线性相关的为( ). (2012 年数学一、二、三)

A. $\boldsymbol{\alpha}_1, \boldsymbol{\alpha}_2, \boldsymbol{\alpha}_3$　　B. $\boldsymbol{\alpha}_1, \boldsymbol{\alpha}_2, \boldsymbol{\alpha}_4$

C. $\boldsymbol{\alpha}_1, \boldsymbol{\alpha}_3, \boldsymbol{\alpha}_4$　　D. $\boldsymbol{\alpha}_2, \boldsymbol{\alpha}_3, \boldsymbol{\alpha}_4$

2. 设 $\boldsymbol{A}$ 为三阶矩阵，$\boldsymbol{P}$ 为三阶可逆矩阵，且 $\boldsymbol{P}^{-1}\boldsymbol{A}\boldsymbol{P}=\begin{pmatrix}1&0&0\\0&1&0\\0&0&2\end{pmatrix}$. 若 $\boldsymbol{P}=(\boldsymbol{\alpha}_1, \boldsymbol{\alpha}_2, \boldsymbol{\alpha}_3)$，$\boldsymbol{Q}=(\boldsymbol{\alpha}_1+\boldsymbol{\alpha}_2, \boldsymbol{\alpha}_2, \boldsymbol{\alpha}_3)$. 则 $\boldsymbol{Q}^{-1}\boldsymbol{A}\boldsymbol{Q}=$( ). (2012 年数学一、二、三)

A. $\begin{pmatrix}1&0&0\\0&2&0\\0&0&1\end{pmatrix}$　B. $\begin{pmatrix}1&0&0\\0&1&0\\0&0&2\end{pmatrix}$　C. $\begin{pmatrix}2&0&0\\0&1&0\\0&0&2\end{pmatrix}$　D. $\begin{pmatrix}2&0&0\\0&2&0\\0&0&1\end{pmatrix}$

3. 设 $\boldsymbol{A}$、$\boldsymbol{B}$、$\boldsymbol{C}$ 均为 n 阶矩阵，若 $\boldsymbol{AB}=\boldsymbol{C}$，且 $\boldsymbol{B}$ 可逆，则( ). (2013 年数学一、二、三)

A. 矩阵 $\boldsymbol{C}$ 的行向量组与矩阵 $\boldsymbol{A}$ 的行向量组等价

B. 矩阵 $\boldsymbol{C}$ 的列向量组与矩阵 $\boldsymbol{A}$ 的列向量组等价

C. 矩阵 $\boldsymbol{C}$ 的行向量组与矩阵 $\boldsymbol{B}$ 的行向量组等价

D. 矩阵 $\boldsymbol{C}$ 的列向量组与矩阵 $\boldsymbol{B}$ 的列向量组等价

4. 矩阵 $\begin{pmatrix} 1 & a & 1 \\ a & b & a \\ 1 & a & 1 \end{pmatrix}$ 与 $\begin{pmatrix} 2 & 0 & 0 \\ 0 & b & 0 \\ 0 & 0 & 0 \end{pmatrix}$ 相似的充分必要条件是(　　).(2013 年数学一、二、三)

A. $a=0,\ b=2$　　B. $a=0$, b 为任意常数

C. $a=2,\ b=0$　　D. $a=2$, b 为任意常数

5. 行列式 $\begin{vmatrix} 0 & a & b & 0 \\ a & 0 & 0 & b \\ 0 & c & d & 0 \\ c & 0 & 0 & d \end{vmatrix}=$(　　).(2014 年数学一、二、三)

A. $(ad-bc)^2$　　B. $-(ad-bc)^2$　　C. $a^2d^2-b^2c^2$　　D. $b^2c^2-a^2d^2$

6. 设 $\boldsymbol{\alpha}_1,\boldsymbol{\alpha}_2,\boldsymbol{\alpha}_3$ 均为三维向量,则对任意常数 k,l,向量组 $\boldsymbol{\alpha}_1+k\boldsymbol{\alpha}_3,\boldsymbol{\alpha}_2+l\boldsymbol{\alpha}_3$ 线性无关是向量组 $\boldsymbol{\alpha}_1,\boldsymbol{\alpha}_2,\boldsymbol{\alpha}_3$ 线性无关的(　　).(2014 年数学一、二、三)

A. 必要非充分条件　　B. 充分非必要条件

C. 充分必要条件　　D. 既非充分也非必要条件

7. 设矩阵 $\boldsymbol{A}=\begin{pmatrix} 1 & 1 & 1 \\ 1 & 2 & a \\ 1 & 4 & a^2 \end{pmatrix}$, $\boldsymbol{b}=\begin{pmatrix} 1 \\ d \\ d^2 \end{pmatrix}$,若集合 $\Omega=\{1,2\}$,则线性方程组 $\boldsymbol{Ax}=\boldsymbol{b}$ 有无穷多个解的充分必要条件为(　　).(2015 年数学一、二、三)

A. $a\notin\Omega,\ d\notin\Omega$　B. $a\notin\Omega,\ d\in\Omega$　C. $a\in\Omega,\ d\notin\Omega$　D. $a\in\Omega,\ d\in\Omega$

8. 设二次型 $f(x_1,x_2,x_3)$在正交变换 $\boldsymbol{x}=\boldsymbol{Py}$ 下的标准形为 $2y_1^2+y_2^2-y_3^2$,其中 $\boldsymbol{P}=(\boldsymbol{e}_1,\boldsymbol{e}_2,\boldsymbol{e}_3)$,若 $\boldsymbol{Q}=(\boldsymbol{e}_1,-\boldsymbol{e}_3,\boldsymbol{e}_2)$,则 $f(x_1,x_2,x_3)$ 在正交变换 $\boldsymbol{x}=\boldsymbol{Qy}$ 下的标准形为(　　).(2015 年数学一、二、三)

A. $2y_1^2-y_2^2+y_3^2$　　B. $2y_1^2+y_2^2-y_3^2$

C. $2y_1^2-y_2^2-y_3^2$　　D. $2y_1^2+y_2^2+y_3^2$

9. 设 $\boldsymbol{A}$ 与 $\boldsymbol{B}$ 是可逆矩阵,$\boldsymbol{A}$ 与 $\boldsymbol{B}$ 相似,则下列结论错误的是(　　).(2016 年数学一、二、三)

A. $\boldsymbol{A}^T$ 与 $\boldsymbol{B}^T$ 相似　　B. $\boldsymbol{A}^{-1}$ 与 $\boldsymbol{B}^{-1}$ 相似

C. $\boldsymbol{A}+\boldsymbol{A}^T$ 与 $\boldsymbol{B}+\boldsymbol{B}^T$ 相似　　D. $\boldsymbol{A}+\boldsymbol{A}^{-1}$ 与 $\boldsymbol{B}+\boldsymbol{B}^{-1}$ 相似

10. 设二次型 $f(x_1,x_2,x_3)=a(x_1^2+x_2^2+x_3^2)+2x_1x_2+2x_2x_3+2x_1x_3$ 的正、负惯性指数分别为 1, 2,则(　　).(2016 年数学二、三)

A. $a>1$　　B. $a<-2$

C. $-2<a<1$　　D. $a=1$ 或 $a=-2$

11. 设二次型 $f(x_1,x_2,x_3)=x_1^2+x_2^2+x_3^2+4x_1x_2+4x_1x_3+4x_2x_3$,则二次型 $f(x_1,x_2,x_3)=2$ 在空间直角坐标下表示的二次曲面为(　　).(2016 年数学一)

A. 单叶双曲面　　B. 双叶双曲面　　C. 椭球面　　D. 柱面

12. 设 $\boldsymbol{\alpha}$ 为 n 维单位列向量,$\boldsymbol{E}$ 为 n 阶单位矩阵,则(　　).(2017 年数学一、三)

A. $\boldsymbol{E}-\boldsymbol{\alpha\alpha}^T$ 不可逆　　B. $\boldsymbol{E}+\boldsymbol{\alpha\alpha}^T$ 不可逆

C. $\boldsymbol{E}+2\boldsymbol{\alpha\alpha}^T$ 不可逆　　D. $\boldsymbol{E}-2\boldsymbol{\alpha\alpha}^T$ 不可逆

13. 已知矩阵 $\boldsymbol{A}=\begin{pmatrix}2&0&0\\0&2&1\\0&0&1\end{pmatrix}$，$\boldsymbol{B}=\begin{pmatrix}2&1&0\\0&2&0\\0&0&1\end{pmatrix}$，$\boldsymbol{C}=\begin{pmatrix}1&0&0\\0&2&0\\0&0&2\end{pmatrix}$，则(　　).(2017 年数学一、二、三)

A. $\boldsymbol{A}$ 与 $\boldsymbol{C}$ 相似，$\boldsymbol{B}$ 与 $\boldsymbol{C}$ 相似　　B. $\boldsymbol{A}$ 与 $\boldsymbol{C}$ 相似，$\boldsymbol{B}$ 与 $\boldsymbol{C}$ 不相似

C. $\boldsymbol{A}$ 与 $\boldsymbol{C}$ 不相似，$\boldsymbol{B}$ 与 $\boldsymbol{C}$ 相似　　D. $\boldsymbol{A}$ 与 $\boldsymbol{C}$ 不相似，$\boldsymbol{B}$ 与 $\boldsymbol{C}$ 不相似

14. 设 $\boldsymbol{A}$ 为三阶矩阵，$\boldsymbol{P}=(\boldsymbol{\alpha}_1, \boldsymbol{\alpha}_2, \boldsymbol{\alpha}_3)$ 为可逆矩阵，使得 $\boldsymbol{P}^{-1}\boldsymbol{AP}=\begin{pmatrix}0&0&0\\0&1&0\\0&0&2\end{pmatrix}$，则 $\boldsymbol{A}(\boldsymbol{\alpha}_1, \boldsymbol{\alpha}_2, \boldsymbol{\alpha}_3)=$(　　).(2017 年数学二)

A. $\boldsymbol{\alpha}_1+\boldsymbol{\alpha}_2$　　B. $\boldsymbol{\alpha}_2+2\boldsymbol{\alpha}_3$　　C. $\boldsymbol{\alpha}_2+\boldsymbol{\alpha}_3$　　D. $\boldsymbol{\alpha}_1+2\boldsymbol{\alpha}_2$

二、填空题

1. 设 $\boldsymbol{X}$ 为三维单位向量，$\boldsymbol{E}$ 为三阶单位矩阵，则矩阵 $\boldsymbol{E}-\boldsymbol{XX}^T$ 的秩为________.(2012 年数学一)

2. 设 $\boldsymbol{A}$ 为三阶矩阵，$|\boldsymbol{A}|=3$，$\boldsymbol{A}^*$ 为 $\boldsymbol{A}$ 的伴随矩阵，若交换 $\boldsymbol{A}$ 的第一行与第二行得到矩阵 $\boldsymbol{B}$，则 $|\boldsymbol{BA}^*|=$________.(2012 年数学二、三)

3. 设 $\boldsymbol{A}=(a_{ij})$ 是三阶非零矩阵，$|\boldsymbol{A}|$ 为 $\boldsymbol{A}$ 的行列式，A_{ij} 为 a_{ij} 的代数余子式，若 $a_{ij}+A_{ij}=0(i, j=1, 2, 3)$，则 $|\boldsymbol{A}|=$________.(2013 年数学一、二、三)

4. 设二次型 $f(x_1, x_2, x_3)=x_1^2-x_2^2+2ax_1x_3+4x_2x_3$ 的负惯性指数是 1，则 a 的取值范围________.(2014 年数学一、二、三)

5. n 阶行列式 $\begin{vmatrix}2&0&\cdots&0&2\\-1&2&\cdots&0&2\\\vdots&\vdots&&\vdots&\vdots\\0&0&\cdots&2&2\\0&0&\cdots&-1&2\end{vmatrix}=$________.(2015 年数学一)

6. 设三阶矩阵 $\boldsymbol{A}$ 的特征值为 $2, -2, 1$，$\boldsymbol{B}=\boldsymbol{A}^2-\boldsymbol{A}+\boldsymbol{E}$，其中 $\boldsymbol{E}$ 为三阶单位矩阵，则行列式 $|\boldsymbol{B}|=$________.(2015 年数学二、三)

7. 行列式 $\begin{vmatrix}\lambda&-1&0&0\\0&\lambda&-1&0\\0&0&\lambda&-1\\4&3&2&\lambda+1\end{vmatrix}=$________.(2016 年数学一、三)

8. 设矩阵 $\begin{pmatrix}a&-1&-1\\-1&a&-1\\-1&-1&a\end{pmatrix}$ 与 $\begin{pmatrix}1&1&0\\0&-1&1\\1&0&1\end{pmatrix}$ 等价，则 $a=$________.(2016 年数学二)

9. 设矩阵 $\boldsymbol{A}=\begin{pmatrix}1&0&1\\1&1&2\\0&1&1\end{pmatrix}$，$\boldsymbol{\alpha}_1, \boldsymbol{\alpha}_2, \boldsymbol{\alpha}_3$ 为线性无关的三维列向量组，则向量组 $\boldsymbol{A\alpha}_1, \boldsymbol{A\alpha}_2, \boldsymbol{A\alpha}_3$ 的秩为________.(2017 年数学一、三)

10. 设矩阵 $\boldsymbol{A}=\begin{pmatrix}4&1&-2\\1&2&a\\3&1&-1\end{pmatrix}$ 的一个特征向量为 $\begin{pmatrix}1\\1\\2\end{pmatrix}$，则 $a=$ ________.（2017 年数学二）

三、解答题

1. 已知 $\boldsymbol{A}=\begin{pmatrix}1&a&0&0\\0&1&a&0\\0&0&1&a\\a&0&0&1\end{pmatrix}$，$\boldsymbol{\beta}=\begin{pmatrix}1\\-1\\0\\0\end{pmatrix}$.

（1）计算行列式 $|\boldsymbol{A}|$；

（2）当实数 a 为何值时，方程组 $\boldsymbol{Ax}=\boldsymbol{\beta}$ 有无穷多解，并求其通解.（2012 年数学一、二、三）

2. 已知 $\boldsymbol{A}=\begin{pmatrix}1&0&1\\0&1&1\\-1&0&a\\0&a&-1\end{pmatrix}$，二次型 $f(x_1,x_2,x_3)=\boldsymbol{x}^T(\boldsymbol{A}^T\boldsymbol{A})\boldsymbol{x}$ 的秩为 2.

（1）求实数 a 的值；

（2）求正交变换 $\boldsymbol{X}=\boldsymbol{QY}$ 将 f 化为标准形.（2012 年数学一）

3. 三阶矩阵 $\boldsymbol{A}=\begin{pmatrix}1&0&1\\0&1&1\\-1&0&a\end{pmatrix}$，$\boldsymbol{A}^T$ 为矩阵的转置，已知 $R(\boldsymbol{A}^T\boldsymbol{A})=2$，且二次型 $f=\boldsymbol{x}^T\boldsymbol{A}^T\boldsymbol{A}\boldsymbol{x}$.

（1）求 a；

（2）求二次型 f 对应的二次型矩阵，并将二次型化为标准形，写出正交变换过程.（2012 年数学二、三）

4. 设 $\boldsymbol{A}=\begin{pmatrix}1&a\\1&0\end{pmatrix}$，$\boldsymbol{B}=\begin{pmatrix}0&1\\1&b\end{pmatrix}$，当 a，b 为何值时，存在矩阵 $\boldsymbol{C}$ 使得 $\boldsymbol{AC}-\boldsymbol{CA}=\boldsymbol{B}$，并求所有矩阵 $\boldsymbol{C}$.（2013 年数学一、二、三）

5. 设 $\boldsymbol{A}=\begin{pmatrix}1&-2&3&-4\\0&1&-1&1\\1&2&0&-3\end{pmatrix}$，$\boldsymbol{E}$ 为三阶单位矩阵.

（1）求方程组 $\boldsymbol{AX}=\boldsymbol{O}$ 的一个基础解系；

（2）求满足 $\boldsymbol{AB}=\boldsymbol{E}$ 的所有矩阵 $\boldsymbol{B}$.（2014 年数学一、二、三）

6. 设向量组 $\boldsymbol{\alpha}_1$，$\boldsymbol{\alpha}_2$，$\boldsymbol{\alpha}_3$ 是三维向量空间 $\mathbf{R}^3$ 的一个基，$\boldsymbol{\beta}_1=2\boldsymbol{\alpha}_1+2k\boldsymbol{\alpha}_3$，$\boldsymbol{\beta}_2=2\boldsymbol{\alpha}_2$，$\boldsymbol{\beta}_3=\boldsymbol{\alpha}_1+(k+1)\boldsymbol{\alpha}_3$.

（1）证明：向量组 $\boldsymbol{\beta}_1$，$\boldsymbol{\beta}_2$，$\boldsymbol{\beta}_3$ 是 $\mathbf{R}^3$ 的一个基；

（2）当 k 为何值时，存在非零向量 $\boldsymbol{\xi}$ 在基 $\boldsymbol{\alpha}_1$，$\boldsymbol{\alpha}_2$，$\boldsymbol{\alpha}_3$ 与基 $\boldsymbol{\beta}_1$，$\boldsymbol{\beta}_2$，$\boldsymbol{\beta}_3$ 下的坐标相同，并求出所有的 $\boldsymbol{\xi}$.（2015 年数学一）

7. 设矩阵 $\boldsymbol{A}=\begin{pmatrix}0&2&-3\\-1&3&-3\\1&-2&a\end{pmatrix}$ 相似于矩阵 $\boldsymbol{B}=\begin{pmatrix}1&-2&0\\0&b&0\\0&3&1\end{pmatrix}$.

（1）求 a，b 的值；

（2）求可逆矩阵 $\boldsymbol{P}$，使 $\boldsymbol{P}^{-1}\boldsymbol{A}\boldsymbol{P}$ 为对角矩阵.（2015 年数学一、二、三）

8. 设矩阵 $\boldsymbol{A}=\begin{pmatrix} a & 1 & 0 \\ 1 & a & -1 \\ 0 & 1 & a \end{pmatrix}$ 且 $\boldsymbol{A}^3=\boldsymbol{O}$.

（1）求 a 的值；

（2）若矩阵 $\boldsymbol{X}$ 满足 $\boldsymbol{X}-\boldsymbol{X}\boldsymbol{A}^2-\boldsymbol{A}\boldsymbol{X}+\boldsymbol{A}\boldsymbol{X}\boldsymbol{A}^2=\boldsymbol{E}$，$\boldsymbol{E}$ 为三阶单位矩阵，求 $\boldsymbol{X}$.（2015 年数学二、三）

9. 设矩阵 $\boldsymbol{A}=\begin{pmatrix} 1 & -1 & -1 \\ 2 & a & 1 \\ -1 & 1 & a \end{pmatrix}$，$\boldsymbol{B}=\begin{pmatrix} 2 & 2 \\ 1 & a \\ -a-1 & -2 \end{pmatrix}$，

当 a 为何值时，方程 $\boldsymbol{A}\boldsymbol{X}=\boldsymbol{B}$ 无解、有唯一解、有无穷多解？（2016 年数学一）

10. 已知矩阵 $\boldsymbol{A}=\begin{pmatrix} 0 & -1 & 1 \\ 2 & -3 & 0 \\ 0 & 0 & 0 \end{pmatrix}$.

（1）求 $\boldsymbol{A}^{99}$；

（2）设三阶矩阵 $\boldsymbol{B}=(\boldsymbol{\alpha}_1,\boldsymbol{\alpha}_2,\boldsymbol{\alpha}_3)$ 满足 $\boldsymbol{B}^2=\boldsymbol{B}\boldsymbol{A}$，记 $\boldsymbol{B}^{100}=(\boldsymbol{\beta}_1,\boldsymbol{\beta}_2,\boldsymbol{\beta}_3)$，将 $\boldsymbol{\beta}_1$，$\boldsymbol{\beta}_2$，$\boldsymbol{\beta}_3$ 分别表示为 $\boldsymbol{\alpha}_1$，$\boldsymbol{\alpha}_2$，$\boldsymbol{\alpha}_3$ 的线性组合.（2016 年数学一、二、三）

11. 设矩阵 $\boldsymbol{A}=\begin{pmatrix} 1 & 1 & 1-a \\ 1 & 0 & a \\ a+1 & 1 & a+1 \end{pmatrix}$，$\boldsymbol{\beta}=\begin{pmatrix} 0 \\ 1 \\ 2a-2 \end{pmatrix}$，且方程组 $\boldsymbol{A}\boldsymbol{x}=\boldsymbol{\beta}$ 无解.

（1）求 a 的值；

（2）求方程组 $\boldsymbol{A}^T\boldsymbol{A}\boldsymbol{x}=\boldsymbol{A}^T\boldsymbol{\beta}$ 的通解.（2016 年数学二、三）

12. 设三阶矩阵 $\boldsymbol{A}=(\boldsymbol{\alpha}_1,\boldsymbol{\alpha}_2,\boldsymbol{\alpha}_3)$ 有三个不同的特征值，且 $\boldsymbol{\alpha}_3=\boldsymbol{\alpha}_1+2\boldsymbol{\alpha}_2$.

（1）证明：$R(\boldsymbol{A})=2$；

（2）如果 $\boldsymbol{\beta}=\boldsymbol{\alpha}_1+\boldsymbol{\alpha}_2+\boldsymbol{\alpha}_3$，求方程组 $\boldsymbol{A}\boldsymbol{x}=\boldsymbol{\beta}$ 的通解.（2017 年数学一、二、三）

13. 设 $f(x_1,x_2,x_3)=2x_1^2-x_2^2+ax_3^2+2x_1x_2-8x_1x_3+2x_2x_3$ 在正交变换 $\boldsymbol{x}=\boldsymbol{Q}\boldsymbol{y}$ 下的标准形为 $\lambda_1y_1^2+\lambda_2y_2^2$，求 a 的值及一个正交矩阵 $\boldsymbol{Q}$.（2017 年数学一、二、三）

四、证明题

1. 设二次型 $f(x_1,x_2,x_3)=2(a_1x_1+a_2x_2+a_3x_3)^2+(b_1x_1+b_2x_2+b_3x_3)$，记 $\boldsymbol{\alpha}=(a_1,a_2,a_3)^T$，$\boldsymbol{\beta}=(b_1,b_2,b_3)^T$.

（1）证明：二次型 f 对应的矩阵为 $2\boldsymbol{\alpha}\boldsymbol{\alpha}^T+\boldsymbol{\beta}\boldsymbol{\beta}^T$；

（2）若 $\boldsymbol{\alpha}$，$\boldsymbol{\beta}$ 正交且均为单位向量，证明：f 在正交变换下的标准形为 $2y_1^2+y_2^2$.（2013 年数学一、二、三）

2. 证明：n 阶矩阵 $\begin{pmatrix} 1 & 1 & \cdots & 1 \\ 1 & 1 & \cdots & 1 \\ \vdots & \vdots & & \vdots \\ 1 & 1 & \cdots & 1 \end{pmatrix}$ 与 $\begin{pmatrix} 0 & \cdots & 0 & 1 \\ 0 & \cdots & 0 & 2 \\ \vdots & & \vdots & \vdots \\ 0 & \cdots & 0 & n \end{pmatrix}$ 相似.（2014 年数学一、二、三）

参考答案

一、选择题

1. C **2.** B **3.** B **4.** B **5.** B **6.** A **7.** D **8.** A **9.** C **10.** C **11.** B **12.** A **13.** B **14.** B

二、填空题

1. 2 **2.** -27 **3.** -1 **4.** $-2\leqslant a\leqslant 2$ **5.** $2^{n+1}-2$ **6.** 21 **7.** $\lambda^4+\lambda^3+2\lambda^2+3\lambda+4$ **8.** 2 **9.** 2 **10.** -1

三、解答题

1. (1) $1-a^4$ (2) 当 $a=1$ 或 $a=-1$ 时，$\boldsymbol{Ax}=\boldsymbol{\beta}$ 有无穷多个解.

当 $a=1$ 时，通解为 $\boldsymbol{x}=k\begin{pmatrix}-1\\1\\-1\\1\end{pmatrix}+\begin{pmatrix}2\\-1\\0\\0\end{pmatrix}$（$k$ 为任意常数）；当 $a=-1$ 时，通解为 $\boldsymbol{x}=k\begin{pmatrix}1\\1\\1\\1\end{pmatrix}+\begin{pmatrix}0\\-1\\0\\0\end{pmatrix}$（$k$ 为任意常数）

2. (1) -1 (2) $\boldsymbol{Q}=\begin{pmatrix}-\frac{1}{\sqrt{3}} & -\frac{1}{\sqrt{2}} & \frac{1}{\sqrt{6}}\\ -\frac{1}{\sqrt{3}} & \frac{1}{\sqrt{2}} & \frac{1}{\sqrt{6}}\\ \frac{1}{\sqrt{3}} & 0 & \frac{2}{\sqrt{6}}\end{pmatrix}$，$f=2y_2^2+6y_3^2$

3. (1) $a=-1$ (2) $\boldsymbol{B}=\begin{pmatrix}2 & 0 & 2\\0 & 2 & 2\\2 & 2 & 4\end{pmatrix}$

$$\boldsymbol{Q}=\begin{pmatrix}-\frac{1}{\sqrt{3}} & -\frac{1}{\sqrt{2}} & \frac{1}{\sqrt{6}}\\ -\frac{1}{\sqrt{3}} & \frac{1}{\sqrt{2}} & \frac{1}{\sqrt{6}}\\ \frac{1}{\sqrt{3}} & 0 & \frac{2}{\sqrt{6}}\end{pmatrix} \text{或} \boldsymbol{Q}=\begin{pmatrix}\frac{1}{\sqrt{3}} & \frac{1}{\sqrt{2}} & \frac{1}{\sqrt{6}}\\ \frac{1}{\sqrt{3}} & -\frac{1}{\sqrt{2}} & \frac{1}{\sqrt{6}}\\ -\frac{1}{\sqrt{3}} & 0 & \frac{2}{\sqrt{6}}\end{pmatrix}$$

4. $\boldsymbol{C}=\begin{pmatrix}k_1+k_2+1 & -k_1\\ k_1 & k_2\end{pmatrix}$

5. (1) $\boldsymbol{\xi}=(-1,2,3,1)^T$ (2) $\boldsymbol{B}=\begin{pmatrix}2-k_1 & 6-k_2 & -1-k_3\\ 2k_1-1 & 2k_2-3 & 2k_3+1\\ 3k_1-1 & 3k_2-4 & 3k_3+1\\ k_1 & k_2 & k_3\end{pmatrix}$（$k_1$，$k_2$，$k_3$ 为任意常数）

6. (1) $(\boldsymbol{\beta}_1,\boldsymbol{\beta}_2,\boldsymbol{\beta}_3)=(\boldsymbol{\alpha}_1,\boldsymbol{\alpha}_2,\boldsymbol{\alpha}_3)\begin{pmatrix}2 & 0 & 1\\0 & 2 & 0\\2k & 0 & k+1\end{pmatrix}$

因为 $\begin{vmatrix} 2 & 0 & 1 \\ 0 & 2 & 0 \\ 2k & 0 & k+1 \end{vmatrix} = 2\begin{vmatrix} 2 & 1 \\ 2k & k+1 \end{vmatrix} = 4 \neq 0$,

所以 $\boldsymbol{\beta}_1, \boldsymbol{\beta}_2, \boldsymbol{\beta}_3$ 线性无关,$\boldsymbol{\beta}_1, \boldsymbol{\beta}_2, \boldsymbol{\beta}_3$ 是 $\mathbf{R}^3$ 的一个基

(2) $k=0$, $\boldsymbol{\xi} = -c\boldsymbol{\alpha}_1 + c\boldsymbol{\alpha}_3$($c$ 为任意常数)

7. (1) $a=4$, $b=5$　(2) $\boldsymbol{P} = \begin{pmatrix} 2 & -3 & -1 \\ 1 & 0 & -1 \\ 0 & 1 & 1 \end{pmatrix}$

8. (1) $a=0$　(2) $\boldsymbol{X} = \begin{pmatrix} 3 & 1 & -2 \\ 1 & 1 & -1 \\ 2 & 1 & -1 \end{pmatrix}$

9. $a=-2$ 时,无解;$a=1$ 时,有无穷多解,$\boldsymbol{X} = \begin{pmatrix} 3 & 3 \\ -k_1-1 & -k_2-1 \\ k_1 & k_2 \end{pmatrix}$;

当 $a \neq -2$ 且 $a \neq 1$ 时,有唯一解,$\boldsymbol{X} = \begin{pmatrix} 1 & \dfrac{3a}{a+2} \\ 0 & \dfrac{a-4}{a+2} \\ -1 & 0 \end{pmatrix}$

10. (1) $\boldsymbol{A}^{99} = \begin{pmatrix} -2+2^{99} & 1-2^{99} & 2-2^{98} \\ -2+2^{100} & 1-2^{100} & 2-2^{99} \\ 0 & 0 & 0 \end{pmatrix}$　(2) $\boldsymbol{\beta}_1 = (-2+2^{99})\boldsymbol{\alpha}_1 + (-2+2^{100})\boldsymbol{\alpha}_2$, $\boldsymbol{\beta}_2 = (1-2^{99})\boldsymbol{\alpha}_1$

$+ (1-2^{100})\boldsymbol{\alpha}_2$, $\boldsymbol{\beta}_3 = (2-2^{98})\boldsymbol{\alpha}_1 + (2-2^{99})\boldsymbol{\alpha}_2$

11. (1) $a=0$　(2) $\boldsymbol{x} = k(0, -1, 1)^T + (1, -2, 0)^T$($k$ 为任意常数)

12. (1) 由 $\boldsymbol{\alpha}_3 = \boldsymbol{\alpha}_1 + 2\boldsymbol{\alpha}_2$ 可得 $\boldsymbol{\alpha}_1 + 2\boldsymbol{\alpha}_2 - \boldsymbol{\alpha}_3 = 0$,即 $\boldsymbol{\alpha}_1, \boldsymbol{\alpha}_2, \boldsymbol{\alpha}_3$ 线性相关,

因此,$|\boldsymbol{A}| = |\boldsymbol{\alpha}_1\ \boldsymbol{\alpha}_2\ \boldsymbol{\alpha}_3| = 0$,即 $\boldsymbol{A}$ 的特征值必有 0.

又因为 $\boldsymbol{A}$ 有三个不同的特征值,则三个特征值中只有 1 个 0,另外两个非 0.

且由于 $\boldsymbol{A}$ 必可相似对角化,则可设其对角矩阵为 $\boldsymbol{\Lambda} = \begin{pmatrix} \lambda_1 & & \\ & \lambda_2 & \\ & & 0 \end{pmatrix}$, $\lambda_1 \neq \lambda_2 \neq 0$

所以 $r(\boldsymbol{A}) = r(\boldsymbol{\Lambda}) = 2$　(2) $k(1, 2, -1)^T + (1, 1, 1)^T (k \in \mathbf{R})$

13. $a=2$, $\boldsymbol{Q} = \begin{pmatrix} \dfrac{1}{\sqrt{3}} & -\dfrac{1}{\sqrt{2}} & \dfrac{1}{\sqrt{6}} \\ -\dfrac{1}{\sqrt{3}} & 0 & \dfrac{2}{\sqrt{6}} \\ \dfrac{1}{\sqrt{3}} & \dfrac{1}{\sqrt{2}} & \dfrac{1}{\sqrt{6}} \end{pmatrix}$

四、证明题

1. (1) $f(x_1, x_2, x_3) = 2(a_1x_1 + a_2x_2 + a_3x_3)^2 + (b_1x_1 + b_2x_2 + b_3x_3)$

$$= 2(x_1, x_2, x_3)\begin{pmatrix} a_1 \\ a_2 \\ a_3 \end{pmatrix}(a_1, a_2, a_3)\begin{pmatrix} x_1 \\ x_2 \\ x_3 \end{pmatrix} + (x_1, x_2, x_3)\begin{pmatrix} b_1 \\ b_2 \\ b_3 \end{pmatrix}(b_1, b_2, b_3)\begin{pmatrix} x_1 \\ x_2 \\ x_3 \end{pmatrix}$$

$$= (x_1, x_2, x_3)(2\boldsymbol{\alpha\alpha}^T + \boldsymbol{\beta\beta}^T)\begin{pmatrix} x_1 \\ x_2 \\ x_3 \end{pmatrix} = \boldsymbol{x}^T\boldsymbol{A}\boldsymbol{x}\text{，其中 } \boldsymbol{A} = 2\boldsymbol{\alpha\alpha}^T + \boldsymbol{\beta\beta}^T,$$

所以二次型 f 对应的矩阵为 $2\boldsymbol{\alpha\alpha}^T + \boldsymbol{\beta\beta}^T$

(2) 由于 $\boldsymbol{\alpha}, \boldsymbol{\beta}$ 正交，故 $\boldsymbol{\alpha}^T\boldsymbol{\beta} = \boldsymbol{\alpha\beta}^T = 0$.

因 $\boldsymbol{\alpha}, \boldsymbol{\beta}$ 均为单位向量，故 $\|\boldsymbol{\alpha}\| = \sqrt{\boldsymbol{\alpha}^T\boldsymbol{\alpha}} = 1$，即 $\boldsymbol{\alpha}^T\boldsymbol{\alpha} = 1$. 同理，$\boldsymbol{\beta}^T\boldsymbol{\beta} = 1$.

$\boldsymbol{A} = 2\boldsymbol{\alpha\alpha}^T + \boldsymbol{\beta\beta}^T \Rightarrow \boldsymbol{A\alpha} = (2\boldsymbol{\alpha\alpha}^T + \boldsymbol{\beta\beta}^T)\boldsymbol{\alpha} = 2\boldsymbol{\alpha\alpha}^T\boldsymbol{\alpha} + \boldsymbol{\beta\beta}^T\boldsymbol{\alpha} = 2\boldsymbol{\alpha}$.

由于 $\boldsymbol{\alpha} \neq \boldsymbol{0}$，故 $\boldsymbol{A}$ 有特征值 $\lambda_1 = 2$.

$\boldsymbol{A\beta} = (2\boldsymbol{\alpha\alpha}^T + \boldsymbol{\beta\beta}^T)\boldsymbol{\beta} = \boldsymbol{\beta}$，由于 $\boldsymbol{\beta} \neq \boldsymbol{0}$，故 $\boldsymbol{A}$ 有特征值 $\lambda_2 = 1$.

又因为 $R(\boldsymbol{A}) = R(2\boldsymbol{\alpha\alpha}^T + \boldsymbol{\beta\beta}^T) \leqslant R(2\boldsymbol{\alpha\alpha}^T) + R(\boldsymbol{\beta\beta}^T) = R(\boldsymbol{\alpha\alpha}^T) + R(\boldsymbol{\beta\beta}^T) = 1 + 1 = 2 < 3$,

所以 $|\boldsymbol{A}| = 0$，故 $\lambda_3 = 0$.

三阶矩阵 $\boldsymbol{A}$ 的特征值为 2，1，0. 因此，f 在正交变换下的标准形为 $2y_1^2 + y_2^2$

2. 令 $\boldsymbol{A} = \begin{pmatrix} 1 & 1 & \cdots & 1 \\ 1 & 1 & \cdots & 1 \\ \vdots & \vdots & & \vdots \\ 1 & 1 & \cdots & 1 \end{pmatrix}$，$\boldsymbol{B} = \begin{pmatrix} 0 & \cdots & 0 & 1 \\ 0 & \cdots & 0 & 2 \\ \vdots & & \vdots & \vdots \\ 0 & \cdots & 0 & n \end{pmatrix}$，

由 $|\lambda\boldsymbol{E} - \boldsymbol{A}| = 0$ 得 $\boldsymbol{A}$ 的特征值为 $\lambda_1 = \cdots = \lambda_{n-1} = 0$，$\lambda_n = n$，

由 $|\lambda\boldsymbol{E} - \boldsymbol{B}| = 0$ 得 $\boldsymbol{B}$ 的特征值为 $\lambda_1 = \cdots = \lambda_{n-1} = 0$，$\lambda_n = n$.

因为 $\boldsymbol{A}^T = \boldsymbol{A}$，所以 $\boldsymbol{A}$ 可对角化.

对 $\boldsymbol{B}$，因为 $R(0\boldsymbol{E} - \boldsymbol{B}) = R(\boldsymbol{B}) = 1$，所以 $\boldsymbol{B}$ 也可对角化.

因为 $\boldsymbol{A}, \boldsymbol{B}$ 特征值相同且都可对角化，所以 $\boldsymbol{A} \sim \boldsymbol{B}$

参考文献

[1] 同济大学数学系. 线性代数[M]. 6 版. 北京：高等教育出版社，2014.

[2] 华中科技大学数学系. 线性代数[M]. 3 版. 北京：高等教育出版社，2013.

[3] 田子红，刘彩坤，单秀玲，等. 线性代数[M]. 北京：清华大学出版社，2013.

[4] 陈帆，王安平. 线性代数[M]. 北京：机械工业出版社，2015.

[5] (美)David C. Lay. 线性代数及其应用[M]. 3 版. 北京：机械工业出版社，2005.

[6] 陈怀琛. 线性代数实践及 MATLAB 入门[M]. 2 版. 北京：电子工业出版社，2009.